星载微推力器推进性能测量与评估方法

Measurement and Evaluation Methods of Satellite Microthruster Propulsion Performance

洪延姬　李得天　冯孝辉　金　星　王思博　著

科学出版社

北　京

内 容 简 介

本书紧密围绕环境噪声抑制、系统响应高精度测量、系统参数高精度标定、推力和冲量反演计算、测量系统综合设计等关键技术问题，在分析和讨论推力测量基本原理与关键技术问题基础上，提出了推力器的推进性能测量和评估方法、扭摆测量系统及环境噪声抑制方法、系统响应测量及误差控制方法、系统参数标定及误差控制方法、冲量测量及误差分析方法、平均推力和总冲测量与误差分析方法、推力测量与误差分析方法、高平稳推力测量与寻优估计方法。

本书可供从事星载微推力器考核和评价、设计和改进、研制和应用的科研和教学工作者参考使用。

图书在版编目(CIP)数据

星载微推力器推进性能测量与评估方法 / 洪延姬等著.
—北京：科学出版社，2021.5
ISBN 978-7-03-068478-3

Ⅰ. ①星… Ⅱ. ①洪… Ⅲ. ①卫星—推进器—研究
Ⅳ. ①V43

中国版本图书馆 CIP 数据核字(2021)第 056220 号

责任编辑：徐杨峰 / 责任校对：谭宏宇
责任印制：黄晓鸣 / 封面设计：殷 靓

科学出版社 出版
北京东黄城根北街 16 号
邮政编码：100717
http://www.sciencep.com
南京展望文化发展有限公司排版
苏州市越洋印刷有限公司印刷
科学出版社发行 各地新华书店经销

*

2021 年 5 月第 一 版 开本：B5(720×1000)
2021 年 5 月第一次印刷 印张：13 1/2
字数：262 000

定价：120.00 元

前 言

星载微推力器推进性能测量与评估方法是星载微推力器研发的关键方法之一。卫星系统是利用空间和控制空间的重要手段,星载推力器是为卫星提供姿态和轨道控制的动力装置,而星载推力器的推进性能优劣决定了卫星的精确姿轨控、超精指向、位置保持、阻力补偿、深空探测等能力和水平。星载微推力器推进性能测量与评估方法在星载微推力器考核和评价、设计和改进、研制和应用中具有重要应用价值。

本书针对星载微推力器搭载在测量系统上,测试推进性能时所面临环境噪声干扰、小推重比与微小位移、推力和冲量反演计算等难点问题,紧密围绕环境噪声抑制、系统响应高精度测量、系统参数高精度标定、推力和冲量反演计算、测量系统综合设计等关键技术问题,讨论和研究了以下内容:第1章为推力测量基本原理与关键技术问题;第2章为推力器的推进性能测量和评估方法;第3章为扭摆测量系统及环境噪声抑制方法;第4章为系统响应测量及误差控制方法;第5章为系统参数标定及误差控制方法;第6章为冲量测量及误差分析方法;第7章为平均推力和总冲测量与误差分析方法;第8章为推力测量与误差分析方法;第9章为高平稳推力测量与寻优估计方法。

本书内容丰富、结构合理、理论联系实际、通俗易懂且实用性强。所提出的理论和方法在离子推力器、霍尔推力器、脉冲等离子体推力器、冷喷推力器、激光烧蚀推力器等研制中已经得到了良好应用。

本书结合科研和教学实践,针对工程中面临的难点问题和迫切需求撰写,在编著过程中得到了中国人民解放军航天工程大学各级领导的大力支持,在此表示衷心感谢。

由于时间仓促、水平有限,书中难免存在疏漏和不足之处,希望读者批评指正。

作者

2020年10月

目　录

前言

第 1 章　推力测量基本原理与关键技术问题

1.1　推力测量基本原理与系统参数标定 …… 001
　1.1.1　推力测量基本原理 …… 001
　1.1.2　测量系统的振动微分方程 …… 002
　1.1.3　测量系统的系统参数标定 …… 003
1.2　推力测量系统的典型结构 …… 003
　1.2.1　吊摆结构的测量系统 …… 004
　1.2.2　扭摆结构的测量系统 …… 005
　1.2.3　悬臂梁结构的测量系统 …… 006
1.3　推力测量的关键技术问题 …… 007
　1.3.1　推力器搭载测量与大质量搭载要求 …… 008
　1.3.2　推力或冲量测量误差来源分析 …… 008
　1.3.3　推力或冲量测量的关键技术问题分析 …… 010

第 2 章　推力器的推进性能测量和评估方法

2.1　推力器的推力变化 …… 012
　2.1.1　连续推力器的推力随着时间变化 …… 012
　2.1.2　脉冲推力器的推力随着时间变化 …… 012
　2.1.3　推力和平均推力 …… 013
2.2　推力器推进性能和测量原理 …… 014

2.2.1 常用推进性能指标 …… 014
2.2.2 推进性能测量原理 …… 017
2.3 推进性能的测量和评估方法 …… 017
2.3.1 基于不确定度的测量和评估 …… 017
2.3.2 推进性能的测量方法 …… 020
2.3.3 推进性能的评估方法 …… 021

第3章 扭摆测量系统及环境噪声抑制方法

3.1 扭摆测量系统组成和振动微分方程 …… 024
3.1.1 扭摆测量系统组成 …… 024
3.1.2 扭摆测量系统振动微分方程 …… 029
3.2 扭摆测量系统的环境噪声与抑制方法 …… 031
3.2.1 测量系统的环境噪声干扰来源 …… 031
3.2.2 推力和冲量加载干扰分析 …… 032
3.2.3 环境噪声抑制方法 …… 034
3.2.4 实际系统响应测量值与系统响应测量误差 …… 035

第4章 系统响应测量及误差控制方法

4.1 系统响应测量原理与测量误差来源分析 …… 037
4.1.1 系统响应测量原理 …… 037
4.1.2 系统响应测量误差来源分析 …… 038
4.2 传感器方向误差与位置误差分析控制方法 …… 040
4.2.1 建立传感器方向误差与位置误差分析模型 …… 040
4.2.2 传感器方向误差与位置误差分析方法 …… 042
4.2.3 传感器方向误差与位置误差控制方法 …… 044
4.3 传感器极板运动误差分析与控制方法 …… 045
4.3.1 传感器极板运动误差分析方法 …… 045
4.3.2 传感器极板运动误差控制方法 …… 047
4.4 系统响应测量误差的控制方法 …… 049
4.4.1 系统响应测量误差是最大误差源 …… 049

4.4.2 系统响应测量误差来源与控制方法 …………………… 050

第5章 系统参数标定及误差控制方法

5.1 系统参数标定恒力方法与误差来源分析控制 …………………… 051
5.1.1 恒力作用下系统响应 …………………… 052
5.1.2 系统响应平滑降噪方法 …………………… 054
5.1.3 系统参数标定恒力方法 …………………… 057
5.1.4 系统参数标定误差来源分析与控制 …………………… 058
5.2 高精度电磁恒力产生、误差分析与控制方法 …………………… 059
5.2.1 高精度电磁恒力产生方法和误差来源分析 …………………… 060
5.2.2 电磁恒力拟合误差分析与控制方法 …………………… 062
5.2.3 电磁恒力使用误差分析与控制方法 …………………… 066
5.3 系统参数标定误差控制、分析与评估方法 …………………… 068
5.3.1 系统参数标定误差控制方法 …………………… 069
5.3.2 系统参数标定误差分析方法 …………………… 070
5.3.3 系统参数标定误差评估方法 …………………… 072
5.3.4 应用举例 …………………… 078

第6章 冲量测量及误差分析方法

6.1 冲量测量误差来源分析 …………………… 084
6.1.1 脉冲力作用下系统响应与冲量瞬间作用模型 …………………… 084
6.1.2 冲量作用下实际系统响应分析 …………………… 085
6.1.3 冲量测量误差来源与影响因素分析 …………………… 086
6.2 冲量单点估计法与误差分析方法 …………………… 086
6.2.1 冲量模型误差分析与抑制 …………………… 087
6.2.2 冲量系统响应误差分析与抑制 …………………… 088
6.2.3 冲量标定误差分析与抑制 …………………… 090
6.2.4 冲量单点估计法与误差分析 …………………… 094
6.2.5 应用举例 …………………… 095
6.3 冲量最小二乘估计法与误差分析方法 …………………… 098

6.3.1 现有的冲量最小二乘估计法 …… 099
6.3.2 冲量模型误差分析与抑制 …… 100
6.3.3 冲量标定误差分析与抑制 …… 100
6.3.4 冲量系统响应误差分析与抑制 …… 101
6.3.5 改进的冲量最小二乘估计法与误差分析方法 …… 104
6.3.6 应用举例 …… 106

第7章 平均推力和总冲测量与误差分析方法

7.1 构建平均推力积分方程 …… 110
7.1.1 由扭摆振动微分方程建立推力积分方程 …… 110
7.1.2 由推力积分方程建立平均推力积分方程 …… 111
7.2 平均推力离散化反演计算方法 …… 112
7.2.1 由平均推力积分方程组构建平均推力离散化线性方程组 …… 112
7.2.2 平均推力离散化线性方程组的下三角系数矩阵求逆方法 …… 114
7.2.3 利用平均推力离散化线性方程组求解平均推力和总冲 …… 114
7.3 平均推力离散化反演计算方法的误差来源分析与抑制 …… 115
7.3.1 平均推力截断误差来源与抑制 …… 115
7.3.2 平均推力系统响应误差来源与抑制 …… 116
7.3.3 平均推力标定误差来源与抑制 …… 117
7.3.4 平均推力误差和总冲误差计算 …… 119
7.4 平均推力和总冲离散化反演测量方法与误差分析方法 …… 120
7.4.1 平均推力和总冲离散化反演测量方法 …… 120
7.4.2 平均推力和总冲测量误差的蒙特卡洛评估方法 …… 123
7.4.3 应用举例 …… 126
7.5 基于递推计算的平均推力和总冲测量方法与误差分析方法 …… 137
7.5.1 基于递推计算的平均推力和总冲测量方法 …… 137
7.5.2 误差来源分析 …… 140

7.5.3 误差抑制方法 …………………………………………………… 142
7.5.4 计算分析 ………………………………………………………… 146

第8章 推力测量与误差分析方法

8.1 推力离散化反演计算方法 …………………………………………… 152
8.1.1 由扭摆振动微分方程建立推力积分方程 ……………………… 152
8.1.2 数值积分离散化方法 …………………………………………… 153
8.1.3 推力积分方程组离散化为推力离散化线性方程组 …… 155
8.1.4 推力离散化线性方程组的求解方法 …………………………… 159
8.2 推力离散化反演计算方法的误差来源分析与抑制 ……………… 160
8.2.1 推力误差来源分析 ……………………………………………… 160
8.2.2 推力误差抑制 …………………………………………………… 163
8.3 推力离散化反演测量方法与误差分析方法 ……………………… 163
8.3.1 推力离散化反演测量方法 ……………………………………… 163
8.3.2 推力测量误差的蒙特卡洛评估方法 …………………………… 167
8.3.3 应用举例 ………………………………………………………… 169

第9章 高平稳推力测量与寻优估计方法

9.1 平稳随机过程 ………………………………………………………… 174
9.1.1 随机过程的数字特征 …………………………………………… 174
9.1.2 平稳随机过程和遍历性过程 …………………………………… 175
9.1.3 均值和自相关函数的估计 ……………………………………… 175
9.1.4 功率谱密度的估计 ……………………………………………… 176
9.1.5 线性系统与平稳随机过程 ……………………………………… 178
9.1.6 计算分析 ………………………………………………………… 179
9.2 推力的平稳随机过程描述与测量平均推力 ……………………… 181
9.2.1 推力的平稳随机过程描述 ……………………………………… 181
9.2.2 推力积分方程辛普森离散化反演测量推力 …………………… 181
9.2.3 推力测量值线性拟合测量平均推力 …………………………… 185
9.3 推力噪声作用下系统响应的方差分析 …………………………… 186

9.3.1 平均推力作用下系统响应分析 …… 187
9.3.2 推力噪声作用下系统响应功率谱密度、自相关函数、方差特性分析 …… 187
9.3.3 推力噪声方差的预估计 …… 191
9.4 推力蒙特卡洛模拟与系统响应对比寻优估计推力 …… 191
9.4.1 推力蒙特卡洛模拟方法 …… 191
9.4.2 模拟推力作用下系统响应辛普森计算方法 …… 192
9.4.3 系统响应对比寻优估计推力 …… 193
9.4.4 应用举例 …… 193

参考文献 …… 199

第1章 推力测量基本原理与关键技术问题

首先,为了研究和讨论推力测量问题,本章介绍和讨论了推力测量基本原理,明确了推力测量是根据系统响应测量值,利用测量系统的振动微分方程,反演计算推力。

其次,本章总结和归纳了推力测量系统的吊摆结构、扭摆结构、悬臂梁结构等基本特点,指明了扭摆结构具有严格的二阶振动微分方程、待标定系统参数最少为3个、抗环境干扰能力强,是理想结构。

最后,为了有针对性地研究推力或冲量测量问题,本章通过推力反演测量过程分析,掌握了推力或冲量测量误差来源,以及主要影响因素和影响途径,进而分析和总结了推力或冲量测量的关键技术问题。

1.1 推力测量基本原理与系统参数标定

为了研究和讨论推力测量问题,首先,通过讨论推力测量基本原理,明确了推力测量是根据系统响应测量值,利用测量系统的振动微分方程,反演计算推力;其次,通过讨论测量系统的振动微分方程,指明了推力测量系统的振动微分方程阶数为二阶或二阶以上;最后,通过讨论系统参数标定过程,指明了二阶振动系统待标定系统参数最少为3个是理想测量系统。

1.1.1 推力测量基本原理

研究和讨论推力测量的关键问题,首先需要了解推力测量的基本原理。

推力或冲量测量基本原理如图1.1所示。推力或冲量测量过程为:对推力测量系统施加待测推力或冲量,在推力或冲量作用下,推力测量系统产生振动,采用位移传感器测量振动位移,进而测量系统响应。推力或冲量测量基本原理为:根据系统响应测量值,利用推力测量系统振动方程,反演计算推力或冲量。

推力或冲量的测量统称为推力测量,推力测量是指测量推力随着时间的变化过程;当推力作用时间很短时,无须或无法测量推力随着时间的变化,此时,推力作

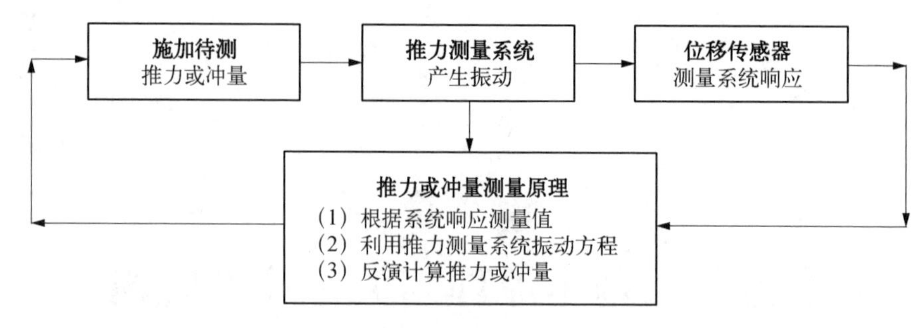

图 1.1　推力或冲量测量基本原理

用效果可采用其冲量表示,就是冲量测量情况。

1.1.2　测量系统的振动微分方程

测量系统的振动微分方程用于描述在推力作用下,测量系统的运动特征或运动规律。

在待测推力 $f(t)$ 作用下,测量系统的系统响应为 $x(t)$, 如果测量系统的振动微分方程为线性微分方程,则可以表示为

$$\begin{aligned} & a_0 \frac{\mathrm{d}^n x(t)}{\mathrm{d}t^n} + a_1 \frac{\mathrm{d}^{n-1} x(t)}{\mathrm{d}t^{n-1}} + \cdots + a_{n-1} \frac{\mathrm{d}x(t)}{\mathrm{d}t} + a_n x(t) \\ = {} & b_0 \frac{\mathrm{d}^m f(t)}{\mathrm{d}t^m} + b_1 \frac{\mathrm{d}^{m-1} f(t)}{\mathrm{d}t^{m-1}} + \cdots + b_{m-1} \frac{\mathrm{d}f(t)}{\mathrm{d}t} + b_m f(t) \end{aligned} \tag{1.1}$$

式中, $a_i(i = 0, 1, \cdots, n)$ 和 $b_i(i = 0, 1, \cdots, m)$ 为常数,称为测量系统的系统参数,并且 $n \geqslant m$。

采用位移传感器测量系统响应 $x(t)$, 位移传感器的测量结果(即系统响应测量值)为

$$X(t) = x(t) + \Delta x(t) \tag{1.2}$$

式中, $\Delta x(t)$ 为系统响应测量误差, $\Delta x(t) = \Delta x_c(t) + \Delta x_s(t)$, $\Delta x_c(t)$ 为环境噪声误差, $\Delta x_s(t)$ 为位移传感器误差。

在已知推力 $f(t)$ 条件下,根据测量系统振动微分方程,利用振动微分方程的数值计算方法,可方便地计算系统响应 $x(t)$, 这是振动微分方程的正向求解过程,即由推力计算系统响应的过程是振动微分方程的正向求解过程。

在已知系统响应测量值 $X(t)$ 条件下,根据测量系统振动微分方程,计算推力 $f(t)$, 这是振动微分方程的反向(或反演)求解过程,即由系统响应测量值计算推力的过程是振动微分方程的反演求解过程。测量系统的反演计算过程是复杂的计算过程。

根据推力测量基本原理和测量系统的振动微分方程,可知推力测量系统的基本特点如下。

(1) 推力测量系统的振动微分方程阶数为二阶或二阶以上。在平衡位置附近往复振动的系统,振动方程的最低阶数为二阶,因此,推力测量系统的振动微分方程阶数为二阶或二阶以上。例如,对于弹簧系统,当施加无限缓慢变化的推力时,弹簧将产生无限缓慢变化的位移,可用于测量无限缓慢变化的静态推力;当施加随着时间变化的推力时,弹簧将产生平衡位置附近的上下振动,可用于动态推力的测量。

(2) 测量系统的系统响应测量值误差总是存在的。测量系统的环境干扰将带来各种系统响应测量误差,位移传感器也将带来系统响应测量误差,其中,环境噪声干扰带来的系统响应测量误差是主导性误差。

(3) 系统响应测量误差将带来推力测量误差。系统响应测量值包括系统响应测量误差,根据系统响应测量值,反演计算推力时将带来推力测量误差,并且,往往很小的系统响应测量误差将带来很大的推力测量误差。因此,抑制环境噪声干扰从而减小系统响应测量误差,是推力高精度测量的关键之一。

1.1.3　测量系统的系统参数标定

测量系统的振动微分方程系数称为系统参数,是未知的,需要采用一定的实验和理论方法求解,这种测量系统的系统参数求解过程,称为系统参数的标定。

系统参数标定的常用方法为系统参数恒力标定方法,该方法是:对推力测量系统施加已知恒力,根据系统响应测量值,求解振动微分方程的未知系数,达到获得测量系统的振动微分方程的目的。标定系统参数时所施加的恒力,称为标定力。

设在给定标定力 f_0(常值)作用下,测量系统的系统响应测量值为

$$X_0(t) = x_0(t) + \Delta x(t) \tag{1.3}$$

式中,$x_0(t)$ 为系统响应;$\Delta x(t)$ 为系统响应测量误差。

从系统参数的标定角度分析,二阶振动系统是理想的测量系统原因如下。

(1) 二阶振动系统待标定系统参数最少为 3 个,易于实现高精度标定系统参数。待标定系统参数越多,系统参数标定越困难、标定精度也越低。

(2) 获得高精度标定力,是实现高精度系统参数标定的关键之一。

(3) 抑制环境噪声干扰进而减小系统响应测量误差,也是实现高精度系统参数标定的关键之一。

1.2　推力测量系统的典型结构

通过分析和讨论吊摆结构、扭摆结构、悬臂梁结构等推力测量系统的典型结

构，总结和归纳了这些典型结构的基本特点，指明了运动方程为严格的二阶振动微分方程、待标定系统参数最少为 3 个、抗环境干扰能力强的扭摆结构是理想结构。

1.2.1　吊摆结构的测量系统

图 1.2 为吊摆结构的示意图。推力器安装在吊摆结构的下端，所产生推力为 $f(t)$，推力的力矩为 $f(t)L_f$，L_f 为力臂；吊摆结构的阻尼系数为 c，阻尼产生的力矩为 $-c\dot{\theta}$；重力产生的回复力矩为 $M=-mgl\sin\theta$，l 为质心位置，重力产生的回复力矩使得吊摆在平衡位置附近往复振动；吊摆的转动惯量为 J，由动量矩定理可知，吊摆结构的振动方程为

$$J\ddot{\theta}+c\dot{\theta}+mgl\sin\theta=f(t)L_f \tag{1.4}$$

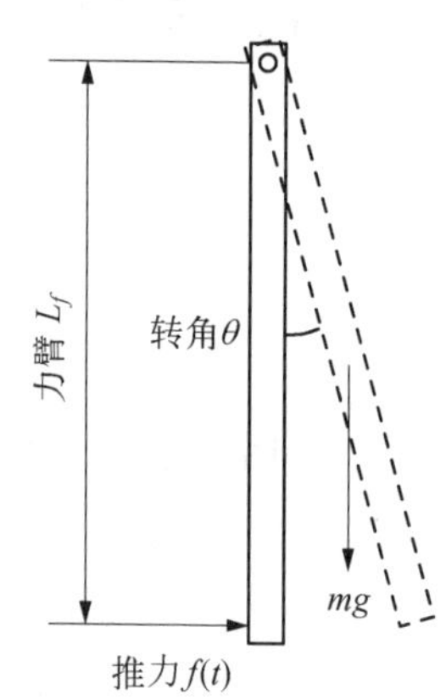

图 1.2　吊摆结构的示意图

式(1.4)是非线性方程，当转角 θ 很小时有 $\sin\theta\approx\theta$，可简化为线性振动方程：

$$J\ddot{\theta}+c\dot{\theta}+mgl\theta=f(t)L_f \tag{1.5}$$

令

$$\omega_n=\sqrt{\frac{mgl}{J}},\ \zeta=\frac{c}{2\sqrt{mglJ}}$$

可得吊摆结构的振动方程为

$$\ddot{\theta}+2\zeta\omega_n\dot{\theta}+\omega_n^2\theta=\frac{L_f}{J}f(t) \tag{1.6}$$

式中，ζ 为吊摆的阻尼比；ω_n 为吊摆的固有振动频率；J 为吊摆的转动惯量；(ζ,ω_n,J) 为吊摆的系统参数。

不同推力器输出的推力大小不同，所产生的系统响应大小也不同，因此，为了在不同推力下，将系统响应保持在适当的小位移范围内，需要通过设计测量系统的结构调节系统参数。但是，在上述吊摆结构中，转动惯量与吊摆质量成正比，测量系统的系统参数调节比较困难。

为了能够方便地调节系统参数，以适应各种推力器的不同推力测量，吊摆结构有各种变化。图 1.3 为吊摆结构的一种变化，这种吊摆结构在 a 点或 b 点增加了弹簧部件，以增强回复力矩。

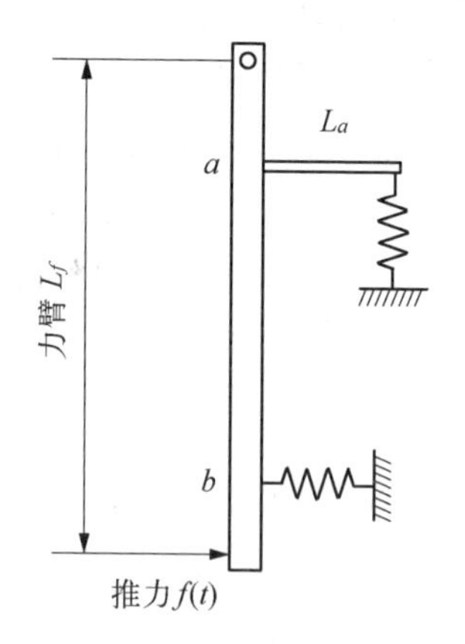

图 1.3　吊摆结构的一种变化

此时吊摆结构的振动方程为

$$\ddot{\theta} + 2\zeta\omega_n\dot{\theta} + \omega_n^2\theta = \frac{L_f}{J}f(t) \tag{1.7}$$

其中，

$$\omega_n = \sqrt{\frac{mgl + kL_a}{J}},\ \zeta = \frac{c}{2\sqrt{(mgl + kL_a)J}}$$

式中，k 为弹簧的弹性系数；L_a 为弹性力的力臂。显然，由于增加了弹簧部件，系统参数调节能力显著地增强了。

吊摆结构的测量系统的主要特点如下。

(1) 吊摆结构的振动方程为二阶，待标定系统参数最少为 3 个。系统参数标定简单、精度高，推力反演计算精度高。

(2) 吊摆结构的振动方程为非线性微分方程，仅在小转角条件下，可简化为二阶振动方程。

1.2.2　扭摆结构的测量系统

图 1.4 为扭摆结构的示意图。推力器安装在扭摆横梁上，所产生推力为 $f(t)$，推力的力矩为 $f(t)L_f$，L_f 为力臂；扭摆的阻尼系数为 c，阻尼产生的力矩为 $-c\dot{\theta}$；当扭转角为 θ 时，上下枢轴所产生的回复力矩为 $M = -k\theta$（k 为扭转刚度系数），扭摆结构的转动惯量为 J，由动量矩定理可知，扭摆结构的振动方程为

$$J\ddot{\theta} + c\dot{\theta} + k\theta = f(t)L_f \tag{1.8}$$

式中，L_f 为力臂。

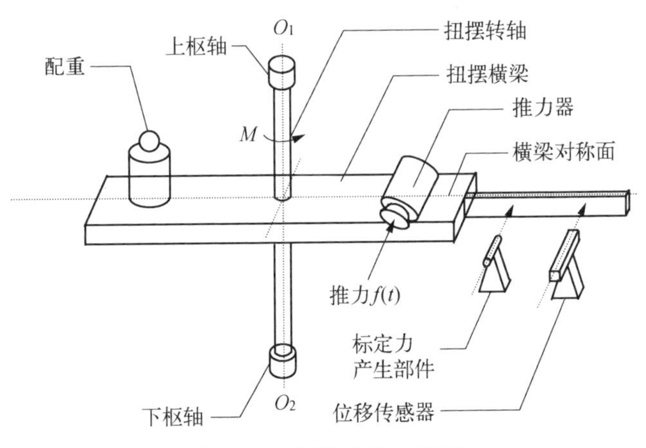

图 1.4　扭摆结构的示意图

令

$$\omega_n = \sqrt{\frac{k}{J}}, \zeta = \frac{c}{2\sqrt{kJ}}$$

可得扭摆结构的振动方程为

$$\ddot{\theta} + 2\zeta\omega_n\dot{\theta} + \omega_n^2\theta = \frac{L_f}{J}f(t) \tag{1.9}$$

显然，扭摆结构的振动方程为严格的二阶微分方程。

标定力产生部件用于产生系统参数标定所需的标定力，位移传感器用于测量振动位移，进而计算得到振动扭转角。

扭摆结构的振动位于水平平面上，对基座传递的垂直方向位移激励干扰不敏感，抗干扰能力强，可减小系统响应测量误差；而吊摆结构的振动是在垂直平面内，没有减小垂直方向位移激励干扰的能力。

扭摆结构的测量系统的主要特点如下。

(1) 扭摆结构具有严格的二阶振动方程，待标定系统参数最少为 3 个。系统参数标定简单、精度高，推力反演计算精度高。

(2) 扭摆通过结构设计，可方便地调节系统参数，以适应各种推力器的推力测量。

(3) 扭摆结构的抗干扰能力强。对垂直基座方向位移激励干扰不敏感，可减小系统响应测量误差。

(4) 存在扭转轴的附加弯曲振动。这是推力产生的附加力矩干扰影响，可通过扭转轴的结构健壮化设计抑制其影响。

1.2.3 悬臂梁结构的测量系统

图 1.5 为悬臂梁结构的示意图。悬臂梁截面为矩形截面，长度为 h，密度为 ρ_h，弹性模量为 E，抗弯刚度为 EI，单位长度质量为 ρ_l，在单位长度外力 $g(x, t)$ 和单位长度的外力矩 $m(x, t)$ 作用下，c 为单位长度的阻尼系数。悬臂梁结构的弯曲振动方程为

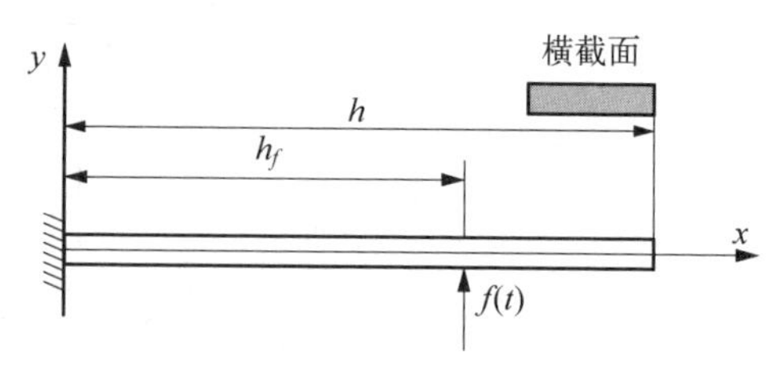

图 1.5 悬臂梁结构的示意图

$$EI\frac{\partial^4 y(x, t)}{\partial x^4} + c\frac{\partial y(x, t)}{\partial t} + \rho_l\frac{\partial^2 y(x, t)}{\partial t^2} = g(x, t) - \frac{\partial m(x, t)}{\partial x} \tag{1.10}$$

式(1.10)适用于细长悬臂梁。

悬臂梁在 $z=h_f$（力臂）处，有持续力作用 $g(x,t)=f(t)\delta(x-h_f)$，悬臂梁的系统响应（振动方程的解）为

$$y(x,t)=\frac{1}{m}\sum_{i=1}^{\infty}\phi_i(x)\frac{\phi_i(h_f)}{\omega_{id}}\int_0^t f(\tau)\mathrm{e}^{-\zeta_i\omega_i(t-\tau)}\sin\omega_{id}(t-\tau)\mathrm{d}\tau \tag{1.11}$$

式中，$m=h\rho_l$ 为悬臂梁的质量；对应各阶谐波的固有频率为 ω_i；阻尼比为 ζ_i；振动频率为 $\omega_{id}=\sqrt{1-\zeta_i^2}\omega_i$；各阶振形函数为 $\phi_i(\cdot)$。

悬臂梁结构的测量系统的主要特点如下。

（1）悬臂梁结构的振动方程为复杂的弯曲振动方程。悬臂梁结构的振动方程为四阶偏微分方程，系统响应由各阶谐波振动构成，各阶谐波振动具有各自振动频率、周期和振型函数，系统参数众多，系统参数标定和推力反演计算困难。

（2）一般以基波振动代替系统响应。在悬臂梁的系统响应中，基波振动贡献占系统响应的90%～95%，以基波振动代替系统响应时将引起较大的系统参数标定误差和推力反演计算误差。

图1.6为悬臂梁结构的两种变化，两种都是利用悬臂梁结构提供回复力矩。如图1.6(a)所示，推力器安装在推力台上，推力台的四个角用四个悬臂梁支撑，当推力产生位移时，四个悬臂梁产生回复力矩，使其振动。如图1.6(b)所示，推力器安装在推力台上，推力台用顶杆与悬臂梁连接，当推力产生位移时，悬臂梁产生回复力矩，使其振动。

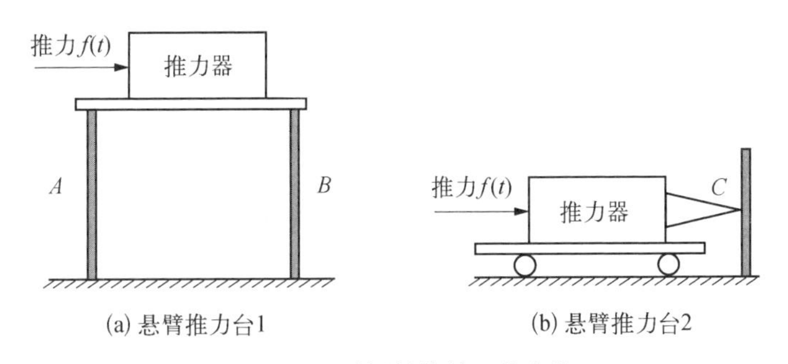

图1.6　悬臂梁结构的两种变化

1.3　推力测量的关键技术问题

为了有针对性地研究推力或冲量测量问题，首先，说明了推力测量系统的推力器搭载测量与大质量搭载要求；其次，通过系统参数标定过程和推力反演测量过程分析，了解和掌握系统参数标定误差来源、推力或冲量测量误差来源，以及主要影响因素和影响途径；最后，通过推力或冲量测量误差来源分析，分析和总结了推力

或冲量测量的关键技术问题。

1.3.1 推力器搭载测量与大质量搭载要求

推力器工作时需要推进剂供给单元提供推进剂、电源单元提供电能、遥测线路提供指令等,因此,推力器本体上需要连接推进剂供给管线、电源线路、遥测线路等。

在推力器的推力测量中,如果推力测量系统仅搭载推力器本体,推进剂供给单元和电源单元与之分离,通过推进剂供给管线、电源线路、遥测线路等连接,由于这些管线和线路的晃动和拖曳,将影响推力测量结果,造成较大的推力测量误差。

因此,推力器本体、推进剂供给单元、电源单元都应搭载在推力测量系统上,才能避免这些管线和线路的晃动和拖曳的影响,对推力测量系统提出了大质量搭载能力要求。后文中如果不特别说明,就是指搭载测量推力情况。

1.3.2 推力或冲量测量误差来源分析

下面通过系统参数标定过程和推力反演测量过程分析,了解和掌握系统参数标定误差来源、推力或冲量测量误差来源,以及主要影响因素和影响途径。

系统参数标定过程和推力反演计算过程如图 1.7 所示。采用系统参数恒力标定方法时,系统参数标定过程、误差来源、影响因素如下。

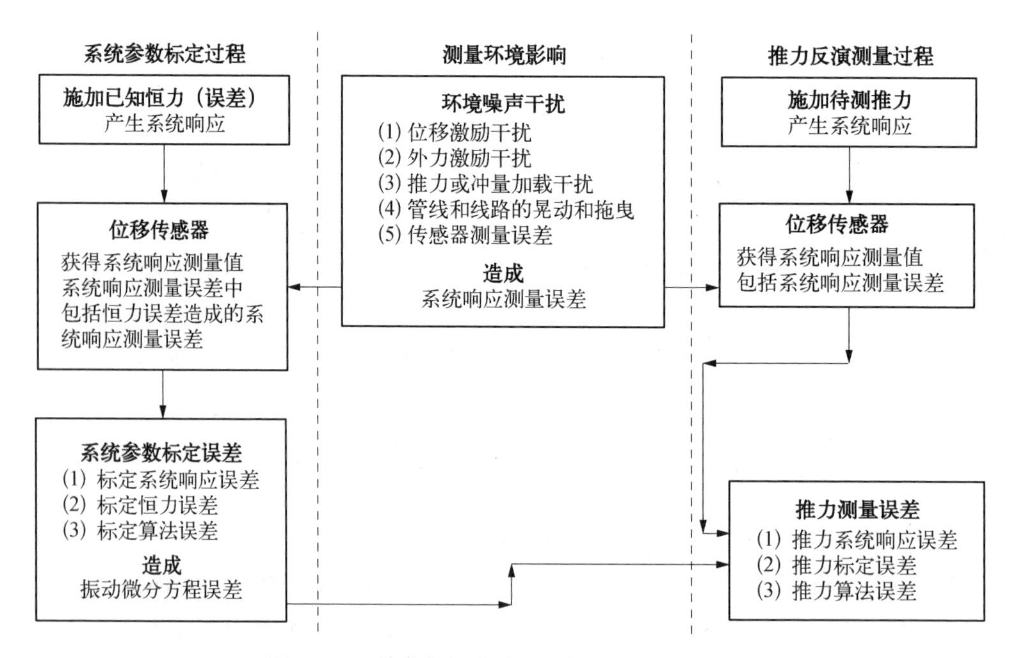

图 1.7 系统参数标定过程和推力反演测量过程

（1）对推力测量系统施加已知恒力（包括恒力误差），使得测量系统产生系统响应，利用位移传感器获得系统响应测量值，该系统响应测量值包括环境噪声干扰造成的系统响应测量误差。

（2）环境噪声干扰来源：一是地面通过基座传递过来的对测量系统的位移激励干扰；二是周围气流涌动引起的对测量系统的外力激励干扰；三是推力或冲量加载造成的冲击对测量系统的推力或冲量加载干扰；四是仅推力器本体搭载测量时，由于推力器本体与推进剂供给单元、电源单元等分离，推力器本体上的连接管线和线路对测量系统的晃动和拖曳干扰；五是位移传感器测量误差的干扰。

（3）施加的已知恒力总是存在恒力误差，恒力误差也将造成系统响应测量误差。

（4）系统参数标定误差来源：一是环境噪声干扰所造成的系统响应测量误差，引起的系统参数标定误差，称为系统参数标定系统响应误差；二是由恒力误差造成系统响应测量误差，从而引起的系统参数标定误差，称为系统参数标定恒力误差；三是根据系统响应测量值计算系统参数时，构造的计算方法引起的系统参数标定误差，称为系统参数标定算法误差。

（5）系统参数标定误差将造成测量系统的振动微分方程误差，在推力反演计算过程中，利用带有误差的振动微分方程，反演计算推力将造成推力测量误差，该推力测量误差称为推力标定误差。

如图 1.7 所示，推力反演测量过程、误差来源、影响因素如下。

（1）对推力测量系统施加待测推力，使得测量系统产生系统响应，利用位移传感器获得系统响应测量值，该系统响应测量值包括环境噪声干扰造成的系统响应测量误差。

（2）环境噪声干扰来源及造成的后果，如前文所述。

（3）通过系统参数标定所获得的振动微分方程总是存在误差的。

（4）推力测量误差来源：一是环境噪声干扰所造成的系统响应测量误差，引起的推力测量误差，称为推力系统响应误差；二是系统参数标定所造成的振动微分方程误差，引起的推力测量误差，称为推力标定误差；三是根据系统响应测量值反演计算推力时，所构造的计算方法引起的推力测量误差，称为推力算法误差。

（5）冲量测量误差来源与推力测量误差来源类似：一是环境噪声干扰所造成的系统响应测量误差，引起的冲量测量误差，称为冲量系统响应误差；二是系统参数标定所造成的振动微分方程误差，引起的冲量测量误差，称为冲量标定误差；三是根据系统响应测量值反演计算冲量时，所构造的计算方法引起的冲量测量误差，称为冲量算法误差。

（6）环境噪声干扰造成的系统响应测量误差，是推力或冲量测量误差的主导性影响因素。一方面，该系统响应测量误差将直接造成推力或冲量系统响应误差；

另一方面,该系统响应测量误差通过引起系统参数标定误差,将间接造成推力标定误差,具有多重影响的特点。

1.3.3 推力或冲量测量的关键技术问题分析

通过推力或冲量测量误差来源分析,可分析和总结以下推力或冲量测量的关键技术问题。

1. 环境噪声干扰抑制技术

环境噪声干扰所造成的系统响应测量误差,是引起推力或冲量测量误差的主导性因素,具有直接和间接等多重影响的特点。因此,环境噪声干扰抑制技术是推力或冲量测量的关键技术之一。

环境噪声干扰抑制的难点是其多源性和多重影响。环境噪声干扰抑制技术研究应从环境噪声干扰来源为着眼点,环境噪声干扰来源复杂,包含位移激励干扰、外力激励干扰、推力或冲量加载干扰、推力器连接管线和线路的晃动和拖曳干扰、位移传感器测量误差等。

2. 高精度系统响应测量技术

推力或冲量测量是利用系统响应测量值,反演计算推力或冲量,系统响应测量值的精度将直接影响推力或冲量测量精度。因此,高精度系统响应测量技术是推力或冲量测量的关键技术之一。

高精度系统响应测量的难点是环境噪声干扰、小推重比下的微小系统响应测量。星载推力器(尤其是微推力器)具有很小的推重比,意味着在搭载推力器测量推力时,测量系统转动部件的转动惯量很大,且推力器所能产生的推力相对很小,故推力产生的位移很小,并且又存在环境噪声干扰影响,涉及环境噪声干扰、小推重比下的微小位移高精度测量问题。

3. 高精度系统参数标定技术

推力或冲量测量是利用测量系统的振动微分方程,反演计算推力或冲量,系统参数标定精度将直接影响推力或冲量测量精度。因此,高精度系统参数标定技术是推力或冲量测量的关键技术之一。

高精度系统参数标定难点是环境噪声干扰抑制、高精度恒力产生问题。除了环境噪声干扰影响系统参数标定精度外,高精度恒力产生和获得方法是提高系统参数标定精度的有效技术途径。

4. 高精度推力或冲量测量与评估技术

推力或冲量测量是在环境噪声干扰抑制、微小系统响应测量、高精度系统参数标定条件下,给出毫牛(秒)甚至微牛(秒)量级微小推力或冲量的测量结果,以及高置信度下评估结论。因此,高精度推力或冲量测量与评估技术是推力或冲量测量的关键技术之一。

5. 测量系统综合设计技术

推力或冲量测量系统是实现推力或冲量测量的载体，在测量系统的设计中，需要综合运用环境噪声抑制技术、高精度系统响应测量技术、高精度系统参数标定技术、高精度推力或冲量测量与评估技术，综合解决环境噪声抑制、微小系统响应测量、系统参数标定、推力或冲量测量、大质量搭载等难题。

第 2 章
推力器的推进性能测量和评估方法

研究星载微推力器的推进性能测量和评估问题,需要明确推力器的常用推进性能指标、推进性能测量和评估的基本方法,以及推进性能测量和评估的关键问题。

首先,本章通过分析连续推力器和脉冲推力器的推力随着时间变化特点,明确了(瞬时)推力和平均推力的区别;其次,讨论了推力器常用推进性能指标及测量原理,指明了推进性能测量和评估的关键问题是平均推力测量和评估问题;最后,利用测量不确定度的评定方法,讨论了推进性能测量和评估方法。

2.1 推力器的推力变化

推力器分为化学推力器、冷气推力器、电推力器、太阳能推力器、激光推力器等多种类型,按照推力随着时间变化方式,可分为连续推力器和脉冲推力器。推力器的推力输出特性,可用推力随时间的变化关系描述。

通过讨论推力随着时间的变化特性,明确了推力器推力测量问题:对于连续推力器是指(瞬时)推力或平均推力测量;对于脉冲推力器是指单脉冲冲量或平均推力测量。

2.1.1 连续推力器的推力随着时间变化

如图 2.1 所示,连续推力器的推力随着时间是连续变化的,有时推力随着时间基本不变或变化不大(实线所示);有时推力随着时间逐渐减小(虚线所示)。例如,在冷气推力器工作过程中,由于储气罐的内压逐渐减小,推力随着时间逐渐降低。

2.1.2 脉冲推力器的推力随着时间变化

脉冲推力器的推力是由一系列脉冲波形组成,如图 2.2 的实线所示。

脉冲推力器的推力测量问题,可分为两种,一种是测量单脉冲的冲量,称为冲

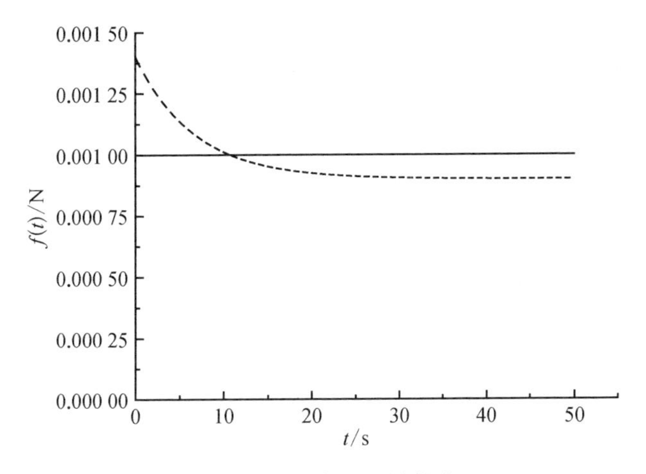

图 2.1　连续推力器的推力

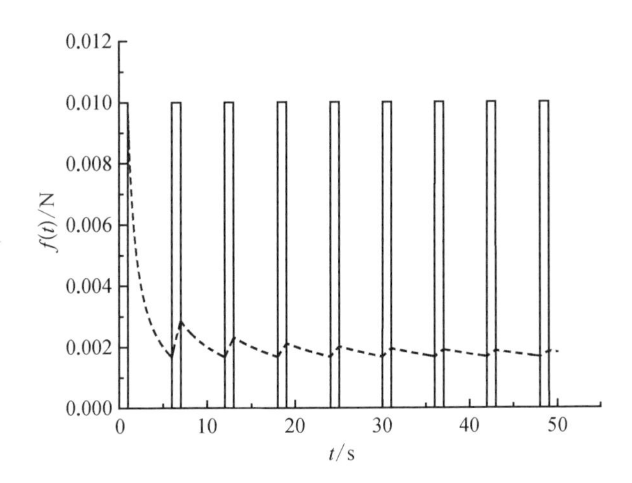

图 2.2　脉冲推力器的推力和平均推力

量测量问题;另一种是测量平均推力,称为平均推力测量问题。

如果推力作用时间很短(推力脉宽很窄),推力测量系统只能测量单脉冲冲量或平均推力。脉冲推力器工作过程中,平均推力随时间的变化情况如图 2.2 的虚线所示。

2.1.3　推力和平均推力

实际上,连续推力器的推力随着时间存在起伏涨落,所以,推力测量中既需要(瞬时)推力测量又需要平均推力测量。

如图 2.3 所示,实线表示(瞬时)推力变化,虚线表示平均推力变化。

因此,推力器推力测量问题,对于连续推力器是指(瞬时)推力或平均推力测量;对于脉冲推力器是指单脉冲冲量或平均推力测量。

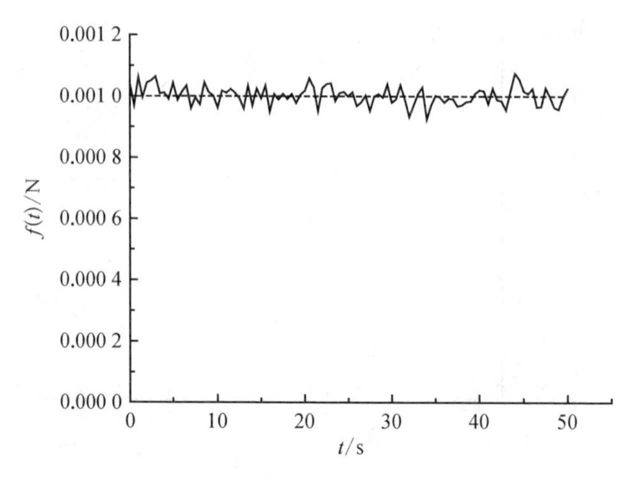

图 2.3 连续推力器的推力和平均推力

2.2 推力器推进性能和测量原理

推力器的常用推进性能指标包括比冲、总冲、推功比和推进效率等，这些性能指标测量是通过推力或平均推力测量实现的，因此，推力测量和评估是推进性能测量和评估的关键，也是难点。

下面讨论常用推进性能指标与平均推力之间关系，进而讨论推进性能测量原理。

2.2.1 常用推进性能指标

推力器常用推进性能指标有比冲、总冲、推功比和推进效率等，这些指标从不同角度描述推力器的性能。

1. 比冲

比冲是指消耗单位质量推进剂所产生的冲量，采用符号 I_s 表示，为

$$I_s = \frac{\int_0^t F(t)\,\mathrm{d}t}{\int_0^t \dot{m}(t)\,\mathrm{d}t} \tag{2.1}$$

式中，t 为工作时间；$F(t)$ 为推力器产生的推力；$\dot{m}$ 为推进剂的质量流率（单位时间内消耗推进剂质量）；比冲单位为 m/s。因此，从产生冲量角度来讲，比冲是描述推力器的推进剂质量利用效率的物理量。

工程中，比冲定义为消耗单位重量推进剂所产生的冲量，为

$$I_s = \frac{\int_0^t F(t)\,\mathrm{d}t}{g\int_0^t \dot{m}(t)\,\mathrm{d}t} \tag{2.2}$$

式中，g 为重力加速度。此时，比冲单位为 s，并且量值上缩小为原来的十分之一。

在工作时间 t 内，平均推力为 $\bar{F}$，推进剂平均质量流率为 $\langle \dot{m} \rangle$，消耗推进剂质量为 $m = \langle \dot{m} \rangle t$，比冲为

$$I_s = \frac{\bar{F}t}{m} \tag{2.3}$$

如果推力器烧蚀羽流的平均速度为 $\bar{v}$，则有 $\bar{F}t = m\bar{v}$，比冲可表示为

$$I_s = \frac{m\bar{v}}{m} = \bar{v} \tag{2.4}$$

即比冲也代表推力器烧蚀羽流的平均速度。

2. 总冲

总冲是指推力器在给定时间内输出的总的冲量，推力器的推力为 $F(t)$，全部工作时间为 t，总冲为

$$I_{\text{tot}} = \int_0^t F(t)\,\mathrm{d}t \tag{2.5}$$

总冲也可采用平均推力 $\bar{F}$ 表示为

$$I_{\text{tot}} = \bar{F}t \tag{2.6}$$

3. 推功比(推力功率比)

在电推力器中，为了描述所消耗电能与产生冲量之间关系，引入了推功比的概念。推功比是指消耗单位电能量所产生的冲量，采用符号 C_m 表示，为

$$C_m = \frac{\int_0^t F(t)\,\mathrm{d}t}{\int_0^t P(t)\,\mathrm{d}t} \tag{2.7}$$

式中，t 为工作时间；$F(t)$ 为推力器产生的推力；推力器的电功率为 $P(t)$。因此，从产生冲量角度来讲，推功比是描述推力器的电能量利用效率的物理量。

在工作时间 t 内，平均推力为 $\bar{F}$，平均电功率为 $\bar{P}$，推功比为

$$C_m = \frac{\bar{F}t}{\bar{P}t} = \frac{\bar{F}}{\bar{P}} \tag{2.8}$$

因此，推功比可认为是消耗单位电功率所产生推力；是描述电能利用效率的物理量。

由于 $\bar{F}t = m\bar{v} = mI_s$，推功比可表示为

$$C_m = \frac{\bar{F}}{\bar{P}} = \frac{mI_s}{\bar{P}t} = \frac{mI_s}{E} \tag{2.9}$$

式中，$E = \bar{P}t$ 为推力器消耗的电能。

4. 推进效率

在电推力器中，为了描述电能向烧蚀羽流动能的转化效率，引入了推进效率的概念。推进效率是指消耗单位电能量所产生的羽流动能，采用符号 η 表示，为

$$\eta = \frac{\frac{1}{2}m\overline{v^2}}{E} \tag{2.10}$$

消耗电能量为

$$E = \int_0^t P(t)\,\mathrm{d}t = \bar{P}t \tag{2.11}$$

一般烧蚀羽流的速度平方的平均值与平均速度的平方近似相等，可认为 $\overline{v^2} \approx (\bar{v})^2 = (I_s)^2$，推进效率可近似表示为

$$\eta \approx \frac{mI_s^2}{2\bar{P}t} = \frac{mI_s^2}{2E} \tag{2.12}$$

由于推功比为 $C_m = mI_s/E$，推进效率可表示为

$$\eta \approx \frac{1}{2}C_m I_s \tag{2.13}$$

推进效率是描述电能量向烧蚀羽流动能转化效率的物理量，它与电能量利用效率和推进剂质量利用效率成正比。

如果推进剂烧蚀过程中不释放化学能，烧蚀羽流动能全部来源于电能量，则推进效率 $\eta < 1$，存在关系式

$$\frac{1}{2}C_m I_s < 1 \tag{2.14}$$

此时，比冲越大，推功比越小。

2.2.2　推进性能测量原理

推力器的推进性能指标之间关系如图 2.4 所示。首先,直接可测量是给定时间、平均推力、推进剂消耗量、电功耗等;其次,总冲、比冲、推功比和推进效率等推进性能指标是间接计算得到的。

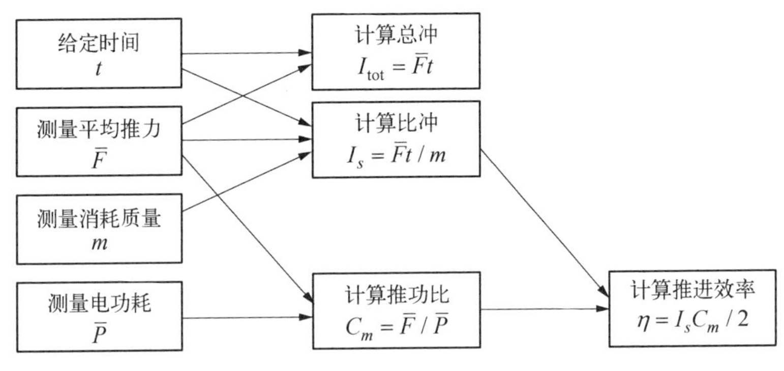

图 2.4　推进性能指标之间关系

因此,推力器的推进性能测量原理为:在给定时间内,通过测量平均推力、推进剂消耗量、电功耗等,计算得到总冲、比冲、推功比和推进效率。

在工程实际中,推进剂消耗量和电功耗测量相对来讲容易一些,因此,测量平均推力是推进性能测量的重点内容。

2.3　推进性能的测量和评估方法

在推力器的比冲、总冲、推功比和推进效率等推进性能指标测量和评估过程中,直接可测量为给定时间、平均推力、推进剂消耗量、电功耗等,由于这些直接可测量存在测量误差,将导致推进性能指标的测量误差。

首先,根据推力器的推进性能测量和评估需求,讨论了基于测量不确定度的直接可测量和间接计算量的测量和评估方法;其次,讨论了推进性能的测量计算方法;最后,讨论了推进性能的评估方法。

2.3.1　基于不确定度的测量和评估

在测量过程中,由于各种误差源影响,将造成测量误差,给测量结果带来不确定性。下面根据推力器推进性能测量和评估需求,结合国家计量技术规范《JJF 1059.1 测量不确定度评定与表示》,讨论直接可测量与间接计算量的测量和评估方法。

1. 直接可测量的测量和评估方法

对被测量 X 进行 n 次测量,测量值为 $x_i(i = 1, 2, \cdots, n)$, 被测量的估计值为

$$\bar{x} = \frac{1}{n}\sum_{i=1}^{n} x_i \tag{2.15}$$

标准不确定度(标准差估计值)为

$$u(x) = \frac{s(x)}{\sqrt{n}},\ s(x) = \sqrt{\frac{1}{n-1}\sum_{i=1}^{n}(x_i - \bar{x})^2} \tag{2.16}$$

式中,标准不确定度的自由度为 $\nu = n - 1$。

当样本量 n 较小时,上述方法给出的标准不确定度偏差较大,此时,可采用极差法,有

$$s(x) = \frac{x_{\max} - x_{\min}}{d_n} \tag{2.17}$$

$$u(x) = \frac{s(x)}{\sqrt{n}} \tag{2.18}$$

式中,根据样本量 n, 按照表 2.1 选择 d_n 和自由度 ν。

表 2.1 极差法的 d_n 和 ν

n	2	3	4	5	6	7	8	9
d_n	1.13	1.69	2.06	2.33	2.53	2.70	2.85	2.97
ν	0.9	1.8	2.7	3.6	4.5	5.3	6.0	6.8

如果被测量 X 服从正态分布,其取值以概率 p 落在 $(\bar{x} - U_p,\ \bar{x} + U_p)$ 区间内,测量和评估结果表示为

$$(\bar{x} \pm U_p),\ U_p = u(x)t_{(1+p)/2}(\nu) \tag{2.19}$$

式中, $t_{(1+p)/2}(\nu)$ 为给定概率 $(1+p)/2$ 自由度 ν 的 t 分布的下侧分位数,具体取值如表 2.2 所示。

表 2.2 t 分布函数的分位数 $t_{(1+p)/2}(\nu)$

n	p=0.95/0.99
2	4.302 653/9.924 843
3	3.182 446/5.840 909
4	2.776 445/4.604 095
5	2.570 582/4.032 143
6	2.446 912/3.707 428

续 表

n	$p=0.95/0.99$
7	2.364 624/3.499 483
8	2.306 004/3.355 387
9	2.262 157/3.249 836
10	2.228 139/3.169 273
11	2.200 985/3.105 807
12	2.178 813/3.054 540
13	2.160 369/3.012 276
14	2.144 787/2.976 843
15	2.131 450/2.946 713
16	2.119 905/2.920 782
17	2.109 816/2.898 231
18	2.100 922/2.878 440
19	2.093 024/2.860 935
20	2.085 963/2.845 340

当样本量 n 足够大时 ($n \geqslant 50$),t 分布接近标准正态分布 $N(0, 1)$, $t_{(1+p)/2}(\nu)$ 可用标准正态分布的分位数代替。此时,当 $p = 0.95$ 时 $t_{0.975} = 1.96$;当 $p = 0.99$ 时 $t_{0.995} = 2.58$。

2. 间接计算量的测量和评估方法

设变量 $x_i(i = 1, 2, \cdots, n)$ 为直接可测量,函数

$$y = f(x_1, x_2, \cdots, x_n) \tag{2.20}$$

只能间接计算测量,当变量 $x_i(i = 1, 2, \cdots, n)$ 有较小测量误差 Δx_i 时,函数 y 的测量误差近似为

$$\Delta y = \frac{\partial f}{\partial x_1}\Delta x_1 + \frac{\partial f}{\partial x_2}\Delta x_2 + \cdots + \frac{\partial f}{\partial x_n}\Delta x_n = \sum_{i=1}^{n} \frac{\partial f}{\partial x_i}\Delta x_i \tag{2.21}$$

这就是误差传递公式,对系统误差和随机误差都适用。

设直接可测量 $x_i(i = 1, 2, \cdots, n)$ 的估计值为 $\bar{x}_i$ 和标准不确定度为 $u(x_i)$,函数的估计值为

$$\bar{y} = f(\bar{x}_1, \bar{x}_2, \cdots, \bar{x}_n) \tag{2.22}$$

如果直接可测量 $x_i(i = 1, 2, \cdots, n)$ 相互独立时,根据误差传递公式,函数的标准不确定度为

$$u(y)=\sqrt{\sum_{i=1}^{n}\left(\frac{\partial f}{\partial x_i}\right)^2 u^2(x_i)} \tag{2.23}$$

式中，$u(x_i)$ 为 $x_i(i=1, 2, \cdots, n)$ 的标准不确定度。

函数 $y=f(x_1, x_2, \cdots, x_n)$ 的标准不确定度的有效自由度为

$$\nu_{\text{eff}}=\frac{u^4(y)}{\sum_{i=1}^{n}\frac{C_i^4 u^4(x_i)}{\nu_i}},\ C_i=\frac{\partial f}{\partial x_i} \tag{2.24}$$

式中，ν_i 为 $u(x_i)(i=1, 2, \cdots, n)$ 的自由度，有效自由度为非整数值时取整。

如果函数 $y=f(x_1, x_2, \cdots, x_n)$ 服从正态分布，函数 $y=f(x_1, x_2, \cdots, x_n)$，以概率 p 落在 $(\bar{y}-U_p, \bar{y}+U_p)$ 区间内，测量和评估结果表示为

$$(\bar{y}\pm U_p),\ U_p=u(y)t_{(1+p)/2}(\nu_{\text{eff}}) \tag{2.25}$$

当样本量 n 足够大时 $(n\geqslant 50)$，t 分布接近标准正态分布 $N(0, 1)$，$t_{(1+p)/2}(\nu_{\text{eff}})$ 可用标准正态分布的分位数代替。

2.3.2 推进性能的测量方法

对于推力器，在给定时间 $[0, t]$ 内，已知平均推力测量值为 $\bar{F}$、推进剂消耗量为 m、电功耗为 $\bar{P}$，可计算得到总冲、比冲、推功比和推进效率。

总冲计算公式为

$$I_{\text{tot}}=\bar{F}t \tag{2.26}$$

比冲计算公式为

$$I_s=\frac{\bar{F}t}{m} \tag{2.27}$$

推功比计算公式为

$$C_m=\frac{\bar{F}}{\bar{P}} \tag{2.28}$$

推进效率计算公式为

$$\eta\approx\frac{mI_s^2}{2\bar{P}t}=\frac{(\bar{F})^2 t}{2\bar{P}m} \tag{2.29}$$

2.3.3　推进性能的评估方法

对于推力器,在给定时间 $[0, t]$ 内,已知平均推力测量值和标准不确定度分别为 $\bar{F}$ 和 $u(\bar{F})$、推进剂消耗量和标准不确定度分别为 m 和 $u(m)$、电功耗和标准不确定度分别为 $\bar{P}$ 和 $u(\bar{P})$。

1. 总冲的评估方法

总冲的估计值为

$$I_{\text{tot}} = \bar{F}t \tag{2.30}$$

总冲的标准不确定度 $u(I_{\text{tot}})$ 的平方为

$$u^2(I_{\text{tot}}) = t^2 u^2(\bar{F}) \tag{2.31}$$

总冲的标准不确定度的有效自由度为

$$\nu_{\text{eff}}(I_{\text{tot}}) = \frac{u^4(I_{\text{tot}})}{t^4 \dfrac{u^4(\bar{F})}{\nu(\bar{F})}} = \nu(\bar{F}) \tag{2.32}$$

式中,$\nu(\bar{F})$ 为平均推力的标准不确定度的自由度。

总冲的给定概率 p 的置信区间为

$$(I_{\text{tot}} \pm U_p),\ U_p = u(I_{\text{tot}})t_{(1+p)/2}[\nu_{\text{eff}}(I_{\text{tot}})] \tag{2.33}$$

式中,$t_{(1+p)/2}[\nu_{\text{eff}}(I_{\text{tot}})]$ 为给定概率 $(1+p)/2$ 自由度 $\nu_{\text{eff}}(I_{\text{tot}})$ 的 t 分布的下侧分位数。

2. 比冲的评估方法

比冲的估计值为

$$I_s = \frac{\bar{F}t}{m} \tag{2.34}$$

比冲的标准不确定度 $u(I_s)$ 的平方为

$$u^2(I_s) = \left(\frac{t}{m}\right)^2 u^2(\bar{F}) + \left(\frac{\bar{F}t}{m^2}\right)^2 u^2(m) \tag{2.35}$$

比冲的标准不确定度的有效自由度为

$$\nu_{\text{eff}}(I_s) = \frac{u^4(I_s)}{\left(\dfrac{t}{m}\right)^4 \dfrac{u^4(\bar{F})}{\nu(\bar{F})} + \left(\dfrac{\bar{F}t}{m^2}\right)^4 \dfrac{u^4(m)}{\nu(m)}} \tag{2.36}$$

比冲的给定概率 p 的置信区间为

$$(I_s \pm U_p),\ U_p = u(I_s)t_{(1+p)/2}[\nu_{\text{eff}}(I_s)] \tag{2.37}$$

式中，$t_{(1+p)/2}[\nu_{\text{eff}}(I_s)]$ 为给定概率 $(1+p)/2$ 自由度 $\nu_{\text{eff}}(I_s)$ 的 t 分布的下侧分位数。

3. 推功比的评估方法

推功比的估计值为

$$C_m = \frac{\bar{F}}{\bar{P}} \tag{2.38}$$

推功比的标准不确定度 $u(C_m)$ 的平方为

$$u^2(C_m) = \left(\frac{1}{\bar{P}}\right)^2 u^2(\bar{F}) + \left[\frac{\bar{F}}{(\bar{P})^2}\right]^2 u^2(\bar{P}) \tag{2.39}$$

推功比的标准不确定度的有效自由度为

$$\nu_{\text{eff}}(C_m) = \frac{u^4(C_m)}{\left(\frac{1}{\bar{P}}\right)^4 \frac{u^4(\bar{F})}{\nu(\bar{F})} + \left[\frac{\bar{F}}{(\bar{P})^2}\right]^4 \frac{u^4(\bar{P})}{\nu(\bar{P})}} \tag{2.40}$$

推功比的给定概率 p 的置信区间为

$$(C_m \pm U_p),\ U_p = u(C_m)t_{(1+p)/2}[\nu_{\text{eff}}(C_m)] \tag{2.41}$$

式中，$t_{(1+p)/2}[\nu_{\text{eff}}(C_m)]$ 为给定概率 $(1+p)/2$ 自由度 $\nu_{\text{eff}}(C_m)$ 的 t 分布的下侧分位数。

4. 推进效率的评估方法

推进效率的估计值为

$$\eta \approx \frac{mI_s^2}{2\bar{P}t} = \frac{(\bar{F})^2 t}{2\bar{P}m} \tag{2.42}$$

推进效率的标准不确定度 $u(\eta)$ 的平方为

$$u^2(\eta) = \left(\frac{\bar{F}t}{\bar{P}m}\right)^2 u^2(\bar{F}) + \left[\frac{(\bar{F})^2 t}{2(\bar{P})^2 m}\right]^2 u^2(\bar{P}) + \left[\frac{(\bar{F})^2 t}{2\bar{P}m^2}\right]^2 u^2(m) \tag{2.43}$$

推进效率的标准不确定度的有效自由度为

$$\nu_{\text{eff}}(\eta) = \frac{u^4(\eta)}{\left(\frac{\bar{F}t}{\bar{P}m}\right)^4 \frac{u^4(\bar{F})}{\nu(\bar{F})} + \left[\frac{(\bar{F})^2 t}{2(\bar{P})^2 m}\right]^4 \frac{u^4(\bar{P})}{\nu(\bar{P})} + \left[\frac{(\bar{F})^2 t}{2\bar{P}m^2}\right]^4 \frac{u^4(m)}{\nu(m)}} \tag{2.44}$$

推进效率的给定概率 p 的置信区间为

$$(\eta \pm U_p),\ U_p = u(\eta)t_{(1+p)/2}[\nu_{\text{eff}}(\eta)] \tag{2.45}$$

式中，$t_{(1+p)/2}[\nu_{\text{eff}}(\eta)]$ 为给定概率 $(1+p)/2$ 自由度 $\nu_{\text{eff}}(\eta)$ 的 t 分布的下侧分位数。

推进性能的测量是指给出推进性能指标的估计值，推进性能的评估是指进一步给出推进性能指标的估计值误差，估计值误差一般采用给定概率的置信区间表示。

第3章
扭摆测量系统及环境噪声抑制方法

首先,星载微推力器的推进性能测量和评估是通过测量系统实现的,需要了解和掌握测量系统的组成和测量系统的运动规律;其次,测量系统的系统响应测量误差是造成系统参数标定误差、推力测量误差的首要因素,而系统响应测量误差的主导部分是系统响应噪声误差,系统响应噪声误差又是各种环境噪声干扰引起的,需要了解和掌握环境噪声干扰来源分析与抑制方法。

3.1 扭摆测量系统组成和振动微分方程

了解和掌握推力和冲量测量系统组成和运动规律,是实现推力和冲量测量的前提和基础。

在推力和冲量测量系统中,扭摆测量系统是理想的测量系统。扭摆测量系统是严格的二阶微分方程系统,系统模型精确,且待标定系统参数最少为3个;抗环境干扰能力强,环境噪声干扰小。

由于各种推力和冲量测量系统的组成基本一致,故采用扭摆测量系统进行分析和讨论。作者所研制的扭摆测量系统,获得多项发明专利,下面结合作者所研制的扭摆测量系统进行讨论。

3.1.1 扭摆测量系统组成

扭摆测量系统由主体部分、框架结构、底座等组成。

1. 扭摆测量系统的主体部分

图3.1为扭摆测量系统的主体部分,包括扭摆横梁、扭摆转轴、上下枢轴、横梁支撑与刀口、配重、阻尼器、标定力产生部件、位移传感器等。

1) 扭摆横梁

扭摆横梁用于搭载推力器和配重,以及安装阻尼器(涡流片)等。在推力器的推力或冲量作用下,扭摆横梁围绕扭摆转轴往复振动。

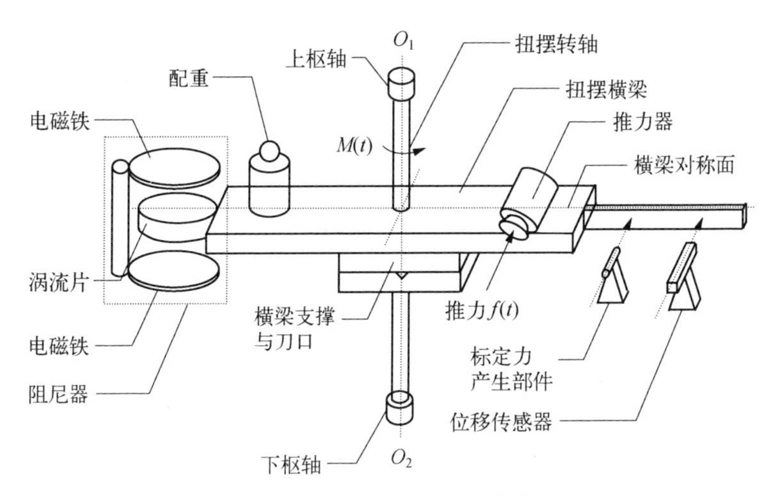

图 3.1　扭摆测量系统的主体部分

2）扭摆转轴

扭摆转轴用于固定和支撑扭摆横梁，扭摆转轴上端与上枢轴连接，扭摆转轴下端与下枢轴连接，上枢轴和下枢轴提供扭摆横梁转动的回复力矩，使得扭摆横梁围绕扭摆转轴往复振动。

3）枢轴

上下挠性枢轴分别安装在扭摆转轴的上端和下端，并且挠性枢轴另一端固定不动。枢轴随着扭摆转轴扭转变形时产生反向回复力矩，使得扭摆横梁往复振动。挠性枢轴型号和性能参数如表 3.1 所示，其中，推力器承载能力评估中，已考虑了配重的质量。

表 3.1　挠性枢轴的扭转刚度系数和所能承受的推力器质量

编号	1	2	3	4	5	6	7
刚度系数/[(N·m)/rad]	0.022 7	0.185 1	0.738 6	1.446 2	1.502 5	6.078 6	20.585 7
轴向承重/kg	6.2	25.0	45.3	70.8	100.3	256.9	408.5
推力器质量/kg	<2	<10	<20	<30	<40	<100	<150

* 参考 Riverhawk 公司的挠性枢轴产品，扭转刚度系数和轴向承重均是一个枢轴的参数。

为了进一步提高扭摆测量系统的承载能力，下枢轴可用向心推力轴承部件来代替。扭摆测量系统的向心推力轴承部件如图 3.2 所示。推力轴承用于承受扭摆转轴方向的重力，向心轴承用于承受扭摆转轴横向作用力和减小转动摩擦阻力。

在未采用枢轴结构、向心推力轴承部件等设计之前，扭摆测量系统的承载或承重能力是很弱的。例如，采用弹性悬丝提供扭转力矩时，只能承受千克级质量。

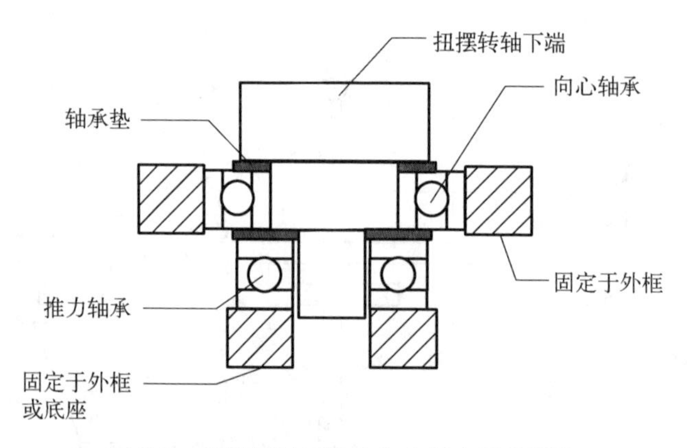

图 3.2 扭摆测量系统的向心推力轴承部件

4）阻尼器

阻尼器安装在扭摆横梁的一端，主要作用：一是抑制环境噪声干扰，减小系统响应噪声误差；二是适当调节测量系统的阻尼比。

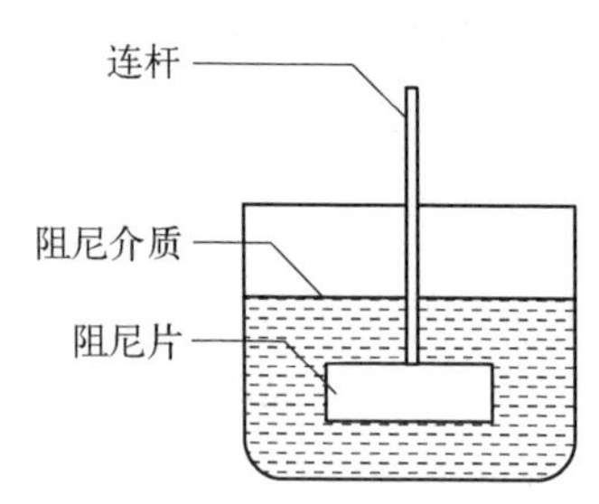

图 3.3 传统阻尼器的示意图

涡电流阻尼器如图 3.1 所示，由涡流片和两个电磁铁组成，涡流片安装在扭摆横梁的一端，电磁铁由线圈和铁芯组成，电磁铁提供磁场，涡流片随着扭摆横梁振动时，由于产生感生涡电流抑制其往复振动，达到控制环境噪声干扰的目的。

图 3.3 为传统阻尼器示意图。容器中阻尼介质为黏性介质，用于增加阻尼片往复振动的阻尼，连杆与扭摆横梁一端连接。由于在真空中这种阻尼器的阻尼介质会挥发影响真空度和污染测量环境，所以不适合真空中使用。

5）配重

配重用于平衡推力器的质量，推力器和配重分别安装在扭摆横梁的两端、扭摆转轴的两侧。

6）横梁支撑与刀口

横梁支撑与刀口是由横梁支撑与凸刀口（位于上方）、横梁支撑与凹刀口（位于下方）组成，横梁支撑与凸刀口和扭摆横梁固定，利用刀口平衡配重和推力器，当完成配重平衡后，再和横梁支撑与凹刀口固定。

7）位移传感器

位移传感器用于测量扭摆横梁的振动位移，通过测量扭摆横梁的振动位移，计算扭摆横梁振动的扭转角。

一般扭摆横梁往复振动位移很小，需要采用高精度的位移传感器。可采用变极距式电容位移传感器或激光干涉测量方法。

变极距式电容位移传感器具有结构简单、尺寸小、高分辨力、高精度、高动态响应的特点（分辨力为10~20 nm、测量的绝对误差小于0.3 μm、时间响应可达20 μs）。

图3.4为激光干涉测量方法的示意图。双角隅棱镜对称安装在扭摆转轴两侧，激光器产生的探测激光束通过双角隅棱镜反射，由于光程差产生干涉现象，扭摆转动时，由于双角隅棱镜的2次反射产生4倍光程差。

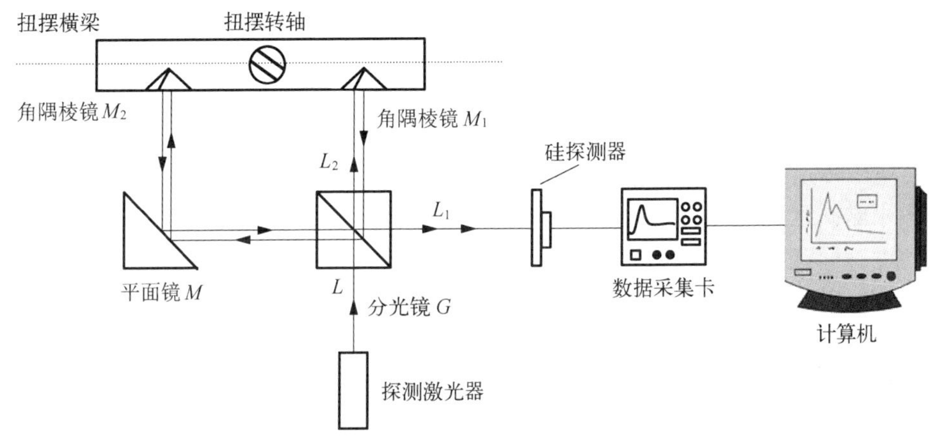

图3.4　激光干涉测量方法示意图

扭转角θ引起的光程差为$R = K\lambda$ ($K = 1, 2, \cdots$) 时产生明条纹，有

$$R = 2L\theta = K\lambda\,,\ \theta = \frac{K\lambda}{2L} \tag{3.1}$$

式中，L为角隅棱镜的间距；λ为激光波长；通过测量干涉条纹数目K，可测量扭摆横梁的扭转角。

激光干涉测量方法测量误差与激光波长有关，故免标定，并且波长变化极小可忽略不计。例如，目前He-Ne激光器波长（频率）的稳定性$d\lambda/\lambda$可达2×10^{-12}，故可认为波长（频率）不变。

但是，由于激光干涉测量方法的光路设计复杂，测试设备占有空间较大，所以不适合真空舱内测试。

8）标定力产生部件

标定力产生部件用于产生恒力并施加在扭摆横梁上，以便标定扭摆振动微分方程的未知系统参数。

例如，在推力$f(t)$作用下，扭摆测量系统的振动微分方程为

$$\ddot{\theta} + 2\zeta\omega_n\dot{\theta} + \omega_n^2\theta = \frac{L_f}{J}f(t) \tag{3.2}$$

式中，θ 为扭摆横梁振动扭转角；L_f 为力臂（推力到扭摆转轴中心点的距离）；ζ 为阻尼比；ω_n 为固有振动频率；$\omega_d=\sqrt{1-\zeta^2}\omega_n$ 为振动频率；J 为转动惯量；扭转刚度系数为 $k=J\omega_n^2$。

为了标定阻尼比、振动频率、转动惯量或扭转刚度系数等未知系统参数，对扭摆测量系统施加已知恒力 f_0，扭摆测量系统的振动微分方程为

$$\ddot{\theta}+2\zeta\omega_n\dot{\theta}+\omega_n^2\theta=\frac{L_f}{J}f_0 \tag{3.3}$$

通过测量恒力作用下扭摆振动的扭转角，计算未知系统参数。

电磁标定力方法是产生高精度标定力的方法。电磁标定力产生部件由通电线圈和永磁铁组成，通过电流驱动产生电磁力如图 3.5 所示。

电磁标定力方法中需要建立准确的驱动电流与电磁标定力之间关系，可采用精密电子天平测量所产生的电磁标定力，进而建立驱动电流与电磁标定力之间关系。

传统的产生标定力方法是采用砝码重力提供标定力，如图 3.6 所示。重力法提供标定力的过程中，由于砝码与绳线晃动、滑轮摩擦阻力等影响，标定力误差较大。

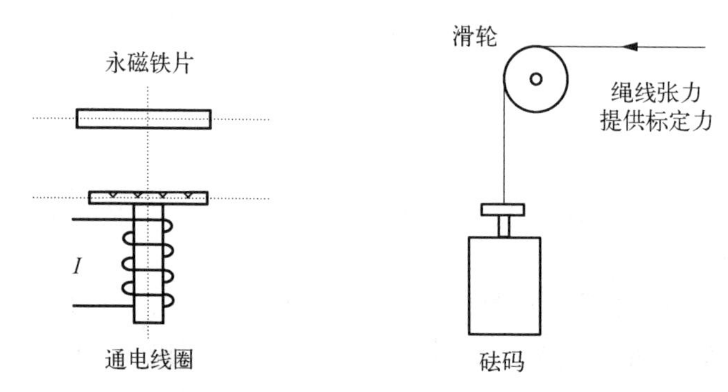

图 3.5 电磁标定力产生部件　　**图 3.6 重力法示意图**

2. 扭摆测量系统的框架结构

扭摆测量系统的框架结构是支撑扭摆测量系统的主体部分的，以便主体部分完成指定功能。图 3.7 为扭摆测量系统的框架结构与底座。

1）内框

内框用于固定扭摆转轴、扭摆横梁和横梁支撑与刀口（包括横梁支撑与凸刀口、梁支撑与凹刀口）。扭摆横梁是和横梁支撑与凸刀口固定在一起的，当扭摆横梁上搭载推力器时，通过调节配重位置，实现扭摆横梁平衡，之后，将横梁支撑与凸刀口及横梁支撑与凹刀口螺栓锁紧，使得扭摆横梁随着内框转动。

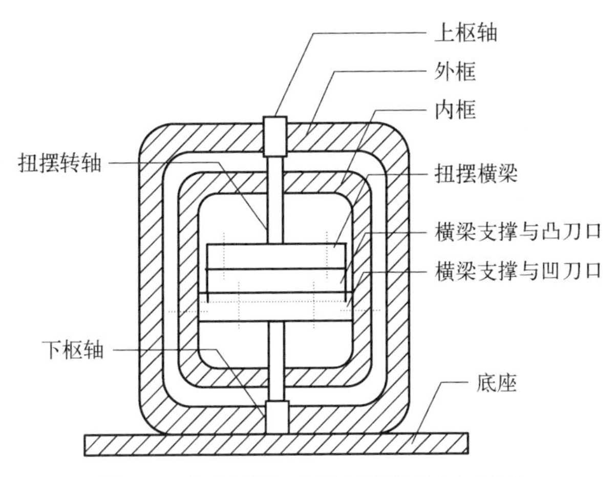

图 3.7 扭摆测量系统的框架结构与底座

2）外框

外框用于固定枢轴及支撑内框,外框与底座固定在一起。枢轴的一端固定在内框,枢轴的另一端固定在外框。

扭摆测量系统的框架结构设计,可牢固地支撑扭摆测量系统的主体部分,极大地提高了扭摆测量系统的承载或承重能力,以及测量系统的稳定性。

3.1.2 扭摆测量系统振动微分方程

扭摆测量系统的运动规律是采用振动微分方程描述的,扭摆测量系统的振动问题是刚体绕定轴转动问题。

设扭摆测量系统在推力器的推力作用下产生振动,扭转角为 $\theta(t)$, 推力器的推力为 $f(t)(0 \leqslant t \leqslant T_0)$, 推力的作用时间为 T_0,力臂为 L_f（推力到扭摆转轴转动中心点的距离）,推力产生的力矩为 $f(t)L_f$; 扭转角为 $\theta(t)$ 时,上下枢轴产生的力矩为 $-k\theta(t)$（k 为扭转刚度系数）;如果扭摆测量系统的阻尼系数为 c, 阻尼产生的力矩为 $-c\dot{\theta}(t)$。扭摆测量系统的转动惯量为 J, 扭摆测量系统的振动方程为

$$J\ddot{\theta}(t) = f(t)L_f - c\dot{\theta}(t) - k\theta(t) \quad (0 \leqslant t \leqslant T_0)$$

令扭摆测量系统的固有振动频率为

$$\omega_n = \sqrt{\frac{k}{J}} \tag{3.4}$$

扭摆测量系统的阻尼比为

$$\zeta = \frac{c}{2J\omega_n} = \frac{c}{2\sqrt{Jk}} \tag{3.5}$$

扭摆测量系统的振动方程为

$$\ddot{\theta}(t) + 2\zeta\omega_n\dot{\theta}(t) + \omega_n^2\theta(t) = \frac{L_f}{J}f(t) \tag{3.6}$$

式中,阻尼比 ζ 为无量纲量,有阻尼振动时 $0 < \zeta < 1$。扭摆测量系统的振动频率为

$$\omega_d = \sqrt{1 - \zeta^2}\,\omega_n \tag{3.7}$$

实际上,扭摆测量系统的系统参数恒力标定方法中,通过标定实验,可直接标定的系统参数为扭转刚度系数 k、振动频率 ω_d 和阻尼比 ζ,而固有振动频率 ω_n 和转动惯量 J 是间接计算得到的,为

$$\omega_n = \frac{\omega_d}{\sqrt{1 - \zeta^2}},\ J = \frac{k}{\omega_n^2} \tag{3.8}$$

根据振动力学可知,系统单位脉冲响应函数为

$$h(t) = \frac{L_f}{J\omega_d}e^{-\zeta\omega_n t}\sin(\omega_d t) \tag{3.9}$$

因此,扭摆测量系统的振动微分方程,可改写为积分方程形式,称为推力积分方程,可表示为

$$\theta(t) = \frac{L_f}{J\omega_d}\int_0^t f(\tau)e^{-\zeta\omega_n(t-\tau)}\sin\omega_d(t-\tau)\,d\tau \tag{3.10}$$

如果进一步考虑系统响应测量误差的影响,推力积分方程可表示为

$$\Theta(t) = \theta(t) + \Delta\theta(t) = \frac{L_f}{J\omega_d}\int_0^t f(\tau)e^{-\zeta\omega_n(t-\tau)}\sin\omega_d(t-\tau)\,d\tau + \Delta\theta(t) \tag{3.11}$$

式中,$\Delta\theta(t)$ 为系统响应测量误差,是扭摆测量系统的周围环境干扰和传感器误差造成的。

关于扭摆测量系统的振动方程需要注意:

(1) 如果已知推力随着时间变化 $[t, f(t)]$,计算未知系统响应 $\theta(t)$,是振动方程的正向求解问题。正向求解过程十分简单,可采用微分方程数值计算方法直接求解。

(2) 如果已知系统响应随着时间变化 $[t, \Theta(t)]$,计算未知推力 $f(t)$,是振动

方程的反向求解问题。反向求解的反演计算过程将是十分复杂的,需要根据推力积分方程反演计算。

(3) 根据系统响应 $\Theta(t)=\theta(t)+\Delta\theta(t)$ 反演计算未知推力 $f(t)$ 时,由于推力产生的扭转角为 $\theta(t)$,系统响应测量误差 $\Delta\theta(t)$ 不是推力产生的扭转角,系统响应测量误差 $\Delta\theta(t)$ 将造成推力反演计算误差。

(4) 推力测量前,扭摆测量系统的系统参数是未知的,需要采用系统参数标定方法求解,系统响应测量误差也将造成系统参数标定误差。

因此,系统响应测量误差是影响系统参数标定、推力测量的重要因素,也就是说,减小系统响应测量误差是实现高精度系统参数标定、高精度推力测量的首要条件。

3.2　扭摆测量系统的环境噪声与抑制方法

推力测量系统的系统响应测量误差是影响测量精度的首要因素,而环境噪声干扰造成的系统响应噪声误差是系统响应测量误差的主导部分,因此,环境噪声干扰来源分析、环境噪声抑制是实现高精度推力测量的首要条件。

如图 3.8 所示,在推力和冲量测量过程中,为了尽量减小外界环境干扰造成的环境噪声,测量系统通过隔振物体固定在隔振平台上,隔振平台一般由巨大基座和隔振填充物组成,用于隔离地面传递过来的晃动位移干扰,通过隔振物体选择也可进一步降低环境干扰的影响。

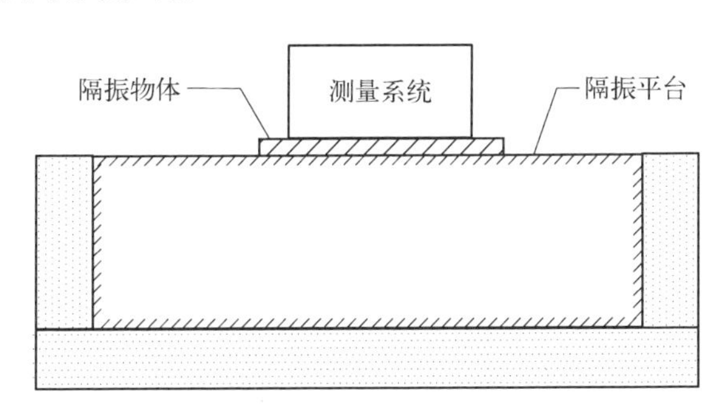

图 3.8　测量系统、隔振物体与隔振平台

3.2.1　测量系统的环境噪声干扰来源

如图 3.9 所示,测量系统的系统响应测量误差的主要部分为系统响应噪声误差,系统响应噪声误差是由环境噪声干扰引起的,测量系统的环境噪声干扰来源,典型形式如下。

(1) 隔振平台对于测量系统的位移激励干扰。隔振平台不可能完全抑制环境干扰影响,总是传递一定的位移激励,造成测量系统的环境噪声。

图 3.9 测量系统的系统响应噪声误差与环境噪声干扰

位移激励干扰方式复杂,隔振平台对于测量系统的位移激励为前后、左右、上下晃动干扰,并且可能是周期性激励,也可能是随机性激励。

(2) 环境气体涌动对于测量系统的外力激励干扰。大气环境的气体流动,或抽真空过程的气体流动,都会产生一定的外力激励,造成测量系统的环境噪声。外力激励干扰方式复杂,外力激励可能是周期性激励,也可能是随机性激励。

(3) 推力和冲量加载对于测量系统的外力激励干扰。推力和冲量加载导致测量系统中扭摆转轴的弯曲振动,造成测量系统的环境噪声。推力加载是持续性作用,冲量加载是脉冲性作用。

3.2.2 推力和冲量加载干扰分析

如上文所述,环境位移激励干扰和环境外力激励干扰的概念比较易于理解,推力和冲量加载干扰的概念相对来讲不容易理解,下面进行专门讨论。

在推力和冲量测量中,推力和冲量加载干扰导致扭摆转轴产生弯曲振动,造成高频环境噪声。

扭摆转轴的受力图如图 3.10 所示。推力器所产生推力 $f(t)$,对扭摆转轴产生两种力学效应,一方面使得扭摆转轴承受扭转力矩 $f(t)L_f$(L_f 为力臂),造成扭摆的

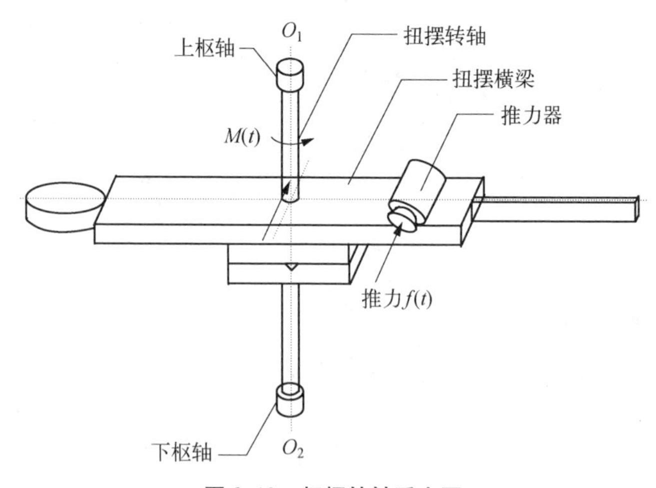

图 3.10 扭摆转轴受力图

扭转振动，可用于测量推力，是有益运动；另一方面使得扭摆转轴承受弯曲力矩，造成扭摆转轴的弯曲振动，这是干扰运动。连续推力器的推力作用，相当于持续力的作用；脉冲推力器的冲量作用，相当于脉冲力的作用。

图3.11为简支梁弯曲振动的示意图，以简支梁弯曲振动模型模拟扭摆转轴的弯曲振动。圆截面简支梁长度为h，圆截面直径为d，密度为ρ_h，弹性模量为E，抗弯刚度为EI，单位长度质量为ρ_l，在$z=h/2$处，存在持续作用的外力$f(t)$，单位长度的外力为$g(z, t)=f(t)\delta(z-h/2)$，简支梁的弯曲振动方程为

$$EI\frac{\partial^4 y(z, t)}{\partial^4 z}+\rho_l\frac{\partial^2 y(z, t)}{\partial^2 t}=f(t)\delta(z-h/2) \tag{3.12}$$

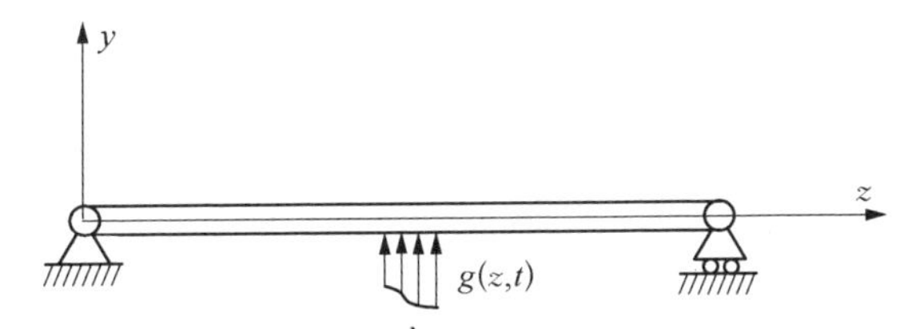

图3.11　简支梁弯曲振动的示意图

初始条件为

$$y(z, 0)=0,\ y_t'(z, 0)=0$$

边界条件为简支端点条件。在持续力作用下梁弯曲振动方程的解为

$$y(z, t)=\sum_{i=1}^{\infty}\frac{2}{h\rho_l\omega_i}\sin\frac{i\pi}{2}\sin\frac{i\pi}{h}z\int_0^t f(\tau)\sin\omega_i(t-\tau)\mathrm{d}\tau \tag{3.13}$$

显然，在推力加载作用下，梁弯曲振动幅值反比于质量$m=h\rho_l$和振动频率ω_i。并且有

$$\omega_i=\left(\frac{i\pi}{h}\right)^2\sqrt{\frac{EI}{\rho_l}}\quad(i=1, 2, \cdots) \tag{3.14}$$

在$z=h/2$处有冲量为S的脉冲力作用时$f(\tau)=S\delta(\tau)$，梁弯曲振动方程的解为

$$y(z, t)=\frac{2S}{h\rho_l}\sum_{i=0}^{\infty}\left(\sin\frac{i\pi}{2}\right)^2\frac{\sin\omega_i t}{\omega_i}=\frac{2S}{h\rho_l}\sum_{k=0}^{\infty}\frac{\sin\omega_{2k+1}t}{\omega_{2k+1}} \tag{3.15}$$

显然，在冲量加载作用下，梁弯曲振动幅值反比于质量$m=h\rho_l$和振动频率ω_{2k+1}。

例如，简支梁为钢材制作，弹性模量为$E=200\ \text{GPa}$，直径为$d=5\ \text{mm}$，长度为$h=10\ \text{cm}$，密度为$\rho_h=7\ 800\ \text{kg/m}^3$，惯性矩为$I=\pi d^4/64$，单位长度质量为$\rho_l=\pi d^2\rho_h/4$，弯曲振动的基频为

$$\omega_1 = \left(\frac{\pi}{h}\right)^2 \sqrt{\frac{Ed^2}{16\rho_h}} = \left(\frac{\pi}{0.1}\right)^2 \sqrt{\frac{200 \times 10^9 \times (5 \times 10^{-3})^2}{16 \times 7\,800}} \approx 6\,247 \text{ rad/s}$$

显然,弯曲振动造成测量系统的高频环境噪声。

推力加载相当于持续力作用,冲量加载相当于脉冲力作用,根据梁弯曲振动方程的解,推力和冲量加载干扰的环境噪声抑制方法如下。

(1) 采用增大测量系统中弯曲部件质量方法,通过减小弯曲振动幅值,达到减小环境噪声干扰的目的。

(2) 采用扭摆转轴健壮化设计方法,一是转轴加粗缩短设计和扭摆横梁增大受力方向尺寸设计方法(转轴加粗效果显著优于缩短效果);二是选用高弹性模量和高密度材料方法,通过减小弯曲振动幅值,达到减小环境噪声干扰的目的。

对于弯曲振动位移来讲,包括基频振动位移的贡献,以及各阶谐波频率振动位移的贡献,其中,基频振动位移的贡献占 90%~95%。当采用弯曲振动测量推力和冲量时,由于待标定的系统参数过多(如基频和各阶谐波频率),所以用基频位移近似表示弯曲振动位移,因此振动方程误差较大,造成推力和冲量的反演计算误差较大。

3.2.3 环境噪声抑制方法

图 3.12 为测量系统与环境噪声来源的示意图。推力和冲量的测量系统通过隔振物体安装在隔振平台上,将隔振物体看作为带有阻尼的弹性系统,在推力和冲量测量中,在环境位移激励、环境外力激励、推力和冲量加载等外界因素作用下,测量系统与隔振物体构成的振动系统产生振动,造成测量系统的环境噪声,因此环境噪声来源如下:

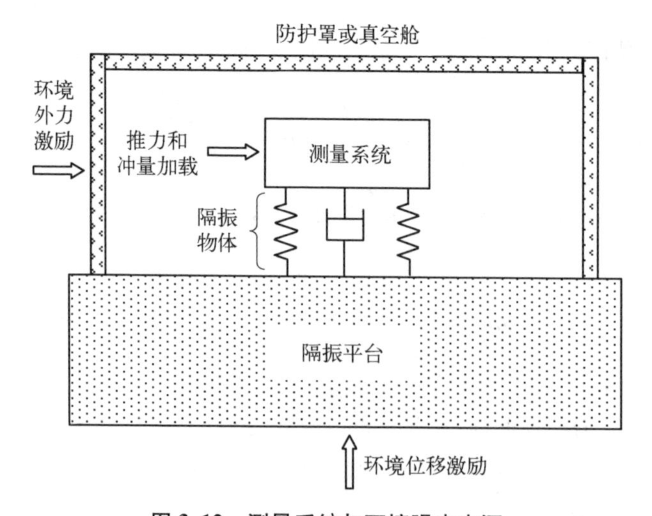

图 3.12 测量系统与环境噪声来源

（1）环境位移激励，即通过隔振平台传递过来的位移变化干扰；

（2）环境外力激励，即周围环境气流涌动干扰；

（3）推力和冲量加载，推力加载造成持续力作用下扭摆转轴弯曲振动，冲量加载造成脉冲力作用下扭摆转轴弯曲振动。

根据环境噪声来源，以及环境噪声干扰作用下测量系统振动的特点，可总结和归纳环境噪声抑制方法，如表3.2所示。

表3.2　环境噪声来源与抑制方法

<table>
<tr><th colspan="2">环境噪声来源</th><th>环境噪声抑制方法</th></tr>
<tr><td rowspan="2">位移激励</td><td>周期性</td><td rowspan="2">（1）隔振平台：采用隔振平台方法，减小激励幅值
（2）隔振物体：采用增大阻尼系数和减小刚度系数方法
（3）测量系统：采用增大测量系统质量方法</td></tr>
<tr><td>随机性</td></tr>
<tr><td rowspan="2">外力激励</td><td>周期性</td><td rowspan="2">（1）防护罩或真空舱：采用防护罩或真空舱内测量方法，减小激励幅值
（2）隔振物体：采用增大阻尼系数和增大刚度系数方法
（3）测量系统：采用增大测量系统质量方法
（4）对于隔振物体，减小刚度系数有利于抑制位移激励的干扰，增大刚度系数有利于抑制外力激励的干扰，应根据两种干扰效果强弱，协调解决</td></tr>
<tr><td>随机性</td></tr>
<tr><td rowspan="2">推力和冲量加载</td><td>持续性
（推力加载）</td><td rowspan="2">（1）采用增大扭摆转轴质量方法
（2）采用扭摆转轴健壮化设计方法（一是转轴加粗缩短设计和扭摆横梁增大受力方向尺寸设计方法“转轴加粗效果显著优于缩短效果”；二是选用高弹性模量和高密度材料方法）</td></tr>
<tr><td>脉冲性
（冲量加载）</td></tr>
</table>

3.2.4　实际系统响应测量值与系统响应测量误差

实际系统响应测量值为 $\Theta(t)=\theta(t)+\Delta\theta(t)$，总是包含系统响应测量误差 $\Delta\theta(t)$，而系统响应测量误差中主要部分为系统响应噪声误差（环境噪声干扰引起的），为了研究问题方便，可将系统响应噪声误差中的周期性噪声和随机性噪声综合起来，采用零均值正态分布随机变量表示为

$$\Delta\theta(t)\sim N(0,\sigma^2) \tag{3.16}$$

并且满足

$$E[\Delta\theta(t)]=0,\ E[\Delta\theta(t)\Delta\theta(\tau)]=\begin{cases}\sigma^2 & t=\tau\\ 0 & t\neq\tau\end{cases} \tag{3.17}$$

式中，方差 σ^2 覆盖了周期性噪声分量和随机性噪声分量的变化范围。

采用噪信比反映系统响应测量误差的强度，系统响应的噪信比定义为

$$\mathrm{NSR}=\frac{3\sigma}{\theta_{\max}} \tag{3.18}$$

式中，$\theta_{\max}$ 为系统响应最大值。由于采用环境噪声抑制方法后 $\Theta(t)\approx\theta(t)$，系统

响应的噪信比可近似表示为

$$\mathrm{NSR} = \frac{3\sigma}{\theta_{\max}} \approx \frac{3\sigma}{\Theta_{\max}} \tag{3.19}$$

式中，$\Theta_{\max}$ 为实际系统响应测量值的最大值。

第 4 章
系统响应测量及误差控制方法

推力和冲量测量和评估是利用系统响应测量值反演计算得到的,因此,系统响应测量是推力和冲量测量和评估的关键环节之一,系统响应测量误差是造成推力和冲量测量误差的最大影响因素。

首先,本章针对目前对系统响应测量误差来源不明晰的现状,通过系统响应测量原理与测量误差来源分析,明确了系统响应测量误差包括系统响应噪声误差和传感器误差,而传感器误差又包括传感器系统误差、传感器随机误差、传感器方向误差、传感器位置误差、传感器极板运动误差。

其次,本章针对传感器测量位移中不考虑传感器方向误差与位置误差的现状,建立了传感器方向误差与位置误差分析模型,提出了传感器方向误差与位置误差分析方法、控制方法,从而实现了传感器方向误差与位置误差的控制和消减。

再次,本章针对传感器测量位移中不考虑传感器极板运动误差的现状,提出了传感器极板运动误差分析方法、控制方法,从而实现了传感器极板运动误差的控制和消减。

最后,本章从系统响应噪声误差和传感器误差两条线索出发,归纳和总结了系统响应测量误差控制方法,为解决高精度系统响应测量问题,进而实现高精度推力和冲量测量,提供了有效技术途径。

4.1 系统响应测量原理与测量误差来源分析

针对目前对系统响应测量误差来源不了解的现状,通过系统响应测量原理分析,以及系统响应测量误差来源分析,明确了系统响应测量误差来源和影响途径,为系统响应测量误差控制方法研究提供了基础。

4.1.1 系统响应测量原理

扭摆测量系统的系统响应是指振动扭转角随着时间的变化,采用位移传感器测量系统响应。

如图 4.1 所示,扭摆横梁对称面为 AB,位移传感器探测方向垂直横梁对称面,传感器的极板固定在横梁对称面上,传感器的测量臂为 L_s(传感器探测方向与扭摆转轴中心点的距离),测量位移为 h_s,扭摆横梁的扭转角为

$$\tan\theta = \frac{h_s}{L_s},\ \theta = \arctan\left(\frac{h_s}{L_s}\right) \tag{4.1}$$

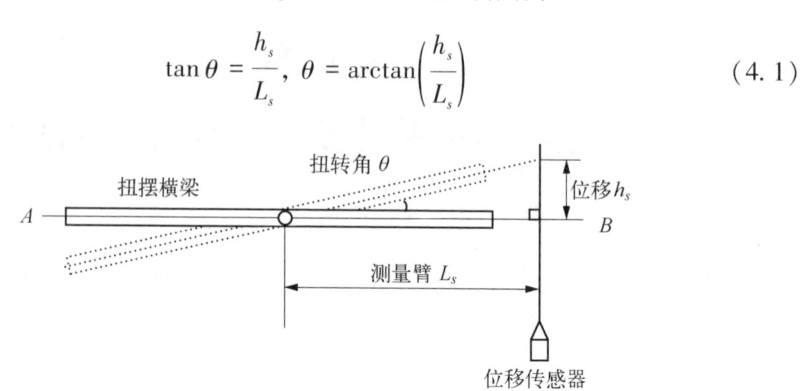

图 4.1 传感器与系统响应测量

并且扭转角为

$$\theta = \arctan\frac{h_s}{L_s} = \frac{h_s}{L_s} - \frac{1}{3}\left(\frac{h_s}{L_s}\right)^3 + \frac{1}{5}\left(\frac{h_s}{L_s}\right)^5 - \frac{1}{7}\left(\frac{h_s}{L_s}\right)^7 + \cdots \quad (|h_s/L_s| \ll 1) \tag{4.2}$$

工程中为了分析和讨论方便,采用近似公式

$$\theta \approx \frac{h_s}{L_s} \tag{4.3}$$

具体计算表明,当扭转角 $\theta \leqslant 0.2°$ 时,扭转角相对误差小于 $4\times10^{-4}\%$,近似公式满足高精度测量扭转角的要求。

4.1.2 系统响应测量误差来源分析

系统响应测量误差来源分析如图 4.2 所示。系统响应测量误差来源和构成如下。

(1) 系统响应测量误差包括系统响应噪声误差和传感器误差。系统响应噪声误差包括环境位移激励噪声误差、环境外力激励噪声误差、推力和冲量加载噪声误差等。测量前(如第 3 章所述),采用环境噪声抑制方法,尽量减小系统响应噪声误差。测量中,利用位移传感器测量系统响应(包含系统响应噪声误差的),将进一步带来传感器误差。

(2) 传感器误差包括传感器系统误差、传感器随机误差、传感器使用误差。传

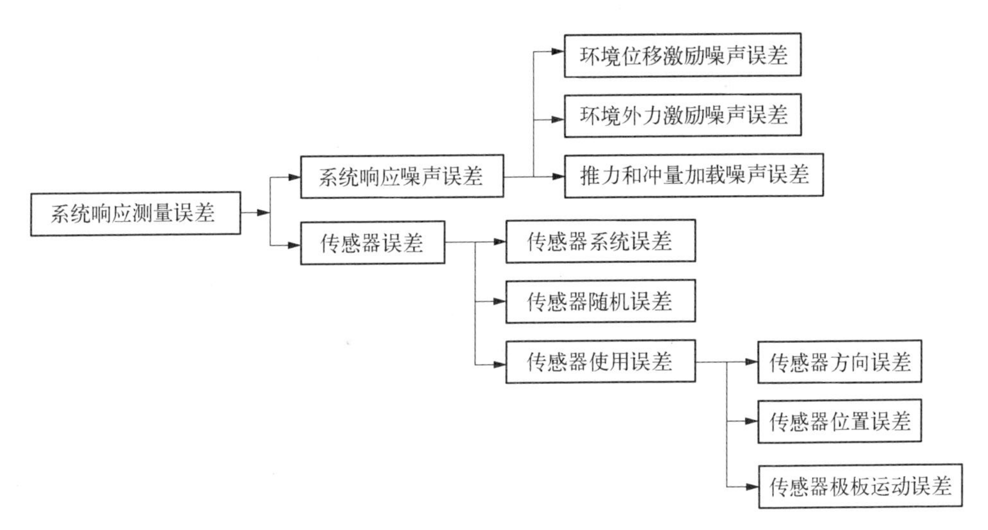

图 4.2　系统响应测量误差来源分析

感器系统误差是指传感器的系统性误差,传感器使用前修正系统误差后,其影响可忽略不计;传感器随机误差是指传感器的随机性误差,是不可修正的误差;传感器使用误差是指传感器使用不当引起的误差,包括传感器方向误差、传感器位置误差、传感器极板运动误差等。

(3) 传感器方向误差是指传感器探测方向不垂直扭摆横梁对称面,所产生的位移测量误差;传感器位置误差是指传感器的极板安装位置偏离扭摆横梁对称面,所产生的位移测量误差;传感器极板运动误差是指传感器的极板随着扭摆横梁运动,由于极板倾斜所产生的位移测量误差。

因此,实际系统响应测量值可表示为

$$\Theta(t) = \theta(t) + \Delta\theta(t) \tag{4.4}$$

式中, $\theta(t)$ 为系统响应真值; $\Delta\theta(t)$ 为系统响应测量误差。

系统响应测量误差 $\Delta\theta(t)$, 可表示为

$$\Delta\theta(t) = \Delta\theta_c(t) + \Delta\theta_{ss}(t) + \Delta\theta_{sr}(t) + \Delta\theta_{sa}(t) \tag{4.5}$$

式中, $\Delta\theta_c(t)$ 为系统响应噪声误差; $\Delta\theta_{ss}(t)$ 为传感器系统误差; $\Delta\theta_{sr}(t)$ 为传感器随机误差; $\Delta\theta_{sa}(t)$ 为传感器使用误差。

传感器使用误差 $\Delta\theta_{sa}(t)$, 可表示为

$$\Delta\theta_{sa}(t) = \Delta\theta_{sd}(t) + \Delta\theta_{sp}(t) + \Delta\theta_{sm}(t) \tag{4.6}$$

式中, $\Delta\theta_{sd}(t)$ 为传感器方向误差; $\Delta\theta_{sp}(t)$ 为传感器位置误差; $\Delta\theta_{sm}(t)$ 为传感器极板运动误差。

在系统响应测量误差的理解方面应注意以下问题。

（1）对于推力和冲量测量系统，由于环境噪声干扰所产生的系统响应噪声误差，将造成系统响应测量误差；由于使用传感器测量位移所产生的传感器误差，也将造成系统响应测量误差，因此，实际系统响应测量值总是包含系统响应测量误差。

（2）对于推力和冲量测量系统，实际系统响应测量值总是包含系统响应测量误差，因此，只要是利用系统响应测量值反演计算的情况，系统响应测量误差就要造成相关的误差。如系统参数标定情况、推力和冲量反演计算情况。

（3）对于推力和冲量测量系统，系统响应测量误差是造成推力和冲量测量误差的最为重要的影响因素。

4.2 传感器方向误差与位置误差分析控制方法

针对传感器测量位移中不考虑传感器方向误差与位置误差的现状，以传感器探测方向偏角和仰角表示传感器方向误差，以传感器极板偏离扭摆横梁对称面的距离表示传感器位置误差，通过研究传感器方向误差与位置误差对系统响应测量误差的影响，建立了传感器方向误差与位置误差分析模型，提出了传感器方向误差与位置误差分析方法、控制方法。从而通过传感器方向误差与位置误差的有效控制和消减，实现了提高系统响应测量精度的目的。

4.2.1 建立传感器方向误差与位置误差分析模型

为了分析传感器方向误差与位置误差，以传感器探测方向偏角和仰角表示方向误差，以传感器极板偏离横梁对称面距离表示位置误差，建立传感器方向误差与位置误差分析模型。

如图 4.3 所示，以平衡位置时扭摆横梁对称面为 YOZ 平面、扭摆转轴为 Z 轴，建立右手坐标系，扭摆横梁对称面围绕 Z 轴转动，扭转角为 θ（右手拇指指向 Z 轴方向、食指指向逆时针方向为正）；传感器探测方向为 AB，偏角为 α（AB 在 XOY 平面内投影偏右为正、偏左为负），仰角为 β（仰视为正、俯视为负），即传感器方向误差采用偏角和仰角表示；传感器的极板在横梁表面 B 点处，B 点偏离横梁对称面距离为 d，即采用偏离横梁对称面距离表示传感器位置误差。

矢量 $\boldsymbol{AB}$ 可表示为 $\boldsymbol{AB}=(-|\boldsymbol{AB}|\cos\beta\cos\alpha, |\boldsymbol{AB}|\cos\beta\sin\alpha, |\boldsymbol{AB}|\sin\beta)$，单位方向矢量为

$$\boldsymbol{n}_{AB}=(-\cos\beta\cos\alpha, \cos\beta\sin\alpha, \sin\beta) \tag{4.7}$$

A 点坐标为 (x_A, L_s, z_A)，AB 直线方程为

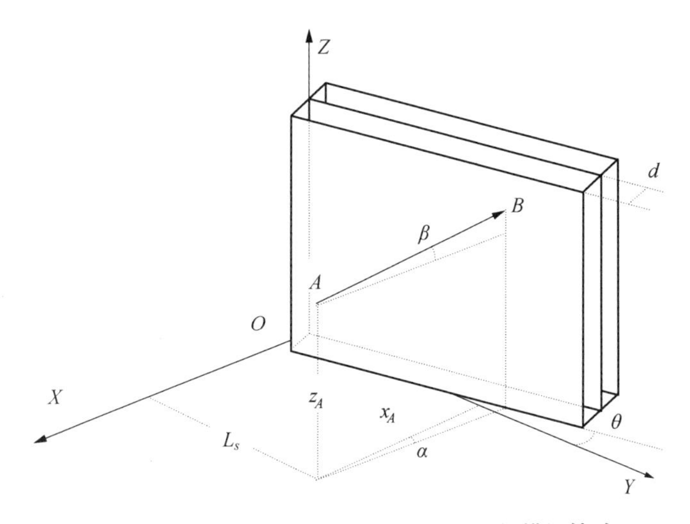

图4.3　传感器方向误差与位置误差及扭摆横梁转动

$$\frac{x - x_A}{-\cos\beta\cos\alpha} = \frac{y - L_s}{\cos\beta\sin\alpha} = \frac{z - z_A}{\sin\beta} \tag{4.8}$$

扭摆横梁对称面的单位法向矢量为$(\cos\theta, \sin\theta, 0)$，扭摆横梁对称面方程为

$$(\cos\theta)x + (\sin\theta)y = 0 \tag{4.9}$$

与扭摆横梁对称面距离为d的扭摆横梁表面方程为

$$(\cos\theta)x + (\sin\theta)y - d = 0 \tag{4.10}$$

AB直线与该平面的交点B的坐标(x_B, y_B, z_B)满足

$$\frac{x_B - x_A}{-\cos\beta\cos\alpha} = \frac{y_B - L_s}{\cos\beta\sin\alpha} = \frac{z_B - z_A}{\sin\beta} \tag{4.11}$$

$$(\cos\theta)x_B + (\sin\theta)y_B - d = 0 \tag{4.12}$$

解得交点B的坐标(x_B, y_B, z_B)为

$$x_B = \frac{d - x_A\sin\theta\tan\alpha - L_s\sin\theta}{\cos\theta - \sin\theta\tan\alpha} \tag{4.13}$$

$$y_B = -x_B\tan\alpha + x_A\tan\alpha + L_s \tag{4.14}$$

$$z_B = \frac{-x_B\tan\beta + x_A\tan\beta}{\cos\alpha} + z_A \tag{4.15}$$

当$\theta = 0$时扭摆开始运动(平衡位置)，交点B的初始坐标(x_{B0}, y_{B0}, z_{B0})为

$$x_{B0} = d \tag{4.16}$$

$$y_{B0} = - d\tan\alpha + x_A \tan\alpha + L_s \tag{4.17}$$

$$z_{B0} = \frac{- d\tan\beta + x_A \tan\beta}{\cos\alpha} + z_A \tag{4.18}$$

传感器测量的实际位移为

$$\begin{aligned} h'_s &= \sqrt{(x_B - x_{B0})^2 + (y_B - y_{B0})^2 + (z_B - z_{B0})^2} \\ &= | d - x_B | \sqrt{1 + \tan^2\alpha + \frac{\tan^2\beta}{\cos^2\alpha}} = \frac{| d - x_B |}{\cos\alpha \cos\beta} \end{aligned} \tag{4.19}$$

$$x_B = \frac{d - x_A \sin\theta \tan\alpha - L_s \sin\theta}{\cos\theta - \sin\theta \tan\alpha} \tag{4.20}$$

在传感器存在方向误差(偏角 α 和仰角 β 表示)与位置误差(偏离横梁对称面距离 d 表示)条件下,测得扭摆扭转角(系统响应)为

$$\theta' = \arctan\left(\frac{h'_s}{L_s}\right) \tag{4.21}$$

因此,根据传感器的方向误差与位置误差,所产生的系统响应测量误差为(相对误差)

$$\varepsilon_\theta = \frac{\theta' - \theta}{\theta} = \frac{\arctan(h'_s/L_s) - \theta}{\theta} \tag{4.22}$$

在没有传感器方向误差与位置误差的理想情况($\alpha = 0°$、$\beta = 0°$、$d = 0$)下,有

$$x_B = \frac{- L_s \sin\theta}{\cos\theta} \tag{4.23}$$

$$h'_s = \frac{1}{\cos 0° \cos 0°} \left| 0 - \frac{- L_s \sin\theta}{\cos\theta} \right| = L_s \tan\theta \tag{4.24}$$

$$\varepsilon_\theta = \frac{\theta - \theta}{\theta} = 0 \tag{4.25}$$

4.2.2 传感器方向误差与位置误差分析方法

根据所建立的传感器方向误差与位置误差分析模型,提出传感器方向误差与位置误差的分析方法如下。

(1) 给定真实扭转角 $\theta = i\Delta\theta$, $\Delta\theta$ 为扭转角的步长,从 $i = 1$ 开始起步计算。

(2) 给定传感器偏角 α 和仰角 β，即给定传感器方向误差。

(3) 给定传感器偏离横梁对称面距离 d，即给定传感器位置误差。

(4) 计算实际位移和系统响应，为

$$\theta' = \arctan(h'_s/L_s) \tag{4.26}$$

$$h'_s/L_s = \frac{|(d/L_s) - (x_B/L_s)|}{\cos\alpha\cos\beta} \tag{4.27}$$

$$x_B/L_s = \frac{(d/L_s) - (x_A/L_s)\sin\theta\tan\alpha - \sin\theta}{\cos\theta - \sin\theta\tan\alpha} \tag{4.28}$$

式中，$\theta > 0°$ 时 h'_s/L_s 增大应取正号；$\theta < 0°$ 时 h'_s/L_s 减小应取负号。

(5) 计算系统响应测量误差（相对误差），为

$$\varepsilon_\theta = \frac{\theta' - \theta}{\theta} \tag{4.29}$$

(6) 令 $i = i + 1$，重复上述步骤。从而研究传感器方向误差与位置误差引起的系统响应测量误差的变化规律。

在扭摆测量系统设计中，传感器的测量臂变化范围为 L_s = 150 ~ 1 000 mm，变极距式电容位移传感器最大量程为 1 mm（对应位移测量范围为±0.5 mm），即传感器与极板平衡位置间距设置在 0.5 mm，故取 $x_A = d + 0.5$ mm。下面研究传感器方向误差与位置误差对系统响应测量误差的影响。

仰角符号对系统响应测量误差的影响如图 4.4 所示。传感器偏角 $\alpha = 1°$、仰角 $\beta = \pm 1°$、传感器位置误差 $d/L_s = 0.01$ 时，系统响应测量误差随着扭转角增大而

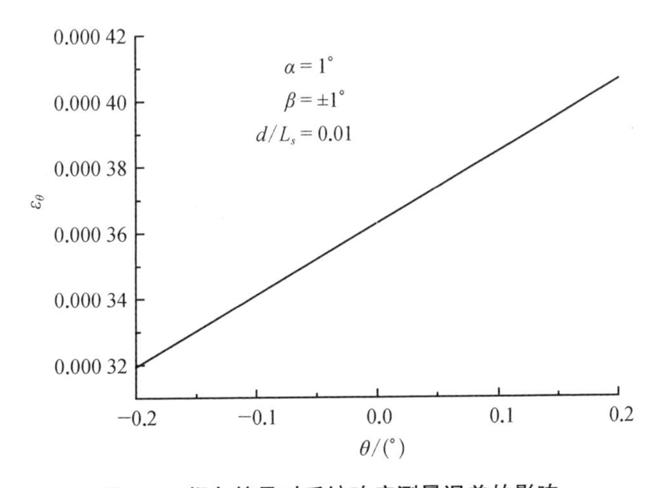

图 4.4　仰角符号对系统响应测量误差的影响

逐渐增大,仰角符号对系统响应测量误差没有影响,系统响应测量误差最大值小于0.041%,故可忽略不计。

偏角符号对系统响应测量误差的影响如图4.5所示。传感器偏角 $\alpha = \pm 1°$、仰角 $\beta = 1°$、传感器位置误差 $d/L_s = 0.01$ 时,当 $\alpha = 1°$ 时系统响应测量误差随着扭转角增大而逐渐增大;当 $\alpha = -1°$ 时系统响应测量误差随着扭转角增大而逐渐减小,系统响应测量误差最大值小于0.041%,故可忽略不计。

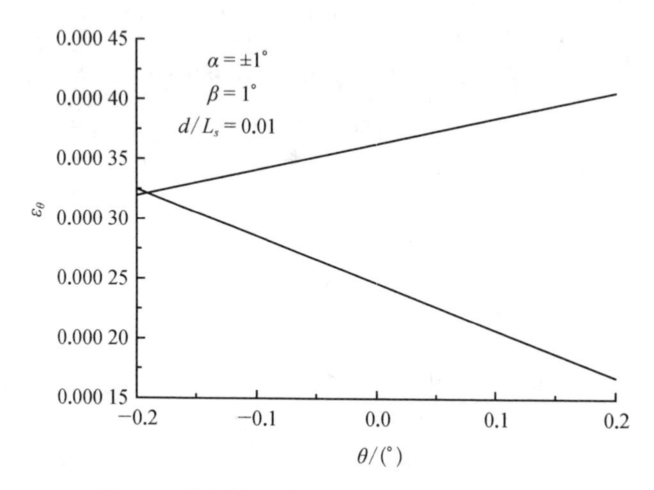

图4.5 偏角符号对系统响应测量误差的影响

具体计算表明:在传感器最大量程1 mm(对应位移测量范围为±0.5 mm)和扭摆测量臂 $L_s = 150 \sim 1\,000$ mm,扭转角变化范围为 $|\theta| \leq 0.2°$ 条件下,当传感器偏角 $|\alpha| \leq 1°$ 和仰角 $|\beta| \leq 1°$ 及传感器位置误差 $d/L_s \leq 0.01$ 时,系统响应测量误差的最大值小于0.041%,故该误差可忽略不计。

4.2.3 传感器方向误差与位置误差控制方法

根据传感器方向误差与位置误差分析模型,以及传感器方向误差与位置误差分析方法,提出传感器的方向误差与位置误差的影响因素和控制方法如下。

(1) 位移传感器的方向误差与位置误差,和传感器最大量程、测量臂长度、传感器探测方向的偏角和仰角、传感器极板偏离横梁对称面距离等因素有关。

(2) 在传感器最大量程为1 mm(对应位移测量范围为±0.5 mm)和扭摆测量臂 $L_s = 150 \sim 1\,000$ mm条件下,将传感器偏角和仰角控制在 $|\alpha| \leq 1°$ 和 $|\beta| \leq 1°$ 内、传感器极板偏离横梁对称面距离控制在 $d/L_s \leq 0.01$ 内、扭摆扭转角控制在 $|\theta| \leq 0.2°$ 内,则系统响应测量误差的最大值小于0.041%,故该误差可忽略不计。

(3) 传感器位置误差的控制方法。传感器位置误差是由于传感器极板不在扭摆横梁对称面造成的,尽量减小传感器极板与扭摆横梁对称面之间距离,可控制传感器位置误差。例如,扭摆测量臂 L_s = 150 mm 条件下,传感器极板偏离扭摆横梁对称面距离应控制在 $d \leqslant 1.5$ mm 内。

(4) 传感器方向误差的控制方法——传感器正转和反转对准方法。如图 4.6 所示,位移测量中实际传感器安装在二维旋转平台上,二维旋转平台围绕 O 点旋转控制偏角和仰角。A 点表示探头位置, B_1 点表示探测方向与扭摆横梁对称面的交点,当探测方向垂直扭摆横梁对称面时,有

$$|\boldsymbol{OB}_0| = |\boldsymbol{OB}_1| \cos\alpha\cos\beta \tag{4.30}$$

说明当传感器探测方向垂直扭摆横梁对称面时,所探测得到的距离最短。利用该原理,可实现传感器探测方向垂直横梁对称面,称为传感器探测方向的对准。

如图 4.6 所示,以传感器控制偏角为例进行说明。首先,逐渐调节转台,测量得到的位移逐渐增大,到达位置①,记录距离 $|\boldsymbol{OB}_1|$ 大小;其次,从位置①开始反向调节转台,测量得到的位移逐渐减小,之后又逐渐增大,当出现距离 $|\boldsymbol{OB}_2| = |\boldsymbol{OB}_1|$ 时,到达位置②,记录从位置①到达位置②的转角 γ; 最后,从位置②再反向旋转 $\gamma/2$ 角度,达到位置③,从而实现控制传感器偏角的目的。在控制偏角条件下,采用相同的正转和反转方法,再控制仰角。这种采用二维旋转平台,通过正转和反转控制和减小偏角和仰角的方法,称为传感器正转和反转对准方法。

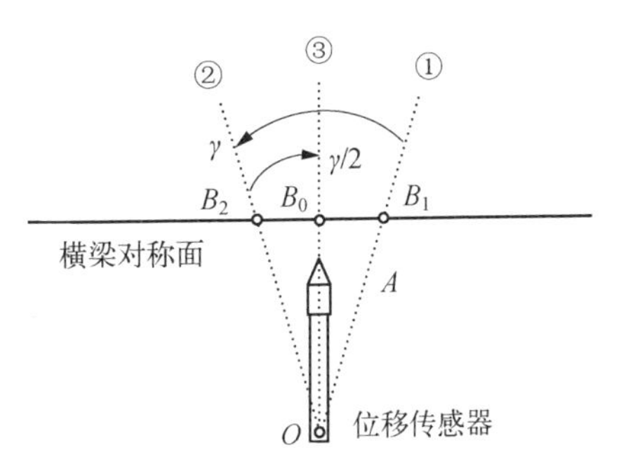

图 4.6　传感器探测方向对准过程的示意图

4.3　传感器极板运动误差分析与控制方法

针对传感器测量位移中不考虑传感器极板运动误差的现状,设计了一种传感器极板运动误差测量装置,研究了传感器极板运动误差随着扭转角变化规律,提出了传感器极板运动误差分析方法、控制方法。从而通过传感器极板运动误差的有效控制和消减,实现了提高系统响应测量精度的目的。

4.3.1　传感器极板运动误差分析方法

如图 4.7 所示,在扭摆测量系统中,位移传感器的极板固定在扭摆横梁对称面上,随着扭摆横梁运动,使得传感器极板倾斜(倾斜角度与扭转角相等),这种由于

传感器极板倾斜所造成的位移测量误差，称为传感器极板运动误差。

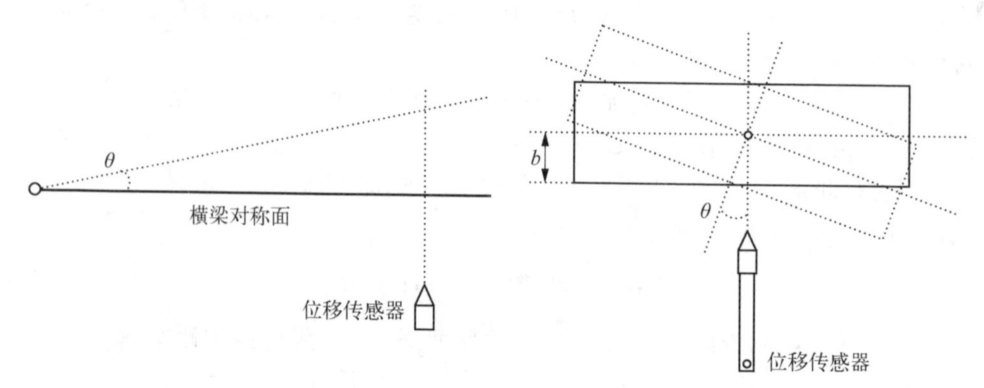

图 4.7 传感器极板运动误差的示意图

图 4.8 传感器极板运动误差的测量装置示意图

传感器极板运动误差的一种测量装置如图 4.8 所示。采用旋转平台控制测量块的转动，测量块为矩形截面，传感器的极板固定在测量块上，通过测量块转动不同的扭转角，研究传感器极板倾斜所造成的位移测量误差。

开始时传感器探测方向垂直测量块对称面且通过转动中心，采用旋转平台控制测量块的扭转角为 θ，传感器所测量的位移为 $\Delta h_s = \Delta h_k + \delta h_s$，其中包括极板运动误差 Δh_k 和测量块转动造成极板间距变化 δh_s。

测量块的厚度为 $2b$，测量块转动过程中，由于测量块转动造成极板间距变化为

$$\delta h_s = b\left(\frac{1}{\cos\theta} - 1\right) \tag{4.31}$$

因此，由于传感器极板倾斜所造成的测量误差为

$$\Delta h_k = \Delta h_s - \delta h_s \tag{4.32}$$

根据变极距式电容位移传感器的工作原理可知，电容量变化与倾斜角度平方成正比，传感器极板运动误差与扭转角拟合曲线方程为

$$\Delta h_k = k\theta^2 \tag{4.33}$$

式中，k 为拟合系数，通过传感器极板运动误差和扭转角测量值确定。

传感器极板运动误差的分析方法如下。

(1) 利用传感器极板运动误差的测量装置，采用旋转平台控制测量块的转动方法，获得传感器一系列位移与扭转角的测量值 $(\Delta h_{si}, \theta_i)(i = 1, 2, \cdots, n)$。此时 $\Delta h_{si} = \Delta h_{ki} + \delta h_{si}$，其中包括极板运动误差 Δh_{ki} 和测量块转动造成极板间距变化

δh_{si}。

（2）由于测量块转动造成的极板间距变化为

$$\delta h_{si} = b\left(\frac{1}{\cos\theta_i} - 1\right) \tag{4.34}$$

（3）传感器极板运动误差为

$$\Delta h_{ki} = \Delta h_{si} - \delta h_{si} \tag{4.35}$$

从而获得传感器极板运动误差和扭转角测量值（Δh_{ki}，θ_i）（$i = 1, 2, \cdots, n$）。

（4）设传感器极板运动误差与扭转角拟合曲线方程为

$$\Delta h_{ki} = k\theta_i^2 + \varepsilon_i \tag{4.36}$$

式中，$\varepsilon_i \sim N(0, \sigma_k^2)$ 服从零均值正态分布。采用比例回归拟合方法，拟合系数估计值为

$$\hat{k} = \frac{\sum_{i=1}^{n} \theta_i^2 \Delta h_{ki}}{\sum_{i=1}^{n} \theta_i^4} \tag{4.37}$$

方差估计值为

$$\hat{\sigma}_k^2 = \frac{1}{n}\sum_{i=1}^{n} \Delta h_{ki}^2 - \hat{k}\,\frac{1}{n}\sum_{i=1}^{n} \theta_i^2 \Delta h_{ki} \tag{4.38}$$

拟合系数的置信度为 $1 - \alpha$ 的置信区间为

$$\left[\hat{k} \pm \frac{\hat{\sigma}_k}{\sqrt{\frac{1}{n}\sum_{i=1}^{n} \theta_i^4}\sqrt{n-1}} t_{1-\alpha/2}(n-1)\right] \tag{4.39}$$

式中，$t_{1-\alpha/2}(n-1)$ 是自由度为 $n-1$ 的 t 分布给定概率 $1 - \alpha/2$ 的下侧分位数。

（5）根据所得到的拟合方程 $\Delta h_k = \hat{k}\theta^2$，可分析传感器极板运动误差随着扭转角变化规律。

4.3.2　传感器极板运动误差控制方法

图 4.9 为变极距式电容位移传感器与极板间距为 500.012 μm 时位移 $\Delta h_s = \Delta h_k + \delta h_s$ 测量结果，位移 δh_s 和 Δh_k 的计算结果（测量块的厚度 $2b = 40$ mm）如表 4.1 所示。

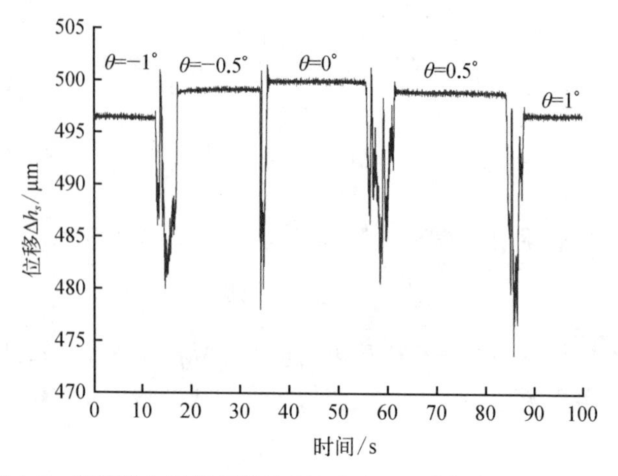

图 4.9 传感器与极板间距为 500.012 μm 时位移 Δh_s 测量结果

表 4.1 传感器与极板间距为 500.012 μm 时位移测量与计算结果

位 移	$\theta=0°$	$\theta=\pm0.5°$	$\theta=\pm1°$
Δh_s	0	0.833 μm	3.333 μm
δh_s	0	0.761 568 μm	3.046 561 μm
Δh_k	0	0.071 432 μm	0.286 439 μm

传感器极板运动误差的拟合方程为 $\Delta h_k=\hat{k}\theta^2$，采用比例回归拟合方法，可得拟合系数估计值为

$$\hat{k}=9.401\,871\times10^{-4} \tag{4.40}$$

传感器极板运动误差随着扭转角变化如图 4.10 所示，圆圈点为 Δh_k 的测量与计算值，传感器极板运动误差的拟合曲线为 $\Delta h_k=9.401\,871\times10^{-4}\theta^2$。

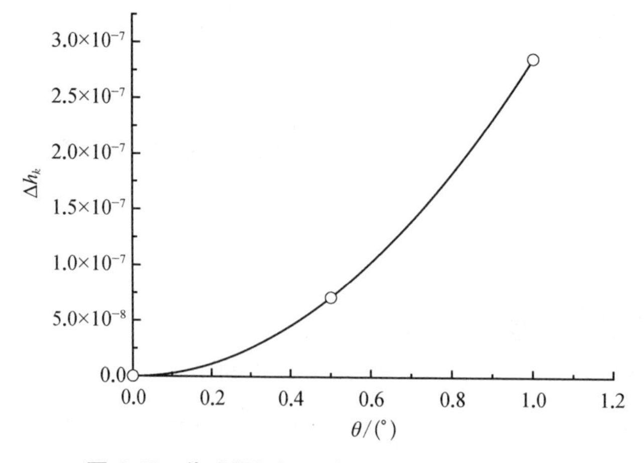

图 4.10 传感器极板运动误差随着扭转角变化

考虑到传感器方向误差与位置误差，可忽略不计的限制条件为 $\theta \leqslant 0.2°$，当取扭转角 $\theta \leqslant 0.2°$ 时，传感器极板运动误差小于 0.011 456 μm，也可忽略不计。

因此，传感器极板运动误差控制方法如下。

(1) 根据传感器极板运动误差的分析方法，获得传感器极板运动误差与扭转角拟合方程 $\Delta h_k = \hat{k}\theta^2$。

(2) 在拟合方程 $\Delta h_k = \hat{k}\theta^2$ 中，确定扭转角上限值 θ_u，使得扭转角变化范围 $|\theta| \leqslant \theta_u$ 内，传感器极板运动误差上限值 $(\Delta h_k)_u = \hat{k}\theta_u^2$ 满足高精度测量扭转角要求。

(3) 对于变极距式电容位置传感器，传感器最大量程为 1 mm，测量系统的扭转角 $\theta \leqslant 0.2°$ 时，传感器极板运动误差小于 0.011 456 μm，可忽略不计。

4.4　系统响应测量误差的控制方法

指出了系统响应测量误差是造成推力和冲量测量误差的最大影响因素，通过概况总结前面的分析和讨论，提出了系统响应测量误差控制方法。

4.4.1　系统响应测量误差是最大误差源

系统响应测量误差来源与影响如图 4.11 所示。系统响应测量误差是影响推力和冲量测量全过程的重要因素，并且是造成推力和冲量测量误差诸多因素中影响最大的误差源。

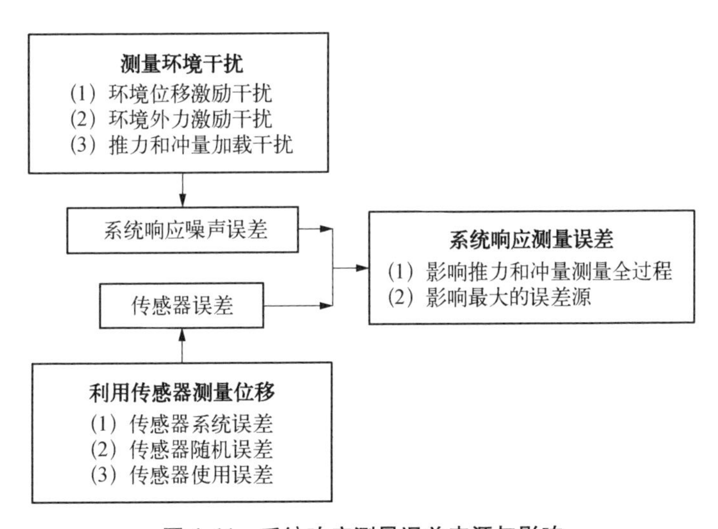

图 4.11　系统响应测量误差来源与影响

推力和冲量测量是在一定测量环境中进行的，总是存在测量环境干扰，造成系统响应噪声误差，这是系统响应测量误差中主要组成部分。利用传感器测量位移，总是带来传感器误差，这是系统响应测量误差中次要组成部分。

4.4.2 系统响应测量误差来源与控制方法

系统响应测量误差的控制途径有两条：一是控制和减小系统响应噪声误差；二是控制和减小传感器误差。

如表 4.2 所示，系统响应测量误差来源与控制方法如下。

(1) 系统响应测量误差包括系统响应噪声误差和传感器误差。

(2) 系统响应噪声误差来源为环境位移激励干扰、环境外力激励干扰、推力和冲量加载干扰等。首先，环境位移激励干扰控制方法为：采用隔振平台、隔振物体设计、增大测量系统质量等；其次，环境外力激励干扰控制方法为：采用防护罩或真空舱内测量、隔振物体设计、增大测量系统质量等；推力和冲量加载干扰控制方法为：增大扭摆转轴质量、扭摆转轴健壮化设计（加粗缩短设计）等。

(3) 传感器误差包括传感器系统误差、传感器随机误差、传感器方向误差、传感器位置误差、传感器极板运动误差。首先，传感器系统误差控制方法为：测量前，对传感器系统误差进行修正与补偿；其次，传感器随机误差控制方法为：测量前，选用高精度位移传感器，如变极距式电容位移传感器；再次，传感器方向误差控制方法为：传感器探测方向的偏角和仰角都小于 1°、扭转角最大值小于 0.2°；然后，传感器位置误差控制方法为：传感器极板与横梁对称面距离/测量臂的比值小于 0.01、扭转角最大值小于 0.2°；最后，传感器极板运动误差控制方法为：扭转角最大值小于 0.2°。

(4) 采取上述控制措施后，系统响应测量误差包括系统响应噪声误差和传感器随机误差，其主导部分是系统响应噪声误差。

表 4.2 系统响应测量误差来源与控制方法

系统响应测量误差来源		系统响应测量误差控制方法
系统响应噪声误差	环境位移激励干扰	隔振平台、隔振物体、测量系统质量等设计
	环境外力激励干扰	防护罩或真空舱、隔振物体、测量系统质量等设计
	推力和冲量加载干扰	扭摆转轴质量、健壮化等设计
传感器误差	传感器系统误差	测量前，对传感器系统误差进行修正与补偿
	传感器随机误差	测量前，选用高精度位移传感器，例如选用变极距式电容位移传感器
	传感器方向误差	偏角和仰角≤1°、扭转角最大值≤0.2°
	传感器位置误差	传感器极板与横梁对称面距离/测量臂≤0.01、扭转角最大值≤0.2°
	传感器极板运动误差	扭转角最大值≤0.2°

第5章 系统参数标定及误差控制方法

推力和冲量测量和评估是利用测量系统的振动微分方程分析和计算得到的，而获得振动微分方程的未知系数是通过系统参数标定实现的，也就是获得测量系统的振动微分方程描述运动规律，是通过系统参数标定实现的，因此，系统参数标定是推力和冲量测量和评估的关键环节之一。

系统参数标定方法分为两种：一种是系统参数标定恒力方法；另一种是系统参数标定附加质量块方法。对于搭载推力器测量推进性能的扭摆测量系统，其振动部件转动惯量都较大，称为大扭摆测量系统，只能采用系统参数标定恒力方法。

首先，本章针对系统参数标定中未掌握误差来源的现状，通过系统参数标定恒力方法与误差来源分析，明确了系统参数标定误差包括标定系统响应误差、标定恒力误差、标定算法误差。

其次，本章针对砝码法由于绳线晃动和滑轮摩擦不能提供高精度标定力的现状，采用电磁恒力产生方法和装置，为系统参数标定提供了高精度标定力，可实现电磁恒力误差为1%或1‰。

最后，本章针对高精度标定系统参数以获得准确测量系统振动微分方程的难点问题，提出了系统参数标定误差控制、分析与评估方法，实现了高精度标定系统参数的目的。

5.1 系统参数标定恒力方法与误差来源分析控制

系统参数标定恒力方法是给测量系统施加已知恒力，通过恒力作用下系统响应测量值，计算未知的系统参数，以便获得测量系统的振动微分方程。

首先，分析了恒力作用下扭摆测量系统的系统响应特点，为讨论系统参数标定恒力方法提供了基础。

其次，当采用抑制系统响应噪声误差方法、控制传感器误差方法后，系统响应测量误差依然较大，需要采用测量数据的平滑降噪处理方法，进一步减小系统响应测量误差，故提出了基于最小二乘法的正交多项式滑动数据窗局部拟合方法，从数据分析处理角度,实现了减小系统响应测量误差的目的。

再次,为工程使用方便,提出了一种物理意义明确、计算简易方便的系统参数标定恒力方法。

最后,通过系统参数标定误差来源分析,明确了系统参数标定误差包括标定系统响应误差、标定恒力误差、标定算法误差,并且提出了标定误差的控制方法,为减小系统参数标定误差提供了有效技术途径。

5.1.1 恒力作用下系统响应

扭摆测量系统的振动方程为

$$\ddot{\theta}(t) + 2\zeta\omega_n\dot{\theta}(t) + \omega_n^2\theta(t) = \frac{L_f}{J}f(t) \tag{5.1}$$

式中,ζ 为阻尼比;ω_n 为固有振动频率;J 为转动惯量;L_f 为力臂;$f(t)$ 为推力。

推力积分方程为

$$\theta(t) = \frac{L_f}{J\omega_d}\int_0^t f(\tau)\mathrm{e}^{-\zeta\omega_n(t-\tau)}\sin\omega_d(t-\tau)\mathrm{d}\tau \tag{5.2}$$

式中,$\omega_d = \sqrt{1-\zeta^2}\omega_n$ 为振动频率。

对扭摆测量系统施加已知恒力 $f(t)=f_0$,扭摆系统响应为

$$\theta(t) = \frac{f_0L_f}{J\omega_n^2} - \frac{f_0L_f}{J\omega_d\omega_n}\mathrm{e}^{-\zeta\omega_nt}\sin(\omega_dt+\alpha) \tag{5.3}$$

$$\alpha = \arctan\frac{\omega_d}{\zeta\omega_n} = \arctan\frac{\sqrt{1-\zeta^2}}{\zeta} \tag{5.4}$$

由于振动频率 $\omega_d = \sqrt{1-\zeta^2}\omega_n$,扭转刚度系数为 $k = J\omega_n^2$,恒力作用下扭摆系统响应又可表示为

$$\theta(t) = \frac{f_0L_f}{k} - \frac{f_0L_f}{k}\cdot\frac{1}{\sqrt{1-\zeta^2}}\mathrm{e}^{-\zeta\omega_nt}\sin(\omega_dt+\alpha) \tag{5.5}$$

恒力作用下系统响应(无系统响应测量误差)如图 5.1 所示。

实际上,扭摆测量系统总是存在阻尼的 $\zeta > 0$,当时间足够长时,稳态扭转角为

$$\theta(\infty) = \lim_{t\to\infty}\theta(t) = \frac{f_0L_f}{k} \tag{5.6}$$

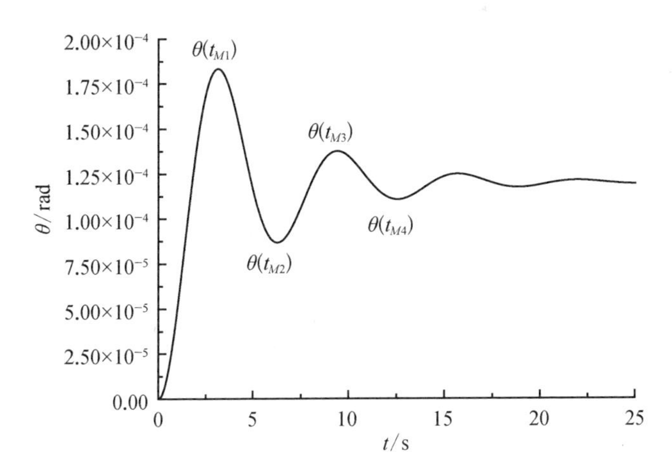

图 5.1 恒力作用下系统响应(无系统响应测量误差)

当 $\mathrm{d}\theta(t)/\mathrm{d}t=0$ 时,扭转角取极值,此时满足 $\sin(\omega_d t)=0$,极值点对应时间为

$$t_{Mi}=i\pi/\omega_d \quad (i=1,\ 2,\ 3,\ \cdots) \tag{5.7}$$

极值点对应扭转角为

$$\theta(t_{Mi})/\theta(\infty)=1-(-1)^i \mathrm{e}^{-\frac{i\pi\zeta}{\sqrt{1-\zeta^2}}} \quad (i=1,\ 2,\ \cdots) \tag{5.8}$$

极值点对应时间和极值点对应扭转角如图 5.1 所示。其中,$\theta(t_{M1})$ 为系统响应的最大值,t_{M1} 为最大值对应时间,有

$$\theta(t_{M1})=\theta(\infty)\left(1+\mathrm{e}^{-\frac{\pi\zeta}{\sqrt{1-\zeta^2}}}\right) \tag{5.9}$$

由于系统响应测量误差的影响,实际系统响应为

$$\begin{aligned}\Theta(t)&=\theta(t)+\Delta\theta(t)\\&=\frac{f_0 L_f}{k}-\frac{f_0 L_f}{k}\cdot\frac{1}{\sqrt{1-\zeta^2}}\mathrm{e}^{-\zeta\omega_n t}\sin(\omega_d t+\alpha)+\Delta\theta(t)\end{aligned} \tag{5.10}$$

式中,系统响应测量误差为 $\Delta\theta(t)\sim N(0,\ \sigma^2)$,服从零均值正态分布,包括系统响应噪声误差和传感器误差。

系统响应测量误差的强度,采用系统响应的噪信比 NSR 表示,为

$$\mathrm{NSR}=\frac{3\sigma}{\theta(t_{M1})}\approx\frac{3\sigma}{\Theta(t_{M1})} \tag{5.11}$$

恒力作用下实际系统响应(有系统响应测量误差)如图 5.2 所示。由于系统响

应测量误差的影响，首先，实际系统响应曲线 $\Theta(t)$ 在真值曲线 $\theta(t)$ 附近上下随机起伏波动；其次，极值点对应时间 $t_{Mi}=i\pi/\omega_d(i=1,\ 2,\ 3,\ \cdots)$ 是随机变量；最后，极值点对应扭转角 $\Theta(t_{Mi})(i=1,\ 2,\ 3,\ \cdots)$ 也是随机变量。

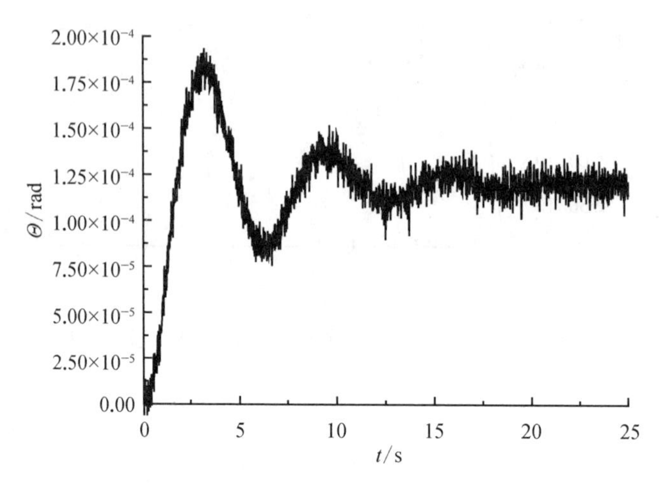

图 5.2　恒力作用下实际系统响应(有系统响应测量误差)

5.1.2　系统响应平滑降噪方法

由于实际系统响应测量值总是包含系统响应测量误差，使得实际系统响应曲线在真实系统响应曲线附近上下随机起伏波动，将造成系统参数标定误差。需要系统响应平滑降噪方法，以减小系统响应测量误差对实际系统响应测量值的影响。

实际上，在推力和冲量测量过程中，系统响应测量误差总是存在的，并且将影响推力和冲量测量的各个环节，同样需要减小系统响应测量误差的平滑降噪方法。

1. 基于最小二乘法的正交多项式拟合

已知数据点采样值为 $(x_i,\ y_i)(i=0,\ 1,\ \cdots,\ m)$，由已知线性无关函数 $\varphi_j(x)=x^j(j=0,\ 1,\ \cdots,\ n;\ n\leqslant m)$，构造多项式 $P(x)$ 进行拟合，得

$$P(x)=a_0\varphi_0(x)+a_1\varphi_1(x)+\cdots+a_n\varphi_n(x)=\sum_{j=0}^{n}a_j\varphi_j(x)\tag{5.12}$$

引入符号

$$(\varphi_k,\ \varphi_j)=\sum_{i=0}^{m}\varphi_k(x_i)\varphi_j(x_i),\ (y,\ \varphi_k)=\sum_{i=0}^{m}y_i\varphi_k(x_i)\tag{5.13}$$

根据最小二乘方法，可解得拟合系数 $a_j(j=0,\ 1,\ \cdots,\ n)$，满足以下线性方程组

$$\sum_{j=0}^{n}(\varphi_k,\ \varphi_j)a_j=(y,\ \varphi_k)\quad(k=0,\ 1,\ \cdots,\ n)\tag{5.14}$$

该线性方程组可表示为

$$\boldsymbol{\Phi A} = \boldsymbol{Y} \tag{5.15}$$

$$\boldsymbol{\Phi} = \begin{bmatrix} (\varphi_0, \varphi_0) & (\varphi_0, \varphi_1) & \cdots & (\varphi_0, \varphi_n) \\ (\varphi_1, \varphi_0) & (\varphi_1, \varphi_1) & \cdots & (\varphi_1, \varphi_n) \\ \vdots & \vdots & \ddots & \vdots \\ (\varphi_n, \varphi_0) & (\varphi_n, \varphi_1) & \cdots & (\varphi_n, \varphi_n) \end{bmatrix},\ \boldsymbol{A} = \begin{bmatrix} a_0 \\ a_1 \\ \vdots \\ a_n \end{bmatrix},\ \boldsymbol{Y} = \begin{bmatrix} (y, \varphi_0) \\ (y, \varphi_1) \\ \vdots \\ (y, \varphi_n) \end{bmatrix} \tag{5.16}$$

上述方程存在唯一解,但是系数矩阵 $\boldsymbol{\Phi}$ 往往会出现病态,导致拟合系数的计算误差较大,降低拟合精度。因此需要采用正交函数进行拟合。

如果函数满足

$$(\varphi_k, \varphi_j) = \sum_{i=0}^{m} \varphi_k(x_i)\varphi_j(x_i) \begin{cases} = 0 & k \neq j \\ > 0 & k = j \end{cases} \tag{5.17}$$

则称 $\varphi_j(x)\,(j = 0, 1, \cdots, n)$ 关于点集 $x_i\ (i = 0, 1, \cdots, m)$ 正交。此时,有

$$a_k = \frac{(y, \varphi_k)}{(\varphi_k, \varphi_k)} \quad (k = 0, 1, \cdots, n) \tag{5.18}$$

可方便地求得拟合系数。

常用的构造正交多项式 $p_k(x)\,(k = 0, 1, \cdots, n)$ 的递推公式为

$$\begin{cases} p_0(x) = 1 \\ p_1(x) = (x - \alpha_1)p_0(x) \\ p_2(x) = (x - \alpha_2)p_1(x) - \beta_1 p_0(x) \\ \quad\vdots \\ p_{k+1}(x) = (x - \alpha_{k+1})p_k(x) - \beta_k p_{k-1}(x) \end{cases} \quad (k = 1, \cdots, n-1) \tag{5.19}$$

其中,

$$\alpha_{k+1} = \frac{(xp_k, p_k)}{(p_k, p_k)},\ \beta_k = \frac{(p_k, p_k)}{(p_{k-1}, p_{k-1})} \quad (k = 0, 1, \cdots, n-1) \tag{5.20}$$

最后,采用最小二乘方法,利用正交多项式,得到拟合曲线为

$$P(x) = a_0p_0(x) + a_1p_1(x) + \cdots + a_np_n(x) \tag{5.21}$$

2. 滑动数据窗局部拟合

在推力和冲量测量过程中,实际系统响应曲线会出现各种复杂曲线形式,如果

在整个时间区间内采用一条曲线拟合,不能反映局部数据取值特点,因此,采用滑动数据窗,在每个数据点附近选取若干个数据点,并采用正交多项式分别拟合每一条曲线。

3. 基于最小二乘法的正交多项式滑动数据窗局部拟合方法

基于最小二乘法的正交多项式滑动数据窗局部拟合方法(简称正交多项式平滑降噪方法)具体如下。

首先,采用最小二乘拟合方法,根据试验数据点在平均位置附近上下波动特点,寻找到最佳平均位置曲线;

其次,采用正交多项式拟合方法,防止拟合系数的线性方程组出现病态,提高拟合系数计算精度,从而提高拟合精度;

最后,采用滑动数据窗局部拟合方法,在每个数据点附近选取若干个点拟合每条曲线,以适应试验数据点的局部取值特性,避免了全程数据点拟合的误差。

对于试验数据点 $(x_i, y_i)(i = 0, 1, \cdots, m)$ 中,以拟合点 x_i 为中心,取 (x_{i-p}, y_{i-p}), (x_{i-p+1}, y_{i-p+1}), $\cdots$, (x_i, y_i), $\cdots$, (x_{i+p-1}, y_{i+p-1}), (x_{i+p}, y_{i+p}) 等 $2p + 1$ 个点进行正交多项式滑动数据窗局部拟合, $p = 1, 2, 3\cdots$, 取正整数。

当拟合函数形式为 $P(x) = a_0 + a_1x$ 时,则为滑动数据窗线性局部拟合;当拟合函数形式为 $P(x) = a_0 + a_1x + a_2x^2$ 时,则为滑动数据窗抛物线局部拟合,抛物线拟合对各种曲线具有很好的局部拟合能力。

正交多项式滑动数据窗拟合的效果如图 5.3 所示,所采用多项式为抛物线。灰线为有系统响应测量误差的实际系统响应测量值,黑实线为基于最小二乘法的正交抛物线滑动数据窗局部拟合的结果,显然,正交多项式平滑降噪的效果显著。

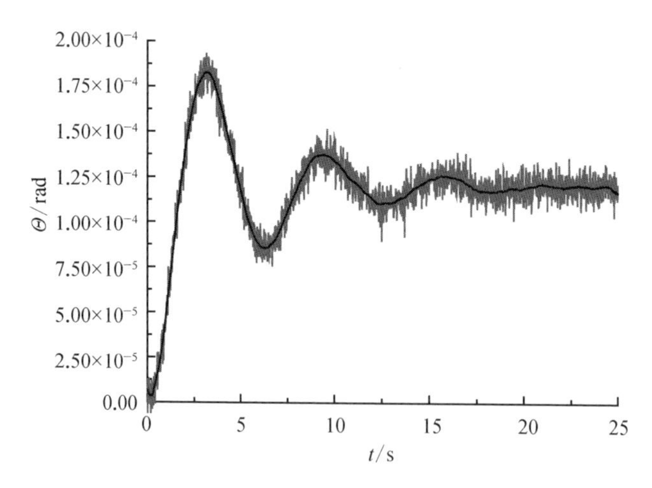

图 5.3 正交多项式滑动数据窗拟合的效果

5.1.3　系统参数标定恒力方法

系统参数标定恒力方法是：利用恒力作用下系统响应测量值，计算未知系统参数。

设实际系统响应测量值为 $[t_i, \Theta(t_i)](i = 1, 2, \cdots, n)$，利用系统响应平滑降噪方法，平滑降噪处理后，系统响应测量值为 $[t_i, \theta_f(t_i)](i = 1, 2, \cdots, n)$，下面介绍一种系统参数标定恒力方法。

1. 扭转刚度系数的标定

恒力作用下，稳态扭转角测量值为 $\Theta(t_i)(i = 1, 2, \cdots, n)$，平滑降噪后为 $\theta_f(t_i)(i = 1, 2, \cdots, n)$，稳态扭转角的估计值为

$$\hat{\theta}(\infty) = \frac{1}{n}\sum_{i=1}^{n}\theta_f(t_i) \tag{5.22}$$

式中，扭转角测量值应选取系统响应进入稳态后的扭转角，当系统响应进入稳态后采样数目足够多即 $n \to \infty$ 条件下，$\hat{\theta}(\infty) \to \theta(\infty)$。

扭转刚度系数的估计值为

$$\hat{k} = f_0 L_f / \hat{\theta}(\infty) \tag{5.23}$$

式中，$\hat{\theta}(\infty)$ 为稳态扭转角的估计值；f_0 为标定力的值。

2. 振动频率的标定

极值点对应时间为

$$t_{Mi} = i\pi/\omega_d \quad (i = 1, 2, \cdots, n) \tag{5.24}$$

振动频率为

$$\omega_{di} = \frac{i\pi}{t_{Mi}} \quad (i = 1, 2, \cdots, n) \tag{5.25}$$

振动频率的估计值为

$$\hat{\omega}_d = \frac{1}{n}\sum_{i=1}^{n}\omega_{di} \tag{5.26}$$

式中，n 为所取极值点数目。

3. 阻尼比的标定

已知极值点对应扭转角为

$$\theta_f(t_{Mi})/\hat{\theta}(\infty) = 1 - (-1)^i e^{-\frac{i\pi\zeta}{\sqrt{1-\zeta^2}}} \quad (i = 1, 2, \cdots) \tag{5.27}$$

令

$$a_i = -\frac{\ln|\theta_f(t_{Mi})/\hat{\theta}(\infty) - 1|}{i\pi} \quad (i = 1, 2, \cdots) \tag{5.28}$$

阻尼比为

$$\zeta_i = \sqrt{\frac{a_i^2}{1 + a_i^2}} \quad (i = 1, 2, \cdots) \tag{5.29}$$

阻尼比的估计值为

$$\hat{\zeta} = \frac{1}{n}\sum_{i=1}^{n}\zeta_i \tag{5.30}$$

式中, n 为所取极值点数目。

在系统参数标定恒力方法中,可构造不同的系统参数计算方法,所计算得到的系统参数也有所不同。例如,系统响应平滑降噪处理后,极值点对应扭转角为

$$\theta_f(t_{Mi})/\hat{\theta}(\infty) = 1 - (-1)^i e^{-\frac{i\pi\zeta}{\sqrt{1-\zeta^2}}} \quad (i = 1, 2, \cdots) \tag{5.31}$$

给定第一个极值点,后面极值点依次与其比较,可构造另一种阻尼比计算方法,为

$$\frac{|\theta_f(t_{Mi}) - \hat{\theta}(\infty)|}{|\theta_f(t_{M1}) - \hat{\theta}(\infty)|} = \frac{e^{-\frac{i\pi\zeta}{\sqrt{1-\zeta^2}}}}{e^{-\frac{\pi\zeta}{\sqrt{1-\zeta^2}}}} = e^{-\frac{(i-1)\pi\zeta}{\sqrt{1-\zeta^2}}} \quad (i = 2, 3, \cdots) \tag{5.32}$$

$$\frac{\zeta}{\sqrt{1-\zeta^2}} = -\frac{1}{(i-1)\pi}\ln\frac{|\theta_f(t_{Mi}) - \hat{\theta}(\infty)|}{|\theta_f(t_{M1}) - \hat{\theta}(\infty)|} \quad (i = 2, 3, \cdots) \tag{5.33}$$

5.1.4 系统参数标定误差来源分析与控制

如前文所述,实际系统响应为

$$\begin{aligned}\Theta(t) &= \theta(t) + \Delta\theta(t) \\ &= \frac{f_0 L_f}{k} - \frac{f_0 L_f}{k}\cdot\frac{1}{\sqrt{1-\zeta^2}}e^{-\zeta\omega_n t}\sin(\omega_d t + \alpha) + \Delta\theta(t)\end{aligned} \tag{5.34}$$

式中,系统响应测量误差为 $\Delta\theta(t) \sim N(0, \sigma^2)$,服从零均值正态分布,包括系统响应噪声误差和传感器误差。

根据上述公式可知: ① 系统响应测量误差,将影响极值点对应扭转角、极值点对应时间、稳态扭转角,造成扭转刚度系数、振动频率、阻尼比的标定误差;② 恒力

误差,将影响极值点对应扭转角、稳态扭转角,造成扭转刚度系数、阻尼比的标定误差;③ 构造不同的系统参数计算方法,所计算得到的系统参数也有所不同,造成扭转刚度系数、振动频率、阻尼比的标定误差。

系统参数标定恒力方法的误差来源分析与控制如图5.4所示,具体内容如下。

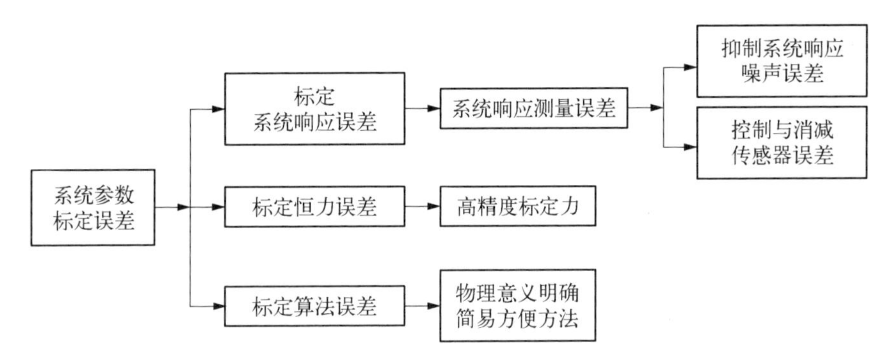

图5.4　系统参数标定恒力方法的误差来源分析与控制

(1) 系统参数标定恒力方法中,系统参数标定误差包括标定系统响应误差、标定恒力误差、标定算法误差。

(2) 标定系统响应误差是指,由于系统响应测量误差而引起的系统参数标定误差。标定系统响应误差的控制方法就是减小系统响应测量误差:一是抑制环境噪声误差,以实现减小系统响应噪声误差的目的;二是控制与消减传感器误差;三是获得实际系统响应测量值后,采用系统响应平滑降噪方法,进一步减小系统响应测量误差。

(3) 标定恒力误差是指,由于系统参数标定过程中使用恒力存在误差而引起的系统参数标定误差。标定恒力误差的控制方法是:采用高精度恒力,以减小标定恒力误差。

(4) 标定算法误差是指,由于系统参数标定过程中采用的计算方法不同,而引起的系统参数标定误差。构造的计算方法不同,标定算法误差有所不同,工程中,一般以构造物理意义明确、简易方便算法为准。例如,5.1.3小节所提出的系统参数标定恒力方法。

5.2　高精度电磁恒力产生、误差分析与控制方法

系统参数标定恒力方法中,控制标定恒力误差,需要高精度标定力,电磁恒力产生方法可提供高精度电磁恒力,可实现电磁恒力误差为1%或1‰。

首先,采用电磁恒力产生方法,获得了高精度标定力,并且阐明了电磁恒力误差包括电磁恒力拟合误差和电磁恒力使用误差。

其次,电磁恒力拟合误差包括永磁铁的端面倾斜误差、端面偏心误差、端面间距误差,并提出了电磁恒力拟合误差的控制方法,实现了电磁恒力拟合误差有效控制。

最后,电磁恒力使用误差包括恒力方向误差和恒力位置误差,并提出了电磁恒力使用误差的控制方法,实现了电磁恒力使用误差有效控制。

5.2.1 高精度电磁恒力产生方法和误差来源分析

1. 高精度电磁恒力产生方法

电磁恒力的产生方法:采用线圈与永磁铁产生电磁力、通过电流驱动控制电磁力。采用多匝线圈与永磁铁配对组合产生电磁力(简称“多匝线圈+永磁铁”方法),多匝线圈由标准的低功率电源直接驱动,实际使用中永磁铁安装在扭摆横梁上。

由于线圈匝数不同、永磁铁直径和厚度不同,可获得的电磁恒力大小也不同,因此,根据线圈匝数调节、永磁铁直径和厚度调节,可获得覆盖各种量程范围的电磁恒力,以及研制覆盖各种量程的系列化电磁恒力产生装置。

因此,电磁恒力产生方法是获得高精度、小型化、宽量程标定力的有效方法。

2. 电磁恒力误差来源分析

1)电磁恒力拟合误差来源分析

如图 5.5 所示,为了通过控制电流实现控制电磁恒力的目的,需要建立电磁恒力与控制电流之间关系。电磁恒力与控制电流之间关系,一般采用线性拟合方法,为

$$f_0(I) = a_0 + a_1 I + \Delta f_0 \tag{5.35}$$

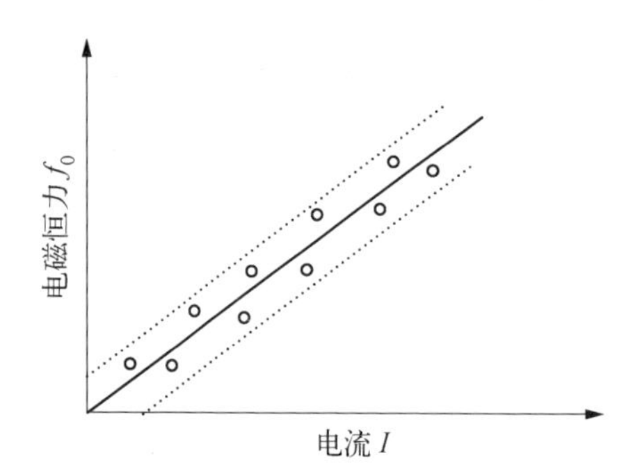

图 5.5 电磁恒力随着控制电流变化曲线

式中, I 为驱动电流; $f_0(I)$ 为电磁恒力; $\Delta f_0 \sim N(0, \sigma_{f_0}^2)$ 为电磁恒力拟合误差,服从零均值正态分布;根据“ 3σ ”原理拟合误差限为 $|\Delta f_0| \leqslant 3\sigma_{f_0}$;拟合相对误差限为

$$|\varepsilon_{f_0}| = \frac{|\Delta f_0|}{f_0(I)} = \frac{|\Delta f_0|}{a_0 + a_1 I} \leqslant \frac{3\sigma_{f_0}}{f_0(I)} \tag{5.36}$$

采用逐渐增大和减小控制电流方法,通过多次进程和回程测量电磁恒力方法,建立电磁恒力与控制电流之间关系;采用线性回归方法,获得电磁恒力与控制电流关系曲线,以及线性拟合误差。

电磁恒力产生装置的线圈与永磁铁端面的相对位置如图5.6所示。根据实验观察发现多匝线圈和永磁铁相对端面的端面倾斜角度、端面偏心距离、端面间距等,通过改变电磁场分布造成电磁恒力的误差,从而造成电磁恒力拟合误差。

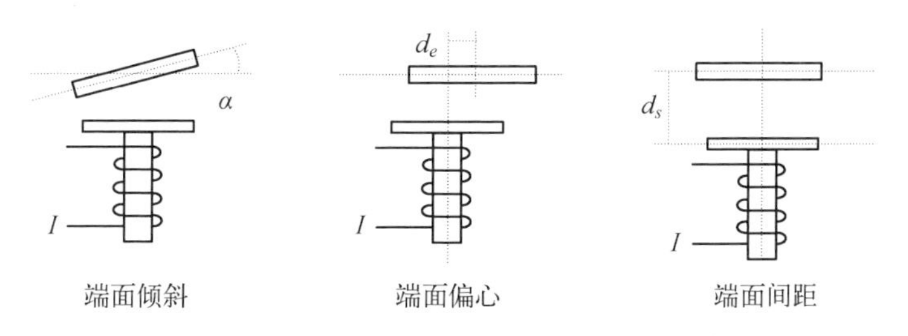

图5.6 端面倾斜、端面偏心、端面间距的示意图

以电磁恒力相对误差为1%或1‰为基准,对应着有效端面倾斜角度($|\alpha| \leqslant \alpha_{\mathrm{th}}$)、有效端面偏心距离($|d_e| \leqslant d_{e,\mathrm{th}}$)、有效端面间距($|d_s| \leqslant d_{s,\mathrm{th}}$)等参数范围并形成共同包络限,当这些参数控制在该参数范围或共同包络限内,所提供电磁恒力相对误差满足1%或1‰,从而得到高精度电磁恒力。

因此,满足电磁恒力拟合误差为1%或1‰时,电磁恒力与控制电流关系为

$$f_0(I) = a_0 + a_1 I + \Delta f_0 \quad (|\alpha| \leqslant \alpha_{\mathrm{th}},\ |d_e| \leqslant d_{e,\mathrm{th}},\ |d_s| \leqslant d_{s,\mathrm{th}}) \tag{5.37}$$

式中,要求相对误差$|\varepsilon_{f_0}| \leqslant 1\%$或$|\varepsilon_{f_0}| \leqslant 1‰$。

2)电磁恒力使用误差来源分析

电磁恒力使用误差不是电磁恒力产生装置的品质造成的,而是电磁恒力产生装置使用不当引起的,图5.7为电磁恒力使用误差的示意图。电磁恒力f_0方向不垂直横梁对称面,偏角为α,$f_{0x}=f_0\cos\alpha$为垂直横梁对称面的分量,$f_{0y}=f_0\sin\alpha$为平行横梁对称面的分量,L_f为力臂,B点为永磁铁安装位置,其偏离横梁对称面距离为b。

如图5.7所示,电磁恒力方向垂直横梁对称面($\alpha=0$),并且永磁铁安装在横梁对称面上($b=0$),在这种理想条件下,电磁恒力f_0对转动中心点O的力矩$M_0=f_0L_f$。如果电磁恒力方向不垂直横梁对称面,并且永磁铁安装位置偏离横梁对称面,此时,电磁恒力f_0对转动中心点O的力矩为

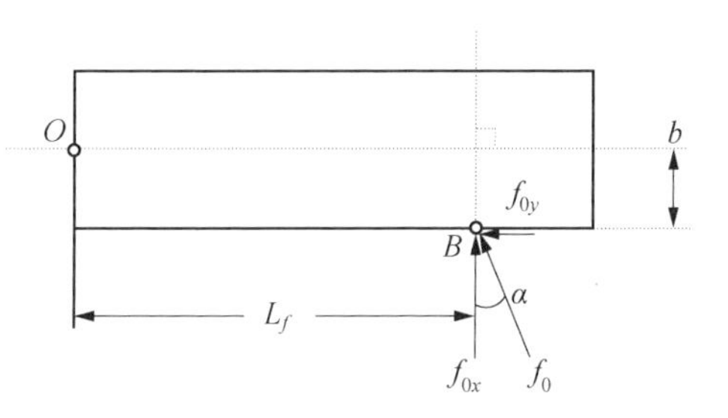

图5.7 电磁恒力使用误差的示意图

$$\begin{aligned} M &= (f_0\cos\alpha)L_f - (f_0\sin\alpha)b \\ &= f_0[\cos\alpha - (b/L_f)\sin\alpha]L_f \end{aligned} \tag{5.38}$$

这相当于测量系统实际承受的电磁恒力，由理想情况下 f_0 变为 $f_{0p}=f_0[\cos\alpha-(b/L_f)\sin\alpha]$，造成恒力误差。显然，由于电磁恒力方向不垂直横梁对称面，以及永磁铁安装位置偏离横梁对称面，所造成恒力误差称为电磁恒力使用误差。

3）电磁恒力误差来源分析

综上所述，电磁恒力误差来源如下（图 5.8）。

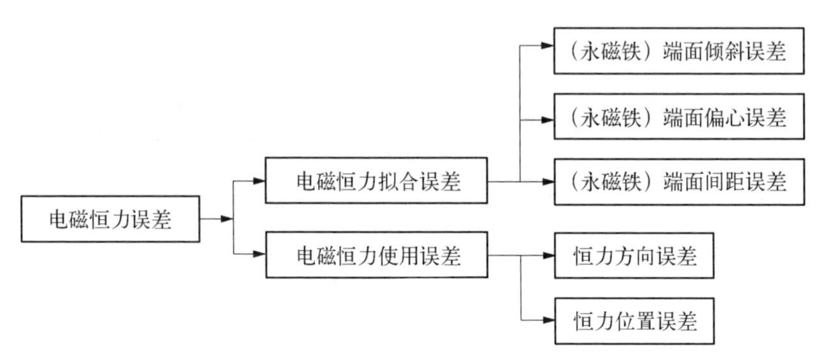

图 5.8 电磁恒力误差来源分析

首先，电磁恒力产生方法和装置，具有高精度、体积小、量程覆盖范围大的特点。

其次，电磁恒力误差包括电磁恒力拟合误差、电磁恒力使用误差。

再次，电磁恒力拟合误差是指驱动电流与电磁恒力线性拟合关系的误差，影响因素有（永磁铁）端面倾斜、（永磁铁）端面偏心、（永磁铁）端面间距等，即电磁恒力拟合误差包括端面倾斜误差、端面偏心误差和端面间距误差。

最后，电磁恒力使用误差是由于电磁恒力产生装置使用不当引起的，影响因素有恒力方向是否垂直横梁对称面、永磁铁安装位置是否偏离横梁对称面，即电磁恒力使用误差包括恒力方向误差和恒力位置误差。

5.2.2 电磁恒力拟合误差分析与控制方法

电磁恒力拟合误差包括（永磁铁）端面倾斜误差、（永磁铁）端面偏心误差和（永磁铁）端面间距误差。

电磁恒力拟合误差分析与控制方法的具体步骤为：第一步，利用电磁恒力作为标定力，实现瞬间非接触加载，避免了砝码法绳线摆动干扰和滑轮摩擦干扰；第二步，利用精密电子天平测量电磁恒力，实现亚微牛级电磁恒力测量，为系统参数标定提供了高精度标定力；第三步，采用电磁恒力调节装置获得电磁恒力拟合误差变化规律，通过调节端面倾斜角度、端面偏心距离、端面间距等，获得电磁恒力拟合误差变化规律；第四步，建立电磁恒力与控制电流拟合关系并控制拟合误差，根据电磁恒力拟合误差变化规律，实验确定端面倾斜角度、端面偏心距离、端面间距等共同包络限,实现电磁恒力拟合误差控制为1%或1‰。

1. 利用电磁恒力作为标定力

采用多匝线圈与永磁铁配对组合产生电磁力,利用电流驱动控制电磁力,实现瞬间非接触加载,避免了砝码法绳线摆动干扰和滑轮摩擦干扰,为系统参数标定提供高精度电磁恒力。

2. 利用精密电子天平测量电磁恒力

如图5.9所示,利用精密天平测量电磁恒力。将电磁恒力产生装置的永磁铁安装在精密天平的托盘上,通过电流驱动产生电磁力。例如,目前精密电子天平,可提供0.1 μN的电磁力测量能力,可获得高精度电磁恒力。

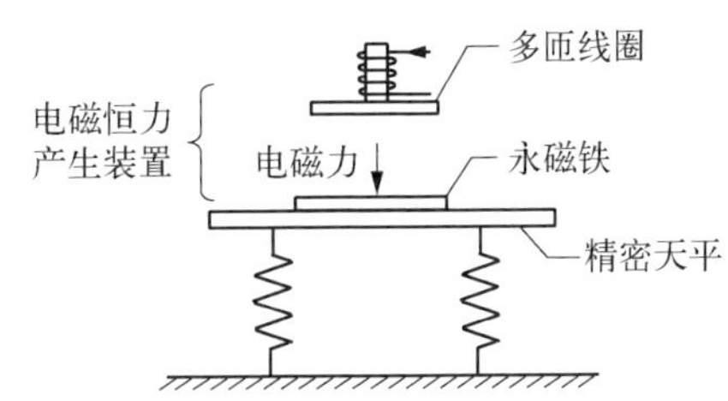

图5.9　利用精密天平测量电磁恒力

3. 采用电磁恒力调节装置获得电磁恒力拟合误差变化规律

多功能电磁恒力调节装置如图5.10所示。电磁恒力产生装置(多匝线圈与永磁铁组成)安装在多功能电磁恒力调节装置上,多功能电磁恒力调节装置可调节电磁恒力产生装置的端面倾斜角度、端面偏心距离、端面间距。

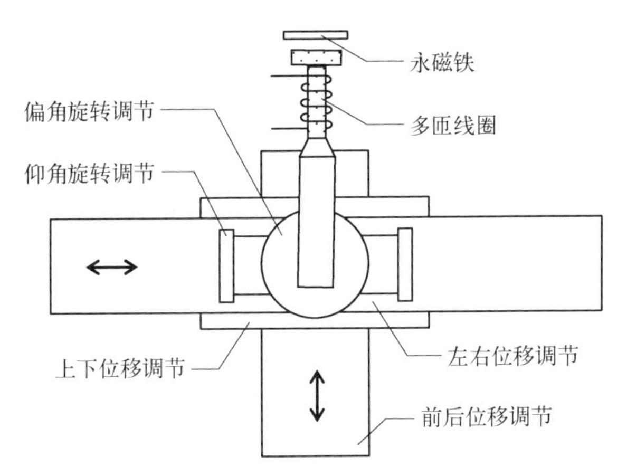

图5.10　端面倾斜角度调节、端面偏心距离调节、端面间距调节的多功能电磁恒力调节装置

如图5.10所示,多功能电磁恒力调节装置具备功能为:① 前后、左右、上下位移的调节能力,以及调节位移的刻度尺;② 偏角和仰角的调节能力,以及调节转动角度的刻度盘。该调节装置是一种三个位移调节、偏角和仰角等两个角度调节的装置。

端面倾斜角度、端面偏心距离、端面间距等对电磁力影响规律(对电磁恒力拟合误差的影响规律)如图5.11所示。实验研究表明:① 当端面平行时电磁力最大，随着偏角和仰角增大电磁力减小，并且电磁力关于偏角、仰角是对称分布的；② 在端面平行条件下，当端面中心重合时电磁力最小，随着端面偏心距离增大电磁力增大，并且电磁力关于端面偏心距离是对称分布的；③ 在端面倾斜调平、端面偏心距离纠偏条件下，随着端面间距由小到大逐渐增大，电磁力经历由小到大、由大到小的过程，其中间上凸区间内电磁力变化较缓慢，该区间为有效间距。

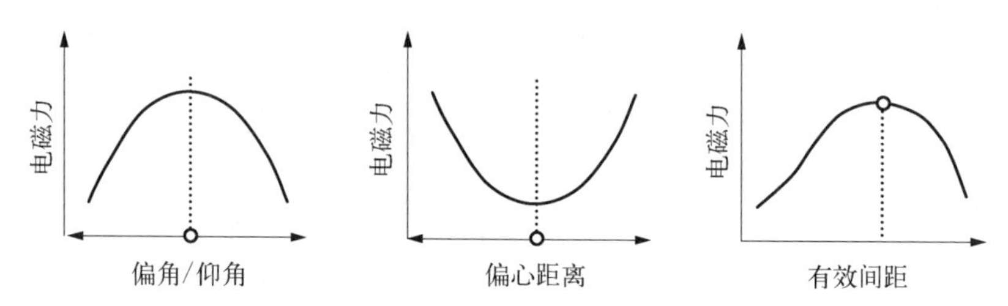

图 5.11　端面倾斜角度、端面偏心距离、端面间距等对电磁力影响规律

为了研究端面倾斜角度、端面偏心距离、端面间距等对电磁恒力拟合误差影响规律，端面倾斜角度应从调平角度（倾斜角度为零）开始设置倾斜角度；端面偏心距离应从纠偏位置（偏心距离为零）开始设置偏心距离；端面间距应设置在有效间距以内。

电磁恒力的端面倾斜角度调平、端面偏心距离纠偏、端面间距设定的方法如下。

（1）端面倾斜角度的调平方法（正转和反转的调平方法）。分为偏角调平和仰角调平两个过程，以偏角调平为例进行说明，首先，逐渐正向调节偏角，测量得到的电磁力逐渐减小，到达位置①，记录电磁力大小；其次，从位置①开始反向调节偏角，测量得到的电磁力逐渐增大，之后又逐渐减小，当出现与位置①电磁力相等时，到达位置②，记录从位置①到达位置②的转角 α；最后，从位置②再反向旋转 $\alpha/2$，达到位置③，实现偏角调平的目的（参见 4.2.3 小节中，传感器探测方向对准方法）。仰角调平方法与偏角调平方法相同，通过偏角调平和仰角调平，达到端面倾斜角度的调平目的。

（2）端面偏心距离的纠偏方法（正向移动和反向移动的纠偏方法）。分为左右偏心的纠偏和上下偏心的纠偏两个过程，以左右偏心的纠偏为例进行说明，在端面倾斜角度的调平之后，首先，逐渐左向调节位移，测量得到的电磁力逐渐增大，到达位置①，记录电磁力大小；其次，从位置①开始右向调节位移，测量得到的电磁力逐渐减小，之后又逐渐增大，当出现与位置①电磁力相等时，到达位置②，记录从位置①到达位置②的位移 w；最后，从位置②再反向调节位移 $w/2$，达到位置③，实现左右偏心距离的纠偏目的（参见 4.2.3 小节中，传感器探测方向对准方法）。上下偏心的纠偏方法与之相同，通过左右偏心的纠偏和上下偏心的纠偏，达到端面偏心距离的纠偏目的。

(3) 端面间距设定的方法。在端面倾斜角度的调平、端面偏心距离的纠偏之后,由小到大逐渐改变端面间距,寻找到电磁恒力变化较为缓慢的上凸区间,端面间距应设定在该有效间距区间内。

4. 建立电磁恒力与控制电流拟合关系并控制拟合误差

电磁恒力拟合误差的影响因素有端面倾斜角度、端面偏心距离、端面间距等,建立电磁恒力与控制电流拟合关系,必须注明该关系成立的有效端面倾角(有效偏角和仰角表示)、有效端面偏心距离、有效端面间距等条件。

建立电磁恒力与控制电流拟合关系、控制拟合误差的方法如下。

(1) 给定电磁恒力误差,一般给定相对误差为1%或1‰。

(2) 在端面倾斜角度的调平、端面偏心距离的纠偏条件下,通过逐渐增大或减小端面间距,建立电磁恒力与端面间距关系 $f_0 - d_s$, 在电磁恒力变化较为缓慢区间内,设定某个端面间距 d_{s0}, 即当有效端面间距 $|d_s - d_{s0}| \leq d_{s,\mathrm{th}}$ 时,电磁恒力误差为1%或1‰。

(3) 在有效端面间距范围内 $|d_s - d_{s0}| \leq d_{s,\mathrm{th}}$, 由端面调平位置分别逐渐增大偏角 α 和仰角 β, 分别建立 $\alpha - d_s$ 和 $\beta - d_s$ 关系曲线,确定电磁恒力误差为1%或1‰时,有效端面偏角为 α_{th} 和仰角为 β_{th}, 即当有效端面偏角 $|\alpha| \leq \alpha_{\mathrm{th}}$ 和仰角 $|\beta| \leq \beta_{\mathrm{th}}$ 时,电磁恒力测量误差为1%或1‰。

(4) 在有效端面间距范围内 $|d_s - d_{s0}| \leq d_{s,\mathrm{th}}$, 由端面偏心距离纠偏位置分别逐渐增大偏心距离 d_e, 建立 $d_e - d_s$ 关系曲线,确定电磁恒力误差为1%或1‰时,有效端面偏心距离 $d_{e,\mathrm{th}}$, 即当有效偏心距离 $|d_e| \leq d_{e,\mathrm{th}}$ 时,电磁恒力误差为1%或1‰。

(5) 以所需电磁恒力量程 $f_{0d} \leq f_0 \leq f_{0u}$ 为目标,确定控制电流变化区间 $I_d \leq I \leq I_u$, 以及控制电流采样点 $I_i\ (i = 1, 2, \cdots, n)$, 在逐渐增大或减小控制电流的进程和回程中,对每个电流采样点 $I_i\ (i = 1, 2, \cdots, n)$ 采样多次重复测量电磁恒力方法,利用步骤(1)至步骤(4)方法,确定有效端面间距、有效偏角和仰角、有效偏心距离等共同包络区间。

(6) 在共同包络区间内,采样线性拟合方法,建立电磁恒力和控制电流拟合关系,并确定拟合误差,从而获得电磁恒力与控制电流关系。电磁恒力与控制电流拟合关系为

$$f_0(I) = a_0 + a_1 I + \Delta f_0$$
$$(|\alpha| \leq \alpha_{\mathrm{th}},\ |\beta| \leq \beta_{\mathrm{th}},\ |d_e| \leq d_{e,\mathrm{th}},\ |d_s - d_{s0}| \leq d_{s,\mathrm{th}}) \quad (5.39)$$

式中, $\Delta f_0 \sim N(0, \sigma_{f_0}^2)$ 为电磁恒力拟合误差,服从零均值正态分布,根据"3σ"原理拟合误差限为 $|\Delta f_0| \leq 3\sigma_{f_0}$, 拟合相对误差限为

$$\varepsilon_{f_0} = \frac{|\Delta f_0|}{f_0(I)} \leqslant \frac{3\sigma_{f_0}}{f_0(I)} \tag{5.40}$$

因此,在有效端面倾斜角度、有效端面偏心距离、有效端面间距等控制条件下,根据所建立的电磁恒力与控制电流拟合关系,利用电流驱动可将电磁恒力控制在指定误差范围内。

5.2.3 电磁恒力使用误差分析与控制方法

电磁恒力使用误差包括恒力方向误差和恒力位置误差,提出了电磁恒力使用误差分析方法、控制方法,解决了电磁恒力使用误差分析与控制的问题。

1. *电磁恒力使用误差分析方法*

电磁恒力使用误差包括恒力方向误差和恒力位置误差,恒力方向误差采用电磁恒力方向的偏角和仰角表示,恒力位置误差采用永磁铁偏离横梁对称面距离表示(即采用电磁恒力作用点偏离横梁对称面距离表示)。

如图 5.12 所示,以平衡位置时扭摆横梁对称面为 YOZ 平面、扭摆转轴为 Z 轴,建立右手坐标系,扭摆横梁对称面围绕 Z 轴转动,扭转角为 θ(右手拇指指向 Z 轴方向、食指指向逆时针方向为正);电磁恒力方向为 AB,偏角为 α(AB 在 XOY 平面内投影偏右为正、偏左为负),仰角为 β(仰视为正、俯视为负),即电磁恒力方向误差采用偏角和仰角表示;永磁铁安装在横梁表面 B 点处,B 点偏离横梁对称面距离为 b,即采用永磁铁偏离横梁对称面距离表示电磁恒力位置误差。

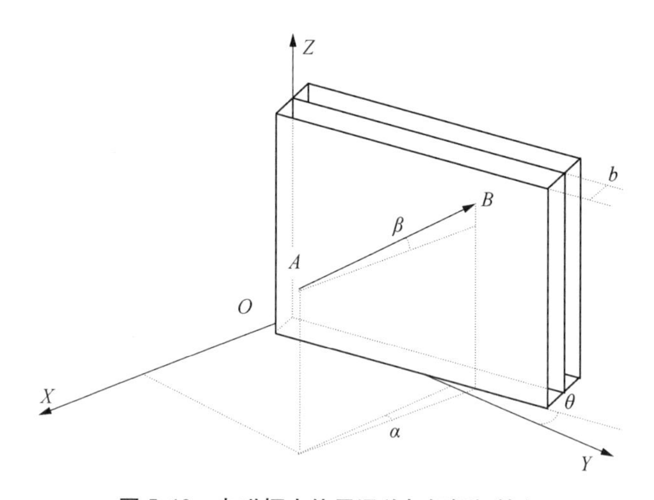

图 5.12 电磁恒力使用误差与扭摆扭转角

此时,电磁恒力 f_0 的分量为

$$f_{0xy} = f_0\cos\beta,\ f_{0z} = f_0\sin\beta \tag{5.41}$$

式中，f_{0xy} 为 f_0 在 XOY 平面内投影，对扭摆转轴 Z 产生力矩；f_{0z} 对扭摆转轴 Z 不产生力矩。

在扭转角 $\theta = 0°$ 条件下，当电磁恒力方向垂直横梁对称面时，有 $\alpha = \beta = 0°$，电磁恒力为 f_0 和力矩为 $M_0 = f_0 L_f$，L_f 为力臂。

当 $\theta = 0°$ 时交点 B 的初始坐标 (x_{B0}, y_{B0}, z_{B0}) 为

$$x_{B0} = b,\ y_{B0} = L_f,\ z_{B0} = z_{B0} \tag{5.42}$$

矢量 $\boldsymbol{AB}$ 可表示为 $\boldsymbol{AB} = (-|\boldsymbol{AB}|\cos\beta\cos\alpha, |\boldsymbol{AB}|\cos\beta\sin\alpha, |\boldsymbol{AB}|\sin\beta)$，单位方向矢量为

$$\boldsymbol{n}_{AB} = (-\cos\beta\cos\alpha,\ \cos\beta\sin\alpha,\ \sin\beta) \tag{5.43}$$

AB 直线方程为

$$\frac{x - b}{-\cos\beta\cos\alpha} = \frac{y - L_f}{\cos\beta\sin\alpha} = \frac{z - z_{B0}}{\sin\beta} \tag{5.44}$$

AB 直线在 XOY 平面内投影方程为

$$(\tan\alpha)x + y - L_f - (\tan\alpha)b = 0 \tag{5.45}$$

原点 O 到 AB 直线投影的距离为

$$d_{AB} = \frac{|L_f + (\tan\alpha)b|}{\sqrt{1 + \tan^2\alpha}} = \cos\alpha\,|1 + (\tan\alpha)(b/L_f)|\,L_f \tag{5.46}$$

此时，电磁恒力的力矩为

$$M = (f_0\cos\beta)d_{AB} = f_0\cos\beta\cos\alpha\,|1 + (\tan\alpha)(b/L_f)|\,L_f \tag{5.47}$$

对应的电磁恒力为

$$f_{0p} = f_0\cos\beta\cos\alpha\,|1 + (\tan\alpha)(b/L_f)| \tag{5.48}$$

由于电磁恒力使用误差，所造成电磁恒力误差为

$$\varepsilon_{f_0} = \frac{f_{0p} - f_0}{f_0} = \cos\beta\cos\alpha\,|1 + (\tan\alpha)(b/L_f)| - 1 \tag{5.49}$$

2. 电磁恒力使用误差控制方法

在扭摆测量系统中，永磁铁偏离横梁对称面位置可控制在 $|b| \leqslant 1$ mm 水平，一般力臂 $L_f \geqslant 10$ cm，故 $|b/L_f| \leqslant 0.01$。

$b/L_f = 0.01$ 时电磁恒力使用误差的变化如图 5.13 所示，在偏角和仰角取 0.3° ~ 0.6° 范围内，由于电磁恒力使用误差所造成的恒力误差小于 0.021%。$b/L_f = -0.01$ 时电磁恒力使用误差的变化如图 5.14 所示，电磁恒力使用误差所造

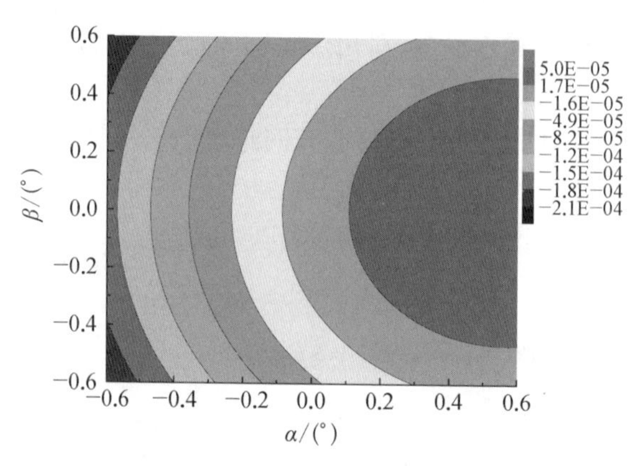

图 5.13 当 b/L_f = 0.01 时电磁恒力使用误差的变化

成的恒力误差小于 0.021%，并且误差总是关于仰角是对称的。

通过上述讨论可知，只要电磁恒力的偏角和仰角控制在 0.3° ~ 0.6° 范围内、永磁铁偏离横梁对称面距离满足 $|b/L_f| \leq 0.01$，电磁恒力使用误差可忽略不计，可仅考虑电磁恒力拟合误差影响。

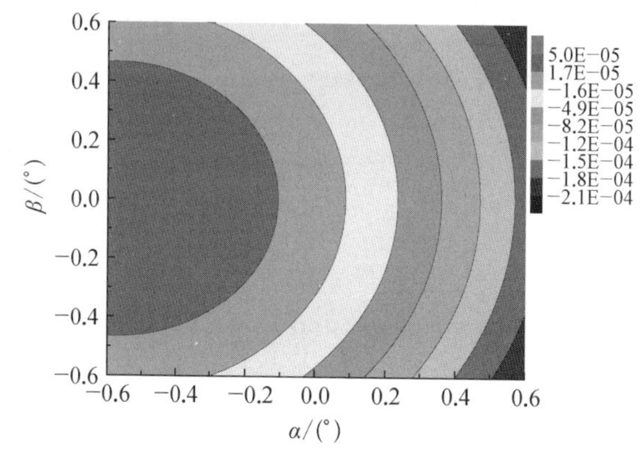

图 5.14 当 b/L_f = − 0.01 时电磁恒力使用误差的变化

5.3 系统参数标定误差控制、分析与评估方法

针对高精度标定系统参数，以获得准确的测量系统振动方程的难点问题。首先，提出了系统参数标定误差控制方法，以便在推力和冲量测量前，采取措施，控制标定系统响应误差、标定恒力误差、标定算法误差；其次，基于蒙特卡洛仿真方法，提出了系统参数标定误差分析方法，以便获得系统参数标定值和误差；最后，根据标定误差影响因素分析，提出了系统参数标定误差评估方法，实现了系统参数标定值的修正和评估。

5.3.1 系统参数标定误差控制方法

现对在系统参数标定恒力方法中，采用高精度电磁恒力作为标定力时，系统参数标定误差来源与控制方法进行梳理和总结，如表 5.1 所示。

表 5.1 系统参数标定误差来源与控制方法

<table>
<tr><th colspan="3">系统参数标定误差来源</th><th>系统参数标定误差控制方法</th></tr>
<tr><td rowspan="3">标定系统响应误差</td><td colspan="2">系统响应噪声误差</td><td>采用抑制环境噪声干扰方法，减小系统响应噪声误差</td></tr>
<tr><td colspan="2">传感器误差</td><td>采用控制传感器误差方法，减小传感器误差</td></tr>
<tr><td colspan="2">采用上述措施后，进一步减小系统响应测量误差</td><td>采用系统响应平滑降噪方法，减小系统响应测量误差，例如，采用基于最小二乘法的正交多项式滑动数据窗局部拟合方法</td></tr>
<tr><td rowspan="5">标定恒力误差</td><td rowspan="3">电磁恒力拟合误差</td><td>端面倾斜误差</td><td rowspan="3">(1) 给定标定力误差为 1%或 1‰
(2) 建立驱动电流与电磁恒力线性拟合关系，确定有效端面倾斜角度、有效端面偏心距离、有效端面间距，满足给定标定力误差的要求</td></tr>
<tr><td>端面偏心误差</td></tr>
<tr><td>端面间距误差</td></tr>
<tr><td rowspan="2">电磁恒力使用误差</td><td>恒力方向误差</td><td rowspan="2">电磁恒力的偏角和仰角控制在≤0.6°，永磁铁与横梁对称面距离/力臂≤0.01，电磁恒力使用误差≤0.021%，可忽略不计</td></tr>
<tr><td>恒力位置误差</td></tr>
<tr><td>标定算法误差</td><td colspan="2">系统参数计算方法误差</td><td>(1) 构造物理意义明确、简易方便算法为准
(2) 给定计算方法，计算误差及分布是确定的</td></tr>
</table>

系统参数标定电磁恒力方法中，系统参数标定误差来源与控制方法如下。

(1) 系统参数标定误差包括标定系统响应误差、标定恒力误差、标定算法误差。

(2) 标定系统响应误差是指系统响应测量误差所造成的系统参数标定误差，误差来源为系统响应噪声误差、传感器误差，误差控制方法：一是采用抑制环境噪声干扰方法，减小系统响应噪声误差；二是采用控制传感器误差方法，减小传感器误差；三是对系统响应测量值平滑降噪处理，减小系统响应的噪信比。

(3) 标定恒力误差是指标定力误差所造成的系统参数标定误差，对于电磁恒力来讲，误差来源为电磁恒力拟合误差、电磁恒力使用误差。

电磁恒力拟合误差控制方法：一是给定标定力误差为 1%或 1‰；二是采用电磁恒力拟合误差分析与控制方法，利用电磁恒力产生装置和电磁恒力调节装置，获得端面倾斜误差、端面偏心误差、端面间距误差的影响规律；三是建立驱动电流与电磁恒力线性拟合关系，确定有效端面倾斜角度、有效端面偏心距离、有效端面间距，满足给定标定力误差的要求。

电磁恒力使用误差控制方法：在电磁恒力的偏角和仰角控制在≤0.6°、永磁铁与横梁对称面距离/力臂≤0.01 条件下，电磁恒力使用误差≤0.021%，可忽略不计。

(4) 标定算法误差是指系统参数具体计算方法所造成误差，计算方法不同则计算误差不同,工程中要求：一是构造物理意义明确、简易方便算法为准;二是对于给定计算方法,计算误差及分布是确定的,可在系统参数误差评估中确定误差及分布。

5.3.2 系统参数标定误差分析方法

为了研究标定系统响应误差、标定恒力误差、标定算法误差,对系统参数标定误差的影响规律,需要系统参数标定误差分析方法。

针对系统参数标定恒力方法没有误差分析方法的现状,采样蒙特卡洛仿真分析方法,提出系统参数标定恒力方法的误差分析方法,从而给出系统参数标定误差的统计分布及置信区间,具体如下。

(1) 给定系统参数为 (k, ω_d, ζ),研究表明,其中只有阻尼比大小对系统参数标定误差有影响。

(2) 恒力 f_0 的相对误差为 p,恒力变化范围为 $(1 \pm p)f_0$,认为恒力误差均匀分布(为了获得保险的估计),抽样值为

$$f_{0i} = (1 - p)f_0 + 2pf_0 r_i \tag{5.50}$$

式中,r_i 为相互独立的(0, 1)区间均匀分布随机数。对应系统响应最大值为

$$\theta_{\max,i} = \frac{f_{0i}L_f}{k} + \frac{f_{0i}L_f}{k}\mathrm{e}^{-\frac{\zeta}{\sqrt{1-\zeta^2}}\pi} \tag{5.51}$$

式中,$i = 1, 2, \cdots, l$,l 为蒙特卡洛仿真次数。

(3) 系统响应测量误差 $\Delta\theta(t) \sim N(0, \sigma^2)$ 的抽样值为

$$\Delta\theta(t_{ij}) = \sigma\sqrt{-2\ln r_{ij1}}\cos 2\pi r_{ij2} \tag{5.52}$$

式中,对于每个给定的 i,r_{ij1} 和 r_{ij2} 为 (0, 1) 区间相互独立的均匀分布随机数。

(4) 对于 $i = 1, 2, \cdots, l$ 和 $j = 1, 2, \cdots, m$,系统响应为

$$\begin{aligned}\Theta(t_{ij}) &= \theta(t_{ij}) + \Delta\theta(t_{ij}) \\ &= \frac{f_{0i}L_f}{k} - \frac{f_{0i}L_f}{k}\cdot\frac{1}{\sqrt{1-\zeta^2}}\mathrm{e}^{-\frac{\zeta}{\sqrt{1-\zeta^2}}\omega_d t_{ij}}\sin(\omega_d t_{ij} + \alpha) + \Delta\theta(t_{ij})\end{aligned} \tag{5.53}$$

$$\alpha = \arctan\frac{\sqrt{1-\zeta^2}}{\zeta} \tag{5.54}$$

式中,$t_{ij} = j\Delta t\ (j = 0, 1, 2, \cdots, m)$,$\Delta t$ 为时间步长。

(5) 采用正交抛物线平滑降噪方法对系统响应曲线 $\Theta(t_{ij})$ 进行平滑降噪处

理，得到 $\theta_f(t_{ij})$，选取极值点数目 n，采用所提出的系统参数标定恒力方法（见 5.1.3 小节），计算在给定 i 的情况下，扭转刚度系数、振动频率和阻尼比的标定值。

给定 i 下，扭转刚度系数的估计值为

$$\hat{k}_i = f_0 L_f / \hat{\theta}_{fi}(\infty), \ \hat{\theta}_{fi}(\infty) = \frac{1}{p}\sum_{j=1}^{p}\theta_f(t_{ij}) \tag{5.55}$$

式中，$\hat{\theta}_{fi}(\infty)$ 为第 i 次仿真时稳态扭转角的估计值；p 为第 i 次仿真时系统响应进入稳态后采样次数。

振动频率的估计值为

$$\hat{\omega}_{di} = \frac{1}{n}\sum_{k=1}^{n}\omega_{dk}, \ \omega_{dk} = \frac{k\pi}{t_{Mk}} \quad (k = 1, 2, \cdots, n) \tag{5.56}$$

阻尼比的估计值为

$$\hat{\zeta}_i = \frac{1}{n}\sum_{k=1}^{n}\zeta_k, \ \zeta_k = \sqrt{\frac{a_k^2}{1 + a_k^2}} \quad (k = 1, 2, \cdots, n) \tag{5.57}$$

$$a_k = -\frac{\ln|\theta_f(t_{Mk})/\theta_{fi}(\infty) - 1|}{k\pi} \quad (i = 1, 2, \cdots, n) \tag{5.58}$$

式中，第 i 次仿真时，极值点对应时间为 t_{Mk}。

（6）在给定 i 的情况下，扭转刚度系数、振动频率和阻尼比等标定的相对误差，分别为

$$\varepsilon_{k_i} = \frac{\hat{k}_i - k}{k}, \ \varepsilon_{\omega_{di}} = \frac{\hat{\omega}_{di} - \omega_d}{\omega_d}, \ \varepsilon_{\zeta_i} = \frac{\hat{\zeta}_i - \zeta}{\zeta} \tag{5.59}$$

（7）将 $i = 1, 2, \cdots, l$ 的扭转刚度系数、振动频率和阻尼比的抽样值，由小到大排序为

$$\varepsilon'_{k_1} \leqslant \varepsilon'_{k_2} \leqslant \cdots \leqslant \varepsilon'_{k_l} \tag{5.60}$$

$$\varepsilon'_{\omega_{d1}} \leqslant \varepsilon'_{\omega_{d2}} \leqslant \cdots \leqslant \varepsilon'_{\omega_{dl}} \tag{5.61}$$

$$\varepsilon'_{\zeta_1} \leqslant \varepsilon'_{\zeta_2} \leqslant \cdots \leqslant \varepsilon'_{\zeta_l} \tag{5.62}$$

给定置信度为 q，分别取相对误差的双侧置信区间为

$$(\varepsilon'_{N_1}, \varepsilon'_{N_2}) \tag{5.63}$$

$$N_1 = \frac{1 - q}{2}l, \ N_2 = \frac{1 + q}{2}l \tag{5.64}$$

例如,当 $q = 95\%$ 时,有

$$N_1 = 0.025l,\ N_2 = 0.975l \tag{5.65}$$

如果仿真次数为 $l = 1\,000$, 有

$$N_1 = 25,\ N_2 = 975 \tag{5.66}$$

5.3.3 系统参数标定误差评估方法

利用所提出的系统参数标定电磁恒力方法、系统参数标定误差分析方法,通过典型恒力误差和系统响应测量误差下给出计算分析表格,实现系统参数标定误差的评估。

采用电磁恒力作为标定力,可获得 1%或 1‰误差的高精度标定力,以下分析中设定标定力误差为 1%。

通过极值点数目、标定算法、平滑降噪、系统响应测量误差等对标定影响分析,给出了系统参数标定误差的评估中应采取的措施。

1. 极值点数目的影响

在系统参数标定恒力方法中,对于阻尼比标定要求极值点对应扭转角 $\theta(t_{Mi})(i = 1, 2, \cdots)$ 与稳态扭转角 $\theta(\infty)$ 有较为明显区别,令

$$\left|\frac{\theta(t_{Mi}) - \theta(\infty)}{\theta(\infty)}\right| = e^{-\frac{i\pi\zeta}{\sqrt{1-\zeta^2}}} = s \tag{5.67}$$

给定 s 条件下,可取极值点数目为

$$i = -\frac{\sqrt{1-\zeta^2}}{\pi\zeta}\ln s \tag{5.68}$$

显然,阻尼比越小,系统参数标定中可供选取的极值点数目越多。

在给定 $s = 1\%$ 时,可供选取的极值点数目如表 5.2 所示,表明在常见阻尼比 $0 \leqslant \zeta \leqslant 0.3$ 条件下,总是至少有 5 个极值点可供系统参数的标定。并且阻尼比越小,可取极值点数目越多。

表 5.2 给定 $s = 1\%$ 时可取极值点数目

极值点数目	$\zeta = 0.05$	$\zeta = 0.1$	$\zeta = 0.2$	$\zeta = 0.25$	$\zeta = 0.3$
i 取整	29	15	7	6	5

阻尼比 $\zeta = 0.05$、恒力误差 $p = 1\%$ 和噪信比 NSR = 1% 时,系统参数标定误差置信区间如表 5.3 所示。$\zeta = 0.05$ 时,由于阻尼比较小,可供选取极值点数目较多,计算表明,随着极值点数目增多,振动频率标定误差明显减小;阻尼比标定误差减小不明显;扭转刚度系数标定误差基本不变。

表 5.3　阻尼比 ζ = 0.05、恒力误差 p = 1% 和噪信比 NSR = 1% 时系统参数标定误差置信区间

极值点数目	k 扭转刚度系数误差	ω_d 振动频率误差	ζ 阻尼比误差
5 个	$-9.51\times10^{-3}\sim9.42\times10^{-3}$	$-9.43\times10^{-3}\sim8.86\times10^{-3}$	$-5.17\times10^{-2}\sim-2.5\times10^{-2}$
10 个	$-9.51\times10^{-3}\sim9.34\times10^{-3}$	$-4.77\times10^{-3}\sim5.24\times10^{-3}$	$-4.09\times10^{-2}\sim-2.54\times10^{-2}$
20 个	$-9.49\times10^{-3}\sim9.49\times10^{-3}$	$-2.58\times10^{-3}\sim2.57\times10^{-3}$	$-4.88\times10^{-2}\sim-3.78\times10^{-2}$

* 蒙特卡洛仿真次数 1 000 次，置信度 95%。

随着极值点数目增多，阻尼比标定误差没有明显改善的原因是：由于系统响应测量误差 $\Delta\theta(t_{Mk})$ 的影响，不论在极大值点还是在极小值点 $|[\Theta(t_{Mk})-\theta(\infty)]/\theta(\infty)|$ 总是大于真值 $|[\theta(t_{Mk})-\theta(\infty)]/\theta(\infty)|$，故阻尼比标定值 $\hat{\zeta}$ 总是小于真值 ζ，产生负向偏离。

随着极值点数目增多，扭转刚度系数标定误差基本不变的原因是：扭摆刚度系数标定值主要取决于恒力误差。

因此，对于极值点数目的影响，具有以下结论：

(1) 增大极值点数目能够改善振动频率的标定误差；减小恒力误差能够改善扭转刚度系数的标定误差；减小系统响应测量误差能够改善阻尼比标定误差。

(2) 阻尼比越小，可供选取的极值点数目越多；在常见阻尼比 $0\leqslant\zeta\leqslant0.3$ 条件下，至少有 5 个极值点可供系统参数标定。

2. 标定算法的影响

在不考虑系统响应测量误差和恒力误差条件下，研究标定算法对系统参数标定误差的影响。

阻尼比 $\zeta=0.05\sim0.3$、恒力误差 $p=0$ 和噪信比 NSR = 0 时，采用前面所提出的系统参数标定恒力方法，计算得到的系统参数标定误差如表 5.4 所示。说明该系统参数标定恒力方法，在恒力误差 $p=0$ 和噪信比 NSR = 0 时，计算方法误差很小，可忽略不计。

表 5.4　恒力误差 p = 0 和噪信比 NSR = 0 时系统参数标定误差

阻尼比	k 扭转刚度系数误差	ω_d 振动频率误差	ζ 阻尼比误差
$\zeta=0.05$	-5.0×10^{-5}	-2.2×10^{-4}	2.6×10^{-4}
$\zeta=0.1$	-2.7×10^{-7}	-2.2×10^{-4}	2.5×10^{-5}
$\zeta=0.2$	-5.3×10^{-12}	-2.2×10^{-4}	1.2×10^{-5}
$\zeta=0.3$	1.7×10^{-15}	-2.2×10^{-4}	7.8×10^{-6}

* 极值点数目 5 个，蒙特卡洛仿真次数 1 000 次。

3. 系统响应测量值平滑降噪的影响

采用基于最小二乘法的正交抛物线滑动数据窗局部拟合方法，对实际系统响应测量值平滑降噪处理,可显著降低其噪信比,实现减小标定系统响应误差的目的。

采用基于最小二乘法的正交抛物线滑动数据窗局部拟合方法,对系统响应测量值平滑降噪的效果如表 5.5 所示。计算表明,平滑前噪信比越大,平滑降噪后信噪比降低效果越显著。当系统响应测量误差的信噪比为 5%~10%时,平滑降噪后噪信比降低 1 个数量级;当系统响应测量误差的信噪比为 0.25%时,平滑降噪后噪信比为 0.12%,降低为原来的 1/2。因此,系统参数标定恒力方法中,得到系统响应测量值后,首先应对其平滑降噪处理。

表 5.5 在常见阻尼比 $0 \leqslant \zeta \leqslant 0.3$ 范围内系统响应测量值的平滑降噪效果

平滑降噪前噪信比 NSR	平滑降噪后噪信比 NSR	平滑降噪前后噪信比比值
0.25%	0.12%	2.08
0.5%	0.15%	3.33
1%	0.2%	5
2%	0.3%	6.67
3%	0.4%	7.5
4%	0.5%	8
5%	0.5%	10
6%	0.6%	10
7%	0.7%	10
8%	0.8%	10
9%	0.9%	10
10%	1%	10

4. 系统响应测量误差的影响

为了研究系统响应测量误差的影响,在以下分析中给定恒力误差,恒力误差给定为 $p=1\%$,即恒力变化范围为 $(1\pm1\%)f_0$,f_0 为恒力真值。

在常见阻尼比 $\zeta=0.05\sim0.3$ 范围内,恒力误差 $p=1\%$ 和噪信比 NSR = 0.12%(0.25%)、NSR = 0.15%(0.5%)、NSR = 0.2%(1%)、NSR = 0.3%(2%)、NSR = 0.4%(3%)、NSR = 0.5%(4%~5%)、NSR = 1%(10%)等条件下,系统参数标定误差变化,如表 5.6~表 5.12 所示。括号内为平滑降噪前噪信比,括号前为平滑降噪后噪信比。

恒力误差 $p=1\%$ 和噪信比 NSR = 1%(10%)时系统参数标定误差置信区间如表5.6 所示。在常见阻尼比 $\zeta=0.05\sim0.3$ 范围内,恒力误差 $p=1\%$ 和 NSR = 1%(10%)时,扭转刚度系数标定误差在±1%以内;振动频率标定误差为-2.19%~1.92%;阻尼比标定误差为-8.34%~-2.03%。

表 5.6　恒力误差 p = 1% 和噪信比 NSR = 1% 时系统参数标定误差置信区间

ζ 阻尼比	k 误差	ω_d 振动频率误差	ζ 阻尼比误差
0.05	$-9.51\times10^{-3}\sim9.42\times10^{-3}$	$-9.43\times10^{-3}\sim8.86\times10^{-3}$	$-5.17\times10^{-2}\sim-2.5\times10^{-2}$
0.1	$-9.45\times10^{-3}\sim9.46\times10^{-3}$	$-1.02\times10^{-2}\sim9.83\times10^{-3}$	$-3.71\times10^{-2}\sim-2.03\times10^{-2}$
0.2	$-9.44\times10^{-3}\sim9.47\times10^{-3}$	$-1.35\times10^{-2}\sim1.37\times10^{-2}$	$-4.60\times10^{-2}\sim-2.94\times10^{-2}$
0.3	$-9.44\times10^{-3}\sim9.46\times10^{-3}$	$-2.19\times10^{-2}\sim1.92\times10^{-2}$	$-8.34\times10^{-2}\sim-6.00\times10^{-2}$

* 极值点数目 5 个，蒙特卡洛仿真次数 1 000 次，置信度 95%。

恒力误差 p = 1% 和 NSR = 0.5% (4%~5%) 时系统参数标定误差置信区间如表 5.7 所示。在常见阻尼比 ζ = 0.05 ~ 0.3 范围内，恒力误差 p = 1% 和 NSR = 0.5% (4%~5%) 时，扭转刚度系数标定误差在 ±1% 以内；振动频率标定误差为 −1.47%~1.51%；阻尼比标定误差为 −4.61%~−0.85%。

表 5.7　恒力误差 p = 1% 和噪信比 NSR = 0.5% 时系统参数标定误差置信区间

ζ 阻尼比	k 误差	ω_d 振动频率误差	ζ 阻尼比误差
0.05	$-9.48\times10^{-3}\sim9.42\times10^{-3}$	$-6.68\times10^{-3}\sim6.72\times10^{-3}$	$-2.37\times10^{-2}\sim-9.93\times10^{-3}$
0.1	$-9.43\times10^{-3}\sim9.48\times10^{-3}$	$-7.70\times10^{-3}\sim7.03\times10^{-3}$	$-1.73\times10^{-2}\sim-8.45\times10^{-3}$
0.2	$-9.43\times10^{-3}\sim9.48\times10^{-3}$	$-9.81\times10^{-3}\sim9.47\times10^{-3}$	$-2.24\times10^{-2}\sim-1.34\times10^{-2}$
0.3	$-9.43\times10^{-3}\sim9.48\times10^{-3}$	$-1.47\times10^{-2}\sim1.51\times10^{-2}$	$-4.61\times10^{-2}\sim-3.09\times10^{-2}$

* 极值点数目 5 个，蒙特卡洛仿真次数 1 000 次，置信度 95%。

恒力误差 p = 1% 和 NSR = 0.4% (3%) 时系统参数标定误差置信区间如表 5.8 所示。在常见阻尼比 ζ = 0.05 ~ 0.3 范围内，恒力误差 p = 1% 和 NSR = 0.4% (3%) 时，扭转刚度系数标定误差在 ±1% 以内；振动频率标定误差为 −1.32%~1.29%；阻尼比标定误差为 −3.77%~−0.64%。

表 5.8　恒力误差 p = 1% 和噪信比 NSR = 0.4% 时系统参数标定误差置信区间

ζ 阻尼比	k 误差	ω_d 振动频率误差	ζ 阻尼比误差
0.05	$-9.48\times10^{-3}\sim9.42\times10^{-3}$	$-5.66\times10^{-3}\sim6.14\times10^{-3}$	$-1.86\times10^{-2}\sim-7.21\times10^{-3}$
0.1	$-9.43\times10^{-3}\sim9.48\times10^{-3}$	$-6.66\times10^{-3}\sim6.48\times10^{-3}$	$-1.34\times10^{-2}\sim-6.36\times10^{-3}$
0.2	$-9.43\times10^{-3}\sim9.48\times10^{-3}$	$-9.25\times10^{-3}\sim8.83\times10^{-3}$	$-1.78\times10^{-2}\sim-1.04\times10^{-2}$
0.3	$-9.43\times10^{-3}\sim9.48\times10^{-3}$	$-1.32\times10^{-2}\sim1.29\times10^{-2}$	$-3.77\times10^{-2}\sim-2.47\times10^{-2}$

* 极值点数目 5 个，蒙特卡洛仿真次数 1 000 次，置信度 95%。

恒力误差 p = 1% 和 NSR = 0.3% (2%) 时系统参数标定误差置信区间如表 5.9 所示。在常见阻尼比 ζ = 0.05 ~ 0.3 范围内，恒力误差 p = 1% 和 NSR = 0.3%

(2%)时，扭转刚度系数标定误差在±1%以内；振动频率标定误差为-1.15%～1.11%；阻尼比标定误差为-2.90%～-0.44%。

表 5.9 恒力误差 p = 1% 和噪信比 NSR = 0.3% 时系统参数标定误差置信区间

ζ 阻尼比	k 误差	ω_d 振动频率误差	ζ 阻尼比误差
0.05	$-9.48\times10^{-3}\sim9.42\times10^{-3}$	$-5.35\times10^{-3}\sim5.14\times10^{-3}$	$-1.32\times10^{-2}\sim-4.58\times10^{-3}$
0.1	$-9.43\times10^{-3}\sim9.48\times10^{-3}$	$-5.69\times10^{-3}\sim5.94\times10^{-3}$	$-9.77\times10^{-3}\sim-4.36\times10^{-3}$
0.2	$-9.43\times10^{-3}\sim9.48\times10^{-3}$	$-8.01\times10^{-3}\sim7.41\times10^{-3}$	$-1.30\times10^{-2}\sim-7.26\times10^{-3}$
0.3	$-9.43\times10^{-3}\sim9.48\times10^{-3}$	$-1.15\times10^{-2}\sim1.11\times10^{-2}$	$-2.90\times10^{-2}\sim-1.83\times10^{-2}$

* 极值点数目 5 个，蒙特卡洛仿真次数 1 000 次，置信度 95%。

恒力误差 p = 1% 和 NSR = 0.2% (1%) 时系统参数标定误差置信区间如表 5.10 所示。在常见阻尼比 ζ = 0.05 ～ 0.3 范围内，恒力误差 p = 1% 和 NSR = 0.2% (1%)下，扭转刚度系数标定误差在±1%以内；振动频率标定误差为-0.99%～0.91%；阻尼比标定误差为-1.97%～-0.24%。

表 5.10 恒力误差 p = 1% 和噪信比 NSR = 0.2% 时系统参数标定误差置信区间

ζ 阻尼比	k 误差	ω_d 振动频率误差	ζ 阻尼比误差
0.05	$-9.48\times10^{-3}\sim9.42\times10^{-3}$	$-4.54\times10^{-3}\sim4.34\times10^{-3}$	$-8.26\times10^{-3}\sim-2.36\times10^{-3}$
0.1	$-9.43\times10^{-3}\sim9.48\times10^{-3}$	$-4.90\times10^{-3}\sim4.75\times10^{-3}$	$-6.10\times10^{-3}\sim-2.38\times10^{-3}$
0.2	$-9.43\times10^{-3}\sim9.48\times10^{-3}$	$-6.66\times10^{-3}\sim5.95\times10^{-3}$	$-8.34\times10^{-3}\sim-4.44\times10^{-3}$
0.3	$-9.43\times10^{-3}\sim9.48\times10^{-3}$	$-9.92\times10^{-3}\sim9.12\times10^{-3}$	$-1.97\times10^{-2}\sim-1.18\times10^{-2}$

* 极值点数目 5 个，蒙特卡洛仿真次数 1 000 次，置信度 95%。

恒力误差 p = 1% 和 NSR = 0.15% (0.5%)时系统参数标定误差置信区间如表 5.11 所示。在常见阻尼比 ζ = 0.05 ～ 0.3 范围内，恒力误差 p = 1% 和 NSR = 0.15% (0.5%)时，扭转刚度系数标定误差在±1%以内；振动频率标定误差为-0.90%～0.77%；阻尼比标定误差为-1.48%～-0.15%。

表 5.11 恒力误差 p = 1% 和噪信比 NSR = 0.15% 时系统参数标定误差置信区间

ζ 阻尼比	k 误差	ω_d 振动频率误差	ζ 阻尼比误差
0.05	$-9.48\times10^{-3}\sim9.42\times10^{-3}$	$-3.82\times10^{-3}\sim3.79\times10^{-3}$	$-5.91\times10^{-3}\sim-1.45\times10^{-3}$
0.1	$-9.43\times10^{-3}\sim9.48\times10^{-3}$	$-4.45\times10^{-3}\sim4.28\times10^{-3}$	$-4.43\times10^{-3}\sim-1.58\times10^{-3}$
0.2	$-9.43\times10^{-3}\sim9.48\times10^{-3}$	$-5.46\times10^{-3}\sim5.50\times10^{-3}$	$-6.07\times10^{-3}\sim-3.07\times10^{-3}$
0.3	$-9.43\times10^{-3}\sim9.48\times10^{-3}$	$-8.98\times10^{-3}\sim7.67\times10^{-3}$	$-1.48\times10^{-2}\sim-8.43\times10^{-3}$

* 极值点数目 5 个，蒙特卡洛仿真次数 1 000 次，置信度 95%。

恒力误差 $p = 1\%$ 和 NSR = 0.12% (0.25%)时系统参数标定误差置信区间如表 5.12 所示。在常见阻尼比 $\zeta = 0.05 \sim 0.3$ 范围内，恒力误差 $p = 1\%$ 和 NSR = 0.12% (0.25%) 时，扭转刚度系数标定误差在 ±1% 以内；振动频率标定误差为 −0.80% ~ 0.74%；阻尼比标定误差为 −1.18% ~ −0.09%。

表 5.12　恒力误差 $p = 1\%$ 和噪信比 NSR = 0.12% 时系统参数标定误差置信区间

ζ 阻尼比	k 误差	ω_d 振动频率误差	ζ 阻尼比误差
0.05	$-9.48\times10^{-3} \sim 9.42\times10^{-3}$	$-3.38\times10^{-3} \sim 3.39\times10^{-3}$	$-4.53\times10^{-3} \sim -8.87\times10^{-4}$
0.1	$-9.43\times10^{-3} \sim 9.48\times10^{-3}$	$-3.67\times10^{-3} \sim 3.71\times10^{-3}$	$-3.42\times10^{-3} \sim -1.11\times10^{-3}$
0.2	$-9.43\times10^{-3} \sim 9.48\times10^{-3}$	$-5.02\times10^{-3} \sim 4.85\times10^{-3}$	$-4.79\times10^{-3} \sim -2.32\times10^{-3}$
0.3	$-9.43\times10^{-3} \sim 9.48\times10^{-3}$	$-8.01\times10^{-3} \sim 7.41\times10^{-3}$	$-1.18\times10^{-2} \sim -6.57\times10^{-3}$

* 极值点数目 5 个，蒙特卡洛仿真次数 1 000 次，置信度 95%。

综上所述，随着系统响应测量误差减小，振动频率和阻尼比标定误差随着减小，振动频率的置信区间基本对称，阻尼比的置信区间总是负偏。系统响应测量误差对扭转刚度系数的标定误差基本没有影响，扭转刚度系数标定误差主要受恒力误差影响，并且扭转刚度系数的置信区间基本对称。

5. 修正系统参数标定值并给出标准不确定度

通过上述分析，在已知系统参数标定值和置信区间条件下，可修正系统参数标定值并给出标准不确定度。

下面以扭转刚度系数为例进行说明。已知扭转刚度系数标定值为 $\hat{k}$，给定置信度为 q 的标定误差置信区间为 $(\varepsilon_{kd}, \varepsilon_{ku})(\varepsilon_{kd} \leqslant \varepsilon_{ku})$，由于标定误差为 $\varepsilon_k = (\hat{k} - k)/k$，扭转刚度系数的置信区间为

$$k_d = \frac{\hat{k}}{1 + \varepsilon_{ku}},\ k_u = \frac{\hat{k}}{1 + \varepsilon_{kd}} \tag{5.69}$$

如果扭转刚度系数服从正态分布，扭转刚度系数标定值的修正值为

$$\hat{k} = \frac{k_d + k_u}{2} \tag{5.70}$$

标准不确定度为

$$\sigma_{\hat{k}} = \frac{k_u - k_d}{2 \times k_q} \tag{5.71}$$

式中，k_q 为给定置信度 q 的正态分布的置信因子。例如，给定置信度 $q = 95\%$ 对应的置信因子 $k_{0.95} = 1.96$。

振动频率和阻尼比修正方法、标准不确定度评估方法,与扭转刚度系数相同。

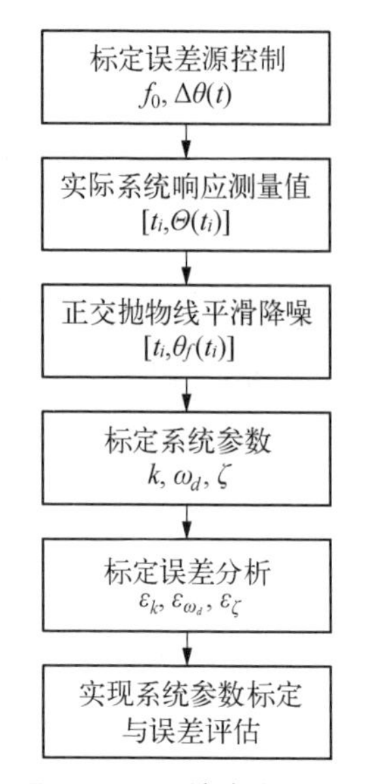

图 5.15 系统参数标定误差控制、分析与评估的流程

5.3.4 应用举例

采用扭摆测量系统搭载微推力器测量其推力,根据以往经验该微推力器的推力为 1 mN 左右,为了测量推力需要先标定扭摆测量系统的系统参数。系统参数标定误差控制、分析与评估的流程如图 5.15 所示。

1. 系统参数标定误差来源分析与误差源控制

(1) 系统参数标定误差来源是:标定系统响应误差、标定恒力误差、标定算法误差,如图 5.4 所示。

(2) 标定误差源控制

步骤 1,控制标定恒力误差。采用通电线圈与永磁体产生电磁恒力方法,再采用高精度电子天平标定电磁恒力,所获得电磁恒力误差不大于 1%。

步骤 2,控制标定系统响应误差。具体步骤如下:首先,采用隔振平台及隔振物体设计,减小环境位移激励的干扰;其次,采用防护罩或真空舱,减小环境外力激励的干扰;再次,采用扭摆转轴健壮性设计,减小推力或冲量加载的干扰;最后,采用高精度位移传感器,以及使用前检测修正系统性误差,减小传感器误差。

(3) 采取标定误差源控制措施后,为了标定系统参数,对扭摆测量系统施加 1 mN 的电磁恒力(恒力误差为≤1%),实际系统响应测量值,如图 5.16 所示。

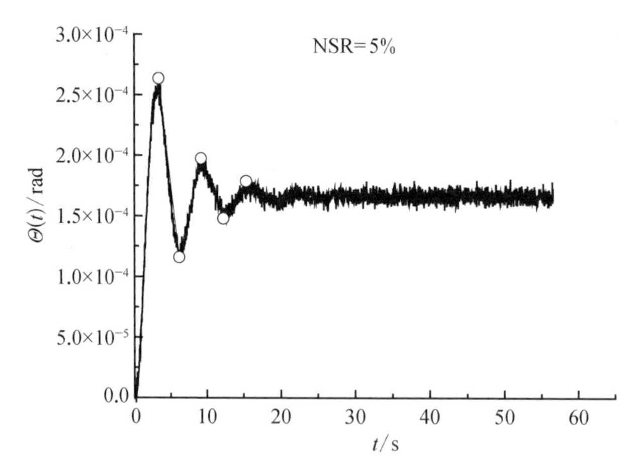

图 5.16 实际系统响应测量值

系统响应测量误差为 $\Delta\theta(t) \sim N(0, \sigma^2)$，标准差为 $\sigma = 4.39\ \mu\text{rad}$。实际系统响应测量值中有5个明显突出的极值点，极值点对应时间和扭转角，如表5.13所示，其中扭转角最大值为 $\Theta(t_{M1}) = 2.633\,807 \times 10^{-4}\ \text{rad}$，系统响应测量误差的噪信比为

$$\text{NSR} = \frac{3\sigma}{\Theta(t_{M1})} = 5\% \tag{5.72}$$

表5.13 实际系统响应测量值的极值点

极值点对应时间/s	极值点对应扭转角/rad
3.336 371	$2.633\,807\times10^{-4}$
6.163 805	$1.159\,848\times10^{-4}$
9.217 433	$1.976\,691\times10^{-4}$
$1.224\,279\times10$	$1.479\,560\times10^{-4}$
$1.529\,641\times10$	$1.788\,536\times10^{-4}$

2. 正交抛物线平滑降噪

为了进一步抑制系统响应测量误差 $\Delta\theta(t)$ 对实际系统响应的干扰，采用正交抛物线平滑降噪方法，对恒力作用下实际系统响应 $\Theta(t) = \theta(t) + \Delta\theta(t)$ 平滑降噪处理，平滑降噪后系统响应测量值 $\theta_f(t)$，如图5.17所示。

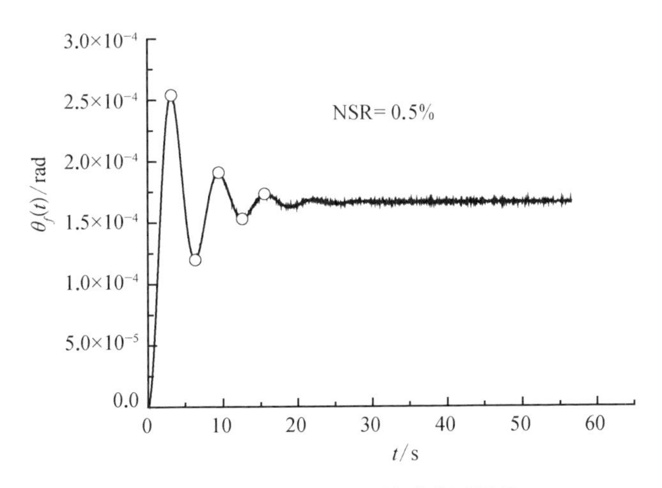

图5.17 平滑降噪后系统响应测量值

平滑降噪后系统响应测量误差为 $\Delta\theta(t) \sim N(0, \sigma^2)$，标准差为 $\sigma = 0.42\ \mu\text{rad}$。平滑降噪后极值点对应时间和扭转角，如表5.14所示，其中扭转角最大值为

$\theta_f(t_{M1}) = 2.538\,990 \times 10^{-4}$ rad，平滑降噪后系统响应测量误差的噪信比为

$$\text{NSR} = \frac{3\sigma}{\theta_f(t_{M1})} = 0.5\% \tag{5.73}$$

表 5.14 平滑降噪后系统响应测量值的极值点

极值点对应时间/s	极值点对应扭转角/rad
3. 166 725	$2.538\,990\times10^{-4}$
6. 333 451	$1.197\,724\times10^{-4}$
9. 443 628	$1.909\,035\times10^{-4}$
$1.255\,380\times10$	$1.529\,599\times10^{-4}$
$1.552\,261\times10$	$1.732\,031\times10^{-4}$

3. 系统参数标定计算

利用平滑降噪后的系统响应测量值 $[t_i, \theta_f(t_i)](i = 1, 2, \cdots, n)$，采用所提出的系统参数标定计算方法，进行系统参数的标定计算。

根据表 5.14 所示的极值点对应时间和扭转角，可得系统参数的估计值为

$$\hat{k} = 1.804\,979\ (\text{N}\cdot\text{m})/\text{rad},\ \hat{\omega}_d = 1.003\,846\ \text{rad/s},\ \hat{\zeta} = 1.970\,255 \times 10^{-1} \tag{5.74}$$

4. 系统参数标定误差的分析

采用所提出的系统参数标定恒力方法的误差分析方法，分析系统参数标定误差。根据系统参数的估计值为

$$\hat{k} = 1.804\,979\ (\text{N}\cdot\text{m})/\text{rad},\ \hat{\omega}_d = 1.003\,846\ \text{rad/s},\ \hat{\zeta} = 1.970\,255 \times 10^{-1} \tag{5.75}$$

以及系统响应测量误差的噪信比 NSR = 0. 5%，进行标定误差分析。

图 5. 18 给出了平滑降噪后扭转刚度系数标定误差的变化；图 5. 19 给出了平滑降噪后振动频率标定误差的变化；图 5. 20 给出了平滑降噪后阻尼比标定误差的变化。

在图 5. 18~图 5. 20 中，灰线为每次仿真的系统参数标定的误差值，黑线为标定误差值的由小到大排列，蒙特卡洛仿真次数为 1 000 次，黑线中第 25 个点和第 975 个点对应 95%的标定误差置信区间。当给定置信度 $q = 95\%$ 时，系统参数标定误差的置信区间分别为

$$\varepsilon_k = (-0.93\%,\ 0.94\%),\ \varepsilon_{\omega_d} = (-1.05\%,\ 0.96\%),$$
$$\varepsilon_\zeta = (-2.07\%,\ -1.05\%) \tag{5.76}$$

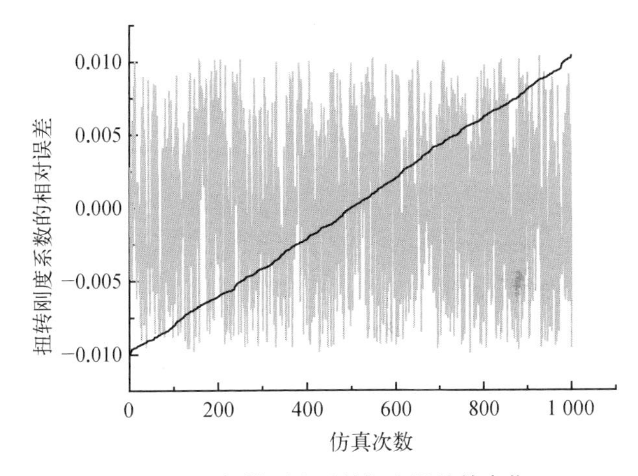

图 5.18　扭转刚度系数标定误差的变化

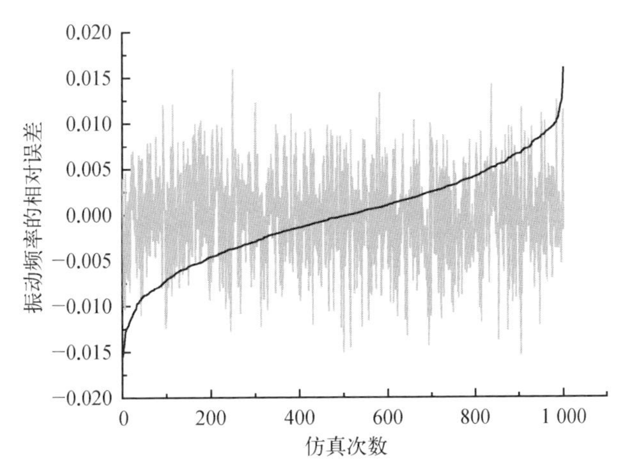

图 5.19　振动频率标定误差的变化

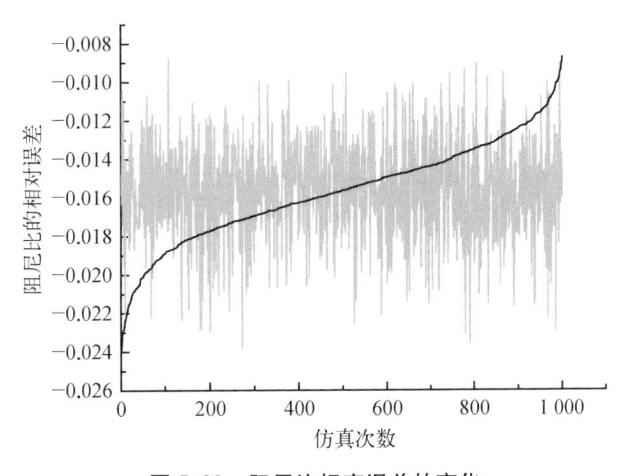

图 5.20　阻尼比标定误差的变化

5. 系统参数标定误差的评估

对于扭转刚度系数标定值 $\hat{k}$，当标定误差为 $\varepsilon_k = (\hat{k} - k)/k = p$ 时，扭转刚度系数为

$$k = \frac{\hat{k}}{1 + p} \tag{5.77}$$

振动频率和阻尼比计算方法相同。

因此，该扭摆测量系统的系统参数估计值为

$$\hat{k} = 1.804\,979\ (\mathrm{N \cdot m})/\mathrm{rad},\ \hat{\omega}_d = 1.003\,846\ \mathrm{rad/s},\ \hat{\zeta} = 1.970\,255 \times 10^{-1} \tag{5.78}$$

给定置信度 $q = 95\%$ 的系统参数置信区间分别为

$$k = (1.788\,170,\ 1.821\,923),\ \omega_d = (0.994\,301,\ 1.014\,498),\ \zeta = (0.199\,116,\ 0.201\,190) \tag{5.79}$$

如果系统参数服从正态分布，其标定值的修正值分别为

$$\hat{k} = \frac{1.788\,170 + 1.821\,923}{2} = 1.805\,047 \tag{5.80}$$

$$\hat{\omega}_d = \frac{0.994\,301 + 1.014\,498}{2} = 1.004\,400 \tag{5.81}$$

$$\hat{\zeta} = \frac{0.199\,116 + 0.201\,190}{2} = 0.200\,153 \tag{5.82}$$

标定值的标准不确定度为

$$\sigma_{\hat{k}} = \frac{1.821\,923 - 1.788\,170}{2 \times 1.96} = 0.008\,610 \tag{5.83}$$

$$\sigma_{\hat{\omega}_d} = \frac{1.014\,498 - 0.994\,301}{2 \times 1.96} = 0.005\,152 \tag{5.84}$$

$$\sigma_{\hat{\zeta}} = \frac{0.201\,190 - 0.199\,116}{2 \times 1.96} = 0.000\,529 \tag{5.85}$$

式中，给定置信度 $q = 95\%$ 对应的置信因子 $k_{0.95} = 1.96$。

另外，系统参数标定误差的评估中，为了避免复杂的蒙特卡洛仿真计算，也可采用查表方法（利用表 5.6~表 5.12 查表）。该扭摆测量系统的系统参数估计值为

$$\hat{k} = 1.804\,979\ (\mathrm{N \cdot m})/\mathrm{rad},\ \hat{\omega}_d = 1.003\,846\ \mathrm{rad/s},\ \hat{\zeta} = 1.970\,255 \times 10^{-1} \tag{5.86}$$

阻尼比估计值 $\hat{\zeta} = 1.970\,255 \times 10^{-1} \approx 0.2$，根据表 5.7（恒力误差 $p = 1\%$ 和噪信比 $\mathrm{NSR} = 0.5\%$）中 $\zeta = 0.2$ 查表得到，蒙特卡洛仿真次数为 1 000 次，当给定置信度 $q = 95\%$ 时，系统参数标定误差的置信区间分别为

$$\varepsilon_k = (-0.94\%,\ 0.95\%),\ \varepsilon_{\omega_d} = (-0.98\%,\ 0.95\%),\\ \varepsilon_\zeta = (-2.24\%,\ -1.34\%) \tag{5.87}$$

因此，给定置信度 $q = 95\%$ 的系统参数置信区间分别为

$$k = (1.787\,993,\ 1.822\,107),\ \omega_d = (0.994\,399,\ 1.013\,781),\\ \zeta = (0.199\,701\,5,\ 0.201\,540\,0) \tag{5.88}$$

如果系统参数服从正态分布，其标定值分别为

$$\hat{k} = \frac{1.787\,993 + 1.822\,107}{2} = 1.805\,050 \tag{5.89}$$

$$\hat{\omega}_d = \frac{0.994\,399 + 1.013\,781}{2} = 1.004\,090 \tag{5.90}$$

$$\hat{\zeta} = \frac{0.199\,701\,5 + 0.201\,540\,0}{2} = 0.200\,621 \tag{5.91}$$

标定值的标准不确定度为

$$\sigma_{\hat{k}} = \frac{1.822\,107 - 1.787\,993}{2 \times 1.96} = 0.008\,703 \tag{5.92}$$

$$\sigma_{\hat{\omega}_d} = \frac{1.013\,781 - 0.994\,399}{2 \times 1.96} = 0.004\,944 \tag{5.93}$$

$$\sigma_{\hat{\zeta}} = \frac{0.201\,540\,0 - 0.199\,701\,5}{2 \times 1.96} = 0.000\,469 \tag{5.94}$$

第 6 章 冲量测量及误差分析方法

冲量测量是指脉冲推力器的单脉冲冲量的测量,一方面通过单脉冲冲量测量,可进行脉冲推力器性能参数设计和优化;另一方面通过单脉冲冲量测量,可间接测量脉冲推力器的平均推力。

首先,本章通过冲量测量误差来源分析,指明了冲量测量误差包括冲量模型误差、冲量标定误差、冲量系统响应误差;其次,提出了冲量单点估计法与误差分析方法,其特点是利用某一时刻系统响应测量值,估计冲量测量值;最后,提出了冲量最小二乘估计法与误差分析方法,其特点是利用全部系统响应测量值,估计冲量测量值。

6.1 冲量测量误差来源分析

针对目前对冲量测量误差来源不清晰的现状,首先,通过脉冲力作用下系统响应分析,给出了冲量瞬间作用模型表达式;其次,为了冲量测量误差定量分析需求,提出了冲量作用下实际系统响应分析方法;最后,通过冲量测量误差来源与影响因素分析,明确了冲量测量误差包括冲量系统响应误差、冲量标定误差、冲量模型误差,并且指明了冲量测量误差影响因素的影响途径。

6.1.1 脉冲力作用下系统响应与冲量瞬间作用模型

冲量测量时所采用的基本模型是冲量瞬间作用模型,下面根据脉冲力作用下系统响应分析,给出冲量瞬间作用模型表达式。

扭摆测量系统的振动方程为

$$\ddot{\theta}(t) + 2\zeta\omega_n\dot{\theta}(t) + \omega_n^2\theta(t) = \frac{L_f}{J}f(t) \tag{6.1}$$

式中,ζ 为阻尼比;ω_n 为固有振动频率;J 为转动惯量;L_f 为力臂;$f(t)$ 为推力。

推力积分方程为

$$\theta(t)=\frac{L_f}{J\omega_d}\int_0^t f(\tau)\mathrm{e}^{-\zeta\omega_n(t-\tau)}\sin\omega_d(t-\tau)\mathrm{d}\tau \tag{6.2}$$

式中，$\omega_d=\sqrt{1-\zeta^2}\omega_n$ 为振动频率。

对扭摆测量系统施加冲量为 S 的脉冲力为 $f(\tau)=S\delta(\tau)$，由推力积分方程，可得

$$\begin{aligned}\theta(t)&=\frac{L_f}{J\omega_d}\int_0^t S\delta(\tau)\mathrm{e}^{-\zeta\omega_n(t-\tau)}\sin\omega_d(t-\tau)\mathrm{d}\tau\\&=\frac{SL_f}{J\omega_d}\mathrm{e}^{-\zeta\omega_n t}\sin\omega_d t\end{aligned} \tag{6.3}$$

这就是冲量瞬间作用下系统响应，这种冲量瞬间作用下冲量与系统响应之间关系模型，称为冲量瞬间作用模型。当冲量作用时间很短、可忽略不计条件下，冲量和系统响应之间的关系，可采用冲量瞬间作用模型表示。

6.1.2　冲量作用下实际系统响应分析

冲量瞬间作用模型是冲量作用时间忽略不计的简化模型，在冲量测量误差分析中，需要冲量作用下实际系统响应分析方法。

扭摆测量系统的振动方程为

$$\ddot{\theta}(t)+2\zeta\omega_n\dot{\theta}(t)+\omega_n^2\theta(t)=\frac{L_f}{J}f(t) \tag{6.4}$$

冲量 S 作用下（作用时间为 T_0）真实系统响应为

$$\ddot{\theta}_1(t)+2\zeta\omega_n\dot{\theta}_1(t)+\omega_n^2\theta_1(t)=\frac{L_f}{J}\cdot\frac{S}{T_0}\quad(0\leqslant t\leqslant T_0) \tag{6.5}$$

$$\begin{gathered}\theta_1(0)=0,\ \dot{\theta}_1(0)=0\\\ddot{\theta}_2(t)+2\zeta\omega_n\dot{\theta}_2(t)+\omega_n^2\theta_2(t)=0\quad(t>T_0)\end{gathered} \tag{6.6}$$

$$\begin{gathered}\theta_2(T_0)=\theta_1(T_0),\ \dot{\theta}_2(T_0)=\dot{\theta}_1(T_0)\\\theta(t)=\begin{cases}\theta_1(t)\ (0\leqslant t\leqslant T_0)\\\theta_2(t)\ (t>T_0)\end{cases}\end{gathered} \tag{6.7}$$

实际系统响应总是存在系统响应测量误差的干扰，实际系统响应为

$$\Theta(t)=\theta(t)+\Delta\theta(t) \tag{6.8}$$

式中，$\theta(t)$ 为不考虑系统响应测量误差条件下真实系统响应；系统响应测量误差为 $\Delta\theta(t) \sim N(0, \sigma^2)$，服从零均值正态分布，标准差为 σ。

因此，实际系统响应测量值 $[t_i, \Theta(t_i)](i = 1, 2, \cdots, n)$，由于系统响应测量误差 $\Delta\theta(t) \sim N(0, \sigma^2)$ 的干扰，以真实系统响应 $\theta(t)$ 为平均位置，随机地上下波动。

6.1.3 冲量测量误差来源与影响因素分析

冲量测量误差来源与影响因素分析如图 6.1 所示，具体内容如下。

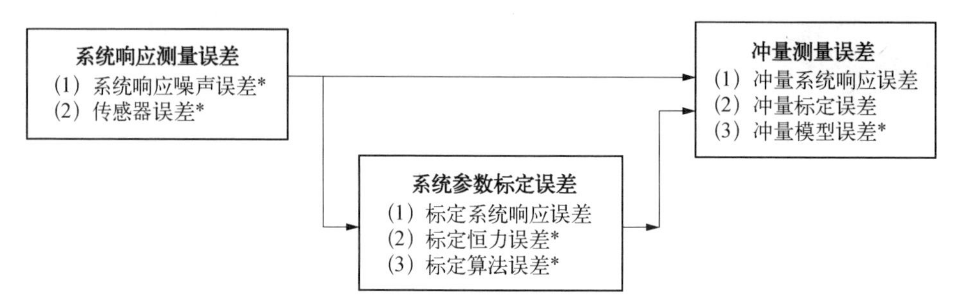

图 6.1 冲量测量误差来源与影响因素分析

(1) 冲量测量误差包括冲量系统响应误差、冲量标定误差、冲量模型误差。

(2) 冲量系统响应误差是由系统响应测量误差造成的冲量测量误差，其影响因素为系统响应噪声误差和传感器误差；冲量标定误差是由系统参数标定误差造成的冲量测量误差，其影响因素为标定系统响应误差、标定恒力误差和标定算法误差；冲量模型误差是由冲量瞬间作用模型造成的冲量测量误差。

(3) 系统响应测量误差对冲量测量误差影响最为显著，这是因为，一方面系统响应测量误差直接造成冲量系统响应误差；另一方面系统响应测量误差通过造成标定系统响应误差导致系统参数标定误差，进而造成冲量标定误差。因此，系统响应测量误差对冲量测量误差影响是二重影响，既有直接影响，又有间接影响。

(4) 冲量测量误差的影响因素包括系统响应噪声误差、传感器误差、标定恒力误差、标定算法误差、冲量模型误差(图 6.1 中“ * ”表示)，应从这些影响因素为线索，研究冲量测量误差的分析与控制问题。

6.2 冲量单点估计法与误差分析方法

冲量单点估计法是利用某一时刻系统响应测量值，估计冲量测量值。首先，通过减小冲量作用时间与测量系统周期的比值，达到减小冲量模型误差的目的；

其次，采用正交抛物线平滑降噪方法，对系统响应测量值平滑降噪处理，减小冲量系统响应误差；再次，采用蒙特卡洛数字仿真方法，选取优化时间点，减小冲量标定误差；最后，提出了冲量单点估计法的误差分析方法，解决了冲量误差评估问题。

6.2.1　冲量模型误差分析与抑制

1. 冲量模型误差分析

在冲量 S 的作用下，作用时间趋近于零时，可得冲量瞬间作用模型为

$$\theta_M(t)=\frac{SL_f}{J\omega_d}e^{-\zeta\omega_n t}\sin\omega_d t \tag{6.9}$$

冲量瞬间作用模型是测量冲量的基本计算模型。

实际系统响应为 $\Theta(t)=\theta(t)+\Delta\theta(t)$，不考虑系统响应测量误差 $\Delta\theta(t)$ 的影响，在冲量 S 作用下（作用时间为 T_0），实际系统响应为 $\Theta(t)=\theta(t)$，根据冲量瞬间作用模型，通过令 $\theta(t)=\theta_M(t)$ 计算得到的冲量为 $S+\Delta S_M$，ΔS_M 为采用冲量瞬间作用模型，所导致的冲量测量误差，称为冲量模型误差，有

$$\theta(t)=\frac{(S+\Delta S_M)L_f}{J\omega_d}e^{-\zeta\omega_n t}\sin\omega_d t \tag{6.10}$$

$$S+\Delta S_M=\frac{J\omega_d}{L_f}\cdot\frac{e^{\zeta\omega_n t}}{\sin\omega_d t}\theta(t) \tag{6.11}$$

实际施加的冲量为 S，根据冲量瞬间作用模型，冲量的估计值为 $S+\Delta S_M$，冲量模型误差（相对误差表示）为

$$\varepsilon_M(t)=\frac{\Delta S_M}{S}=\frac{J\omega_d}{L_f}\cdot\frac{e^{\zeta\omega_n t}}{\sin\omega_d t}\cdot\frac{\theta(t)}{S}-1 \tag{6.12}$$

式（6.12）就是冲量模型误差的计算公式。$\theta(t)/S$ 为单位冲量作用下真实系统响应，根据式（6.5）~式（6.7）计算得到。

2. 冲量模型误差抑制

根据式（6.5）~式（6.7）、式（6.12）计算表明，冲量模型误差影响因素：一是冲量作用时间 T_0 与测量系统周期 $T_d=2\pi/\omega_d$ 的比值 T_0/T_d；二是阻尼比 ζ；三是单点时间 t 与测量系统周期 T_d 的比值。

在常见阻尼比 $0\leqslant\zeta\leqslant0.3$ 范围内，当 $\sin\omega_d t=1$（即 $t/T_d=1/4$）时，极值点扭转角下冲量模型误差随着 T_0/T_d 比值和阻尼比 ζ 变化，如表 6.1 所示。

表 6.1 在极值点扭转角下冲量模型误差

$0 \leqslant \zeta \leqslant 0.3$	$T_0/T_d = 0.05$	$T_0/T_d = 10^{-2}$	$T_0/T_d = 10^{-3}$	$T_0/T_d = 10^{-4}$	$T_0/T_d = 10^{-5}$
模型误差 ε_M	-1.637×10^{-2} ~ 3.344×10^{-2}	-6.572×10^{-4} ~ 9.278×10^{-3}	-5.944×10^{-6} ~ 9.827×10^{-4}	3.514×10^{-7} ~ 9.916×10^{-5}	6.103×10^{-7} ~ 1.049×10^{-5}

* 此处,极值点按照 $t/T_d = 1/4$ 或 $\omega_d t = \pi/2$ 选取。

因此,冲量模型误差抑制方法如下:

(1) 减小冲量作用时间与测量系统周期的比值。

(2) 单点时间应选取极值点附近时间,进而减小冲量模型误差。

6.2.2 冲量系统响应误差分析与抑制

1. 冲量系统响应误差分析

实际系统响应为 $\Theta(t) = \theta(t) + \Delta\theta(t)$,包含系统响应测量误差 $\Delta\theta(t)$,利用实际系统响应 $\Theta(t) = \theta(t) + \Delta\theta(t)$ 计算冲量,将进一步引入冲量系统响应误差 ΔS_N 为

$$\Theta(t) = \theta(t) + \Delta\theta(t) = \frac{(S + \Delta S_M + \Delta S_N) L_f}{J\omega_d} e^{-\zeta\omega_n t} \sin\omega_d t \tag{6.13}$$

冲量模型误差为 $\varepsilon_M = \Delta S_M / S$,冲量系统响应误差 $\varepsilon_N = \Delta S_N / S$,可得

$$\begin{aligned} S + \Delta S_M + \Delta S_N &= \frac{J\omega_d}{L_f} \cdot \frac{e^{\zeta\omega_n t}}{\sin\omega_d t} \Theta(t) \\ &= \frac{J\omega_d}{L_f} \cdot \frac{e^{\zeta\omega_n t}}{\sin\omega_d t} \theta(t) + \frac{J\omega_d}{L_f} \cdot \frac{e^{\zeta\omega_n t}}{\sin\omega_d t} \Delta\theta(t) \end{aligned} \tag{6.14}$$

$$\varepsilon_M(t) + \varepsilon_N(t) = \frac{\Delta S_M}{S} + \frac{\Delta S_N}{S} = \frac{J\omega_d}{L_f} \cdot \frac{e^{\zeta\omega_n t}}{\sin\omega_d t} \cdot \frac{\theta(t)}{S} + \frac{J\omega_d}{L_f} \cdot \frac{e^{\zeta\omega_n t}}{\sin\omega_d t} \cdot \frac{\Delta\theta(t)}{S} - 1 \tag{6.15}$$

由于冲量模型误差为

$$\varepsilon_M(t) = \frac{\Delta S_M}{S} = \frac{J\omega_d}{L_f} \cdot \frac{e^{\zeta\omega_n t}}{\sin\omega_d t} \cdot \frac{\theta(t)}{S} - 1 \tag{6.16}$$

因此冲量系统响应误差为

$$\varepsilon_N(t) = \frac{\Delta S_N}{S} = \frac{J\omega_d}{L_f} \cdot \frac{e^{\zeta\omega_n t}}{\sin\omega_d t} \cdot \frac{\Delta\theta(t)}{S} \tag{6.17}$$

并且冲量系统响应误差可改写为

$$\varepsilon_N(t)=\frac{J\omega_d}{L_f}\cdot\frac{e^{\zeta\omega_n t}}{\sin\omega_d t}\cdot\frac{\theta(t)}{S}\cdot\frac{\Delta\theta(t)}{\theta(t)}=(1+\varepsilon_M)\frac{\Delta\theta(t)}{\theta(t)} \tag{6.18}$$

由于冲量模型误差 ε_M 和 $\Delta\theta(t)/\theta(t)$ 都较小,它们的乘积项是高阶小量,冲量系统响应误差近似为

$$\varepsilon_N(t)\approx\frac{\Delta\theta(t)}{\theta(t)} \tag{6.19}$$

式(6.19)就是冲量系统响应误差的计算公式。

又由于系统响应测量误差为 $\Delta\theta(t)\sim N(0,\sigma^2)$, $\varepsilon_N(t)$ 的均值和方差为

$$E[\varepsilon_N(t)]=E\left[\frac{\Delta\theta(t)}{\theta(t)}\right]=\frac{E[\Delta\theta(t)]}{\theta(t)}=0 \tag{6.20}$$

$$D[\varepsilon_N(t)]=D\left[\frac{\Delta\theta(t)}{\theta(t)}\right]=\frac{D[\Delta\theta(t)]}{\theta^2(t)}=\frac{\sigma^2}{\theta^2(t)} \tag{6.21}$$

式中,$E(\cdot)$表示取均值运算;$D(\cdot)$表示取方差运算;表明冲量系统响应误差服从零均值的正态分布 $N\{0,[\sigma/\theta(t)]^2\}$;方差为$[\sigma/\theta(t)]^2$。

设实际系统响应测量值为 $[t_i,\Theta(t_i)]$ $(i=1,2,\cdots,n)$, $\Theta(t_{\max,1})$为实际系统响应的第一个极值点扭转角(也是冲量作用下的最大扭转角),$t_{\max,1}$ 为第一个极值点对应时间,系统响应的噪信比为

$$\mathrm{NSR}=\frac{3\sigma}{\theta(t_{\max,1})}\approx\frac{3\sigma}{\Theta(t_{\max,1})} \tag{6.22}$$

冲量系统响应误差的标准差为

$$\sigma[\varepsilon_N(t)]=\sqrt{D[\varepsilon_N(t)]}=\frac{\sigma}{|\theta(t)|}=\frac{1}{3}\cdot\frac{3\sigma}{\theta(t_{\max,1})}\cdot\frac{\theta(t_{\max,1})}{|\theta(t)|}=\frac{1}{3}\mathrm{NSR}\frac{\theta(t_{\max,1})}{|\theta(t)|} \tag{6.23}$$

2. 冲量系统响应误差抑制

采用第5章所述的正交抛物线平滑降噪方法(见5.1.2小节),对实际系统响应曲线平滑降噪处理,一般可使系统响应的噪信比降低一个数量级。例如,系统响应的噪信比为 NSR ≤ 5% 时,采用正交抛物线平滑降噪方法,可将噪信比降低到 NSR ≤ 0.5%。

因此,冲量系统响应误差抑制方法如下:

(1) 采用正交抛物线平滑降噪方法,对冲量作用下系统响应测量值进行平滑降噪处理,以减小系统响应的噪信比。

（2）计算冲量估计值的单点时间应接近第一个极值点对应时间（$t \to t_{\max,1}$）。

6.2.3 冲量标定误差分析与抑制

1. 冲量标定误差分析

扭摆测量系统的系统参数是未知的，系统参数是标定出来的，总是包含标定误差。设振动频率 ω_d、阻尼比 ζ 和转动惯量 J 的标定值，分别为 $\hat{\omega}_d$、$\hat{\zeta}$ 和 $\hat{J}$，并且力臂 L_f 的测量值为 $\hat{L}_f$，由于系统参数的标定误差，将引入冲量标定误差，实际系统响应为

$$\Theta(t)=\theta(t)+\Delta\theta(t)=\frac{(S+\Delta S_M+\Delta S_N+\Delta S_C)\hat{L}_f}{\hat{J}\hat{\omega}_d}\mathrm{e}^{-\hat{\zeta}\hat{\omega}_n t}\sin\hat{\omega}_d t \tag{6.24}$$

冲量模型误差为 $\varepsilon_M(t)=\Delta S_M/S$，冲量系统响应误差为 $\varepsilon_N(t)=\Delta S_N/S$，冲量标定误差为 $\varepsilon_C(t)=\Delta S_C/S$，可得

$$\varepsilon_M(t)+\varepsilon_N(t)+\varepsilon_C(t)=\frac{\Delta S_M}{S}+\frac{\Delta S_N}{S}+\frac{\Delta S_C}{S}=\frac{\hat{J}\hat{\omega}_d}{\hat{L}_f}\cdot\frac{\mathrm{e}^{\hat{\zeta}\hat{\omega}_n t}}{\sin\hat{\omega}_d t}\cdot\frac{\theta(t)+\Delta\theta(t)}{S}-1 \tag{6.25}$$

因此，冲量测量误差（总误差）为

$$\begin{aligned}\varepsilon_I(t)&=\varepsilon_M(t)+\varepsilon_N(t)+\varepsilon_C(t)=\frac{\hat{J}\hat{\omega}_d}{\hat{L}_f}\cdot\frac{\mathrm{e}^{\hat{\zeta}\hat{\omega}_n t}}{\sin\hat{\omega}_d t}\cdot\frac{\theta(t)+\Delta\theta(t)}{S}-1\\&=\frac{\hat{J}\hat{\omega}_d}{\hat{L}_f}\cdot\frac{\mathrm{e}^{\hat{\zeta}\hat{\omega}_n t}}{\sin\hat{\omega}_d t}\cdot\frac{\theta(t)}{S}+\frac{\hat{J}\hat{\omega}_d}{\hat{L}_f}\cdot\frac{\mathrm{e}^{\hat{\zeta}\hat{\omega}_n t}}{\sin\hat{\omega}_d t}\cdot\frac{\Delta\theta(t)}{S}-1\end{aligned} \tag{6.26}$$

由于有

$$\varepsilon_M(t)=\frac{J\omega_d}{L_f}\cdot\frac{\mathrm{e}^{\zeta\omega_n t}}{\sin\omega_d t}\cdot\frac{\theta(t)}{S}-1 \tag{6.27}$$

$$\varepsilon_N(t)=\frac{J\omega_d}{L_f}\cdot\frac{\mathrm{e}^{\zeta\omega_n t}}{\sin\omega_d t}\cdot\frac{\Delta\theta(t)}{S} \tag{6.28}$$

将冲量模型误差 ε_M 和冲量系统响应误差 ε_N 的表达式代入式(6.25)，可得冲量标定误差表达式为

$$\begin{aligned}\varepsilon_C(t)=&\left(\frac{\hat{J}\hat{\omega}_d}{\hat{L}_f}\cdot\frac{\mathrm{e}^{\hat{\zeta}\hat{\omega}_n t}}{\sin\hat{\omega}_d t}-\frac{J\omega_d}{L_f}\cdot\frac{\mathrm{e}^{\zeta\omega_n t}}{\sin\omega_d t}\right)\cdot\frac{\theta(t)}{S}\\&+\left(\frac{\hat{J}\hat{\omega}_d}{\hat{L}_f}\cdot\frac{\mathrm{e}^{\hat{\zeta}\hat{\omega}_n t}}{\sin\hat{\omega}_d t}-\frac{J\omega_d}{L_f}\cdot\frac{\mathrm{e}^{\zeta\omega_n t}}{\sin\omega_d t}\right)\cdot\frac{\Delta\theta(t)}{S}\end{aligned} \tag{6.29}$$

令

$$K_C(t)=\frac{\dfrac{\hat{J}\hat{\omega}_d}{\hat{L}_f}\cdot\dfrac{e^{\hat{\zeta}\hat{\omega}_n t}}{\sin\hat{\omega}_d t}}{\dfrac{J\omega_d}{L_f}\cdot\dfrac{e^{\zeta\omega_n t}}{\sin\omega_d t}}-1 \tag{6.30}$$

将冲量标定误差改写为

$$\begin{aligned}\varepsilon_C(t)=&K_C(t)\frac{J\omega_d}{L_f}\cdot\frac{e^{\zeta\omega_n t}}{\sin\omega_d t}\cdot\frac{\theta(t)}{S}\\&+K_C(t)\frac{J\omega_d}{L_f}\cdot\frac{e^{\zeta\omega_n t}}{\sin\omega_d t}\cdot\frac{\Delta\theta(t)}{S}\end{aligned} \tag{6.31}$$

冲量标定误差为

$$\begin{aligned}\varepsilon_C(t)&=K_C(t)[1+\varepsilon_M(t)]+K_C(t)\varepsilon_N(t)\\&=K_C(t)[1+\varepsilon_M(t)+\varepsilon_N(t)]\end{aligned} \tag{6.32}$$

由于 $K_C(t)$、$\varepsilon_M(t)$ 和 $\varepsilon_N(t)$ 都较小，它们的乘积项为高阶小量，冲量标定误差的近似表达式为

$$\varepsilon_C(t)\approx K_C(t)=\frac{\dfrac{\hat{J}\hat{\omega}_d}{\hat{L}_f}\cdot\dfrac{e^{\hat{\zeta}\hat{\omega}_n t}}{\sin\hat{\omega}_d t}}{\dfrac{J\omega_d}{L_f}\cdot\dfrac{e^{\zeta\omega_n t}}{\sin\omega_d t}}-1 \tag{6.33}$$

式(6.33)即为冲量标定误差计算公式。

在星载推力器推力性能评估中，一般扭摆测量系统的力臂 $L_f\geqslant 10\ \text{cm}$，如果卡尺分辨力为 0.02 mm，力臂测量值 $\hat{L}_f$ 绝对误差小于 0.01 mm，故力臂测量相对误差小于 0.01%，可忽略不计（同理，当测量臂 $L_s\geqslant 10\ \text{cm}$ 时，其测量误差也可忽略不计）。

2. 冲量标定误差抑制

采用系统参数标定的恒力方法，标定系统参数$(k,\ \zeta,\ \omega_d)$，其标定值为$(\hat{k},\ \hat{\zeta},\ \hat{\omega}_d)$，可计算得到

$$\hat{\omega}_n=\frac{\hat{\omega}_d}{\sqrt{1-\hat{\zeta}^2}},\quad \hat{J}=\frac{\hat{k}}{\hat{\omega}_n^2} \tag{6.34}$$

一般系统参数(k, ζ, ω_d)的标定值以置信区间表示为($\hat{k}-\Delta k_d$, $\hat{k}+\Delta k_u$)、($\hat{\zeta}-\Delta\zeta_d$, $\hat{\zeta}+\Delta\zeta_u$)和($\hat{\omega}_d-\Delta\omega_{dd}$, $\hat{\omega}_d+\Delta\omega_{du}$)。

为了得到冲量标定误差的保守估计值,设系统参数在其置信区间内均匀分布,系统参数的抽样值为

$$k_i = \hat{k} - \Delta k_d + (\Delta k_d + \Delta k_u) r_i \tag{6.35}$$

$$\zeta_i = \hat{\zeta} - \Delta\zeta_d + (\Delta\zeta_d + \Delta\zeta_u) r_i \tag{6.36}$$

$$\omega_{di} = \hat{\omega}_d - \Delta\omega_{dd} + (\Delta\omega_{dd} + \Delta\omega_{du}) r_i \tag{6.37}$$

式中,r_i 为(0, 1)区间均匀分布随机数,上述三个式子随机数种子取不同值,使得它们之间相互独立。

如果置信区间是对称区间,以百分数 p 表示,扭转刚度系数的置信区间为($\hat{k}-p\hat{k}$, $\hat{k}+p\hat{k}$),扭转刚度系数的抽样值为

$$k_i = (1-p)\hat{k} + 2p\hat{k} r_i \tag{6.38}$$

同理,阻尼比和振动频率抽样方法也类似。

为冲量标定误差影响因素分析与抑制,提出了冲量标定误差分析的蒙特卡洛方法,具体步骤如下。

步骤1,已知系统参数(k, ζ, ω_d)的标定值($\hat{k}$, $\hat{\zeta}$, $\hat{\omega}_d$)和置信区间为($\hat{k}-\Delta k_d$, $\hat{k}+\Delta k_u$)、($\hat{\zeta}-\Delta\zeta_d$, $\hat{\zeta}+\Delta\zeta_u$)和($\hat{\omega}_d-\Delta\omega_{dd}$, $\hat{\omega}_d+\Delta\omega_{du}$),采用蒙特卡洛随机抽样方法,获得系统参数的抽样值为

$$k_i = \hat{k} - \Delta k_d + (\Delta k_d + \Delta k_u) r_i \tag{6.39}$$

$$\zeta_i = \hat{\zeta} - \Delta\zeta_d + (\Delta\zeta_d + \Delta\zeta_u) r_i \tag{6.40}$$

$$\omega_{di} = \hat{\omega}_d - \Delta\omega_{dd} + (\Delta\omega_{dd} + \Delta\omega_{du}) r_i \tag{6.41}$$

式中,r_i 为(0, 1)区间均匀分布随机数,式(6.39)~式(6.41)随机数种子取不同值,使得它们之间相互独立。

步骤2,计算得到

$$\omega_{ni} = \frac{\omega_{di}}{\sqrt{1-\zeta_i^2}}, \ J_i = \frac{k_i}{\omega_{ni}^2} \tag{6.42}$$

步骤3,计算冲量标定误差为

$$\varepsilon_{Ci} = \frac{\dfrac{\hat{J}\hat{\omega}_d}{\hat{L}_f} \cdot \dfrac{e^{\hat{\zeta}\hat{\omega}_n t}}{\sin\hat{\omega}_d t}}{\dfrac{J_i\omega_{di}}{L_{fi}} \cdot \dfrac{e^{\zeta_i\omega_{ni} t}}{\sin\omega_{di} t}} - 1 \quad (i = 1, 2, \cdots, m) \tag{6.43}$$

式中，m 为蒙特卡洛仿真次数。

步骤4，将冲量标定误差的抽样值，由小到大排序为

$$\varepsilon'_{C1} \leqslant \varepsilon'_{C2} \leqslant \cdots \leqslant \varepsilon'_{Cm} \tag{6.44}$$

给定置信度为 q 的双侧置信区间为

$$(\varepsilon'_{N_1}, \varepsilon'_{N_2}), N_1 = \frac{1-q}{2}m, N_2 = \frac{1+q}{2}m \tag{6.45}$$

例如，当 $q = 95\%$ 时，有

$$N_1 = 0.025m, N_2 = 0.975m \tag{6.46}$$

冲量标定误差最小值和最小值点 k_t 的变化如表6.2所示。随着系统参数标定误差增大，冲量标定误差明显增大；随着阻尼比增大，冲量标定误差稍有增大。表6.2中，系统参数标定误差采用对称置信区间表示，上下偏差百分数为±p[例如，扭转刚度系数置信区间为$(\hat{k}-p\hat{k}, \hat{k}+p\hat{k})$]，置信度为 $q = 95\%$。

表6.2　冲量标定误差最小值和最小值点 k_t 的变化

阻尼比	$p = 0.5\%$	$p = 1\%$	$p = 1.5\%$	$p = 2\%$	$p = 3\%$
$\zeta = 0$	$k_t = 0.32$ -4.727×10^{-3} $\sim 4.770\times10^{-3}$	$k_t = 0.32$ -9.448×10^{-3} $\sim 9.572\times10^{-3}$	$k_t = 0.32$ -1.417×10^{-2} $\sim 1.431\times10^{-2}$	$k_t = 0.32$ -1.893×10^{-2} $\sim 1.913\times10^{-2}$	$k_t = 0.32$ -2.842×10^{-2} $\sim 2.883\times10^{-2}$
$\zeta = 0.1$	$k_t = 0.312$ -4.996×10^{-3} $\sim 4.781\times10^{-3}$	$k_t = 0.312$ -1.006×10^{-2} $\sim 9.511\times10^{-3}$	$k_t = 0.312$ -1.511×10^{-2} $\sim 1.427\times10^{-2}$	$k_t = 0.312$ -2.009×10^{-2} $\sim 1.897\times10^{-2}$	$k_t = 0.312$ -3.030×10^{-2} $\sim 2.847\times10^{-2}$
$\zeta = 0.2$	$k_t = 0.296$ -5.238×10^{-3} $\sim 5.639\times10^{-3}$	$k_t = 0.296$ -1.045×10^{-2} $\sim 1.133\times10^{-2}$	$k_t = 0.296$ -1.561×10^{-2} $\sim 1.706\times10^{-2}$	$k_t = 0.296$ -2.077×10^{-2} $\sim 2.284\times10^{-2}$	$k_t = 0.296$ -3.117×10^{-2} $\sim 3.426\times10^{-2}$
$\zeta = 0.3$	$k_t = 0.272$ -5.475×10^{-3} $\sim 5.683\times10^{-3}$	$k_t = 0.272$ -1.091×10^{-2} $\sim 1.137\times10^{-2}$	$k_t = 0.272$ -1.629×10^{-2} $\sim 1.712\times10^{-2}$	$k_t = 0.272$ -2.163×10^{-2} $\sim 2.274\times10^{-2}$	$k_t = 0.272$ -3.253×10^{-2} $\sim 3.435\times10^{-2}$

* $k_t = t/T_d$，每个时间点蒙特卡洛仿真次数 m=1 000。

冲量标定误差最小值出现在第一个极值点附近，当阻尼比为 $\zeta = 0/0.1/0.2/0.3$ 时，冲量标定误差最小值点为 $k_t = t_0/T_d = 0.32/0.312/0.296/0.272$，$t_0$ 为优化时间点，在该点冲量标定误差取最小值。

因此，冲量标定误差抑制方法如下：

(1) 采用系统参数标定的高精度方法，减小系统参数标定误差，进而减小冲量标定误差；

（2）按照冲量标定误差最小化，当阻尼比为 $\zeta = 0/0.1/0.2/0.3$ 时，选取优化时间点 $t_0/T_d = 0.32/0.312/0.296/0.272$。

6.2.4 冲量单点估计法与误差分析

1. 冲量单点估计法

已知系统参数 $(k,\ \zeta,\ \omega_d)$ 的标定值 $(\hat{k},\ \hat{\zeta},\ \hat{\omega}_d)$，进而计算 $(\hat{J},\ \hat{\omega}_n)$。根据冲量瞬间作用模型，冲量单点估计法的冲量估计值为

$$\hat{S} = \frac{\hat{J}\hat{\omega}_d}{\hat{L}_f} \cdot \frac{e^{\hat{\zeta}\hat{\omega}_n t_0}}{\sin\hat{\omega}_d t_0}\theta_f(t_0) \tag{6.47}$$

式中，t_0 为优化时间点，在该点冲量标定误差取最小值；$\theta_f(t)$ 为采用正交抛物线平滑降噪后系统响应。

2. 冲量单点估计法的误差分析

通过综合运用正交抛物线平滑降噪方法、冲量模型误差分析与抑制方法、冲量系统响应误差分析与抑制方法、冲量标定误差分析与抑制方法，提出冲量单点估计法的误差分析方法，具体步骤如下。

步骤 1：采用正交抛物线平滑降噪方法，对实际系统响应测量值 $(t_i,\ \Theta_i)(i = 1,\ 2,\ \cdots,\ n)$ 进行平滑降噪处理，以减小冲量系统响应误差。

步骤 2：采用冲量标定误差分析的蒙特卡洛方法，在系统响应第一个极值点附近，以冲量标定误差最小化，根据阻尼比和系统参数标定误差，选取优化时间点 $t_0 = k_t T_d$，计算冲量标定误差为

$$\varepsilon_C(t_0) \approx \frac{\dfrac{\hat{J}\hat{\omega}_d}{\hat{L}_f} \cdot \dfrac{e^{\hat{\zeta}\hat{\omega}_n t_0}}{\sin\hat{\omega}_d t_0}}{\dfrac{J\omega_d}{L_f} \cdot \dfrac{e^{\zeta\omega_n t_0}}{\sin\omega_d t_0}} - 1 \tag{6.48}$$

步骤 3：采用冲量模型误差分析方法，计算冲量模型误差为

$$\varepsilon_M(t_0) = \frac{\hat{J}\hat{\omega}_d}{\hat{L}_f} \cdot \frac{e^{\hat{\zeta}\hat{\omega}_n t_0}}{\sin\hat{\omega}_d t_0} \cdot \frac{\theta(t_0)}{S} - 1 \tag{6.49}$$

式中，$\theta(t_0)/S$ 为单位冲量的系统响应，计算采用冲量作用下实际系统响应分析方法。

步骤 4：采用冲量系统响应误差分析方法，计算冲量系统响应误差为

$$\varepsilon_N(t_0) \approx \frac{\Delta\theta(t_0)}{\theta_f(t_0)} \tag{6.50}$$

系统响应测量误差服从零均值的正态分布 $\Delta\theta(t) \sim N(0, \sigma^2)$，冲量系统响应误差服从零均值的正态分布 $\varepsilon_N(t_0) \sim N\{0, [\sigma/\theta_f(t_0)]^2\}$，给定概率 95% 的置信区间为

$$\{-1.96(\mathrm{NSR}/3)[\theta_f(t_{\max,1})/\theta_f(t_0)], 1.96(\mathrm{NSR}/3)[\theta_f(t_{\max,1})/\theta_f(t_0)]\} \tag{6.51}$$

式中，采用正交抛物线平滑降噪方法对实际系统响应测量值平滑降噪处理后，噪信比为 $\mathrm{NSR} = 0.1 \times \mathrm{NSR}$，$t_{\max,1}$ 为第一个极值点对应时间，在平滑降噪后系统响应曲线上测得。

步骤 5：冲量测量误差（总误差）为

$$\varepsilon_I = \varepsilon_M + \varepsilon_N + \varepsilon_C \tag{6.52}$$

6.2.5 应用举例

图 6.2 给出了冲量单点估计法与误差分析方法的实施流程。

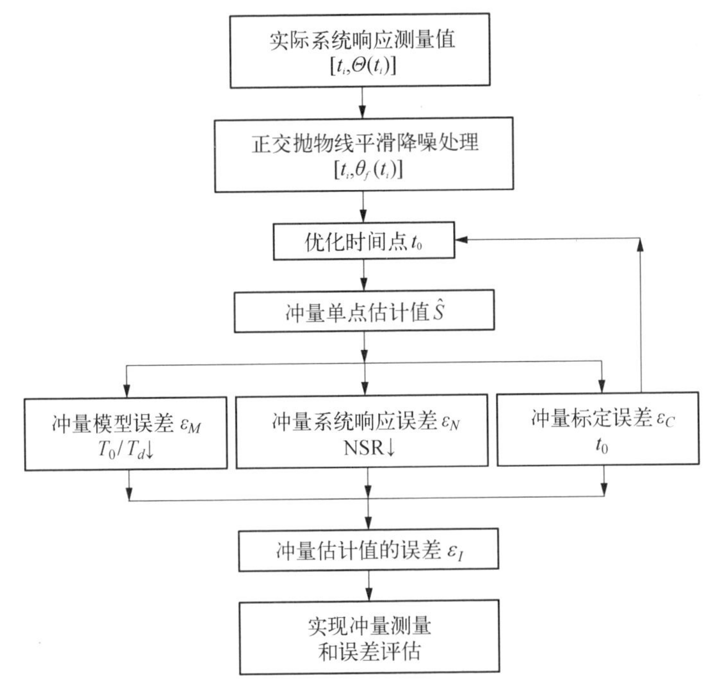

图 6.2 冲量单点估计法与误差分析方法的实施流程

实例：采用扭摆测量系统搭载脉冲激光微推力器，测量其单脉冲冲量。已知：① 采用系统参数标定的恒力方法，得到系统参数的标定值，扭转刚度系数为 $\hat{k} = 2.5 \times 10^{-2}(\mathrm{N \cdot m})/\mathrm{rad}$，阻尼比为 $\hat{\zeta} = 0.2$，振动频率为 $\hat{\omega}_d = 1\ \mathrm{rad/s}$，每个系统参

数的标定误差为 $p \leqslant \pm 2\%$（给定概率 95%），力臂为 $L_f = 0.3$ m；② 图 6.3 给出了脉冲激光微推力器的单脉冲冲量作用下实际系统响应随着时间的变化，系统响应测量误差为 $\Delta\theta \sim N(0, \sigma^2)$，其标准差为 $\sigma = 1.54$ μrad，第一个极值点对应扭转角为 $9.648\,205 \times 10^{-5}$ rad，系统响应的噪信比为 NSR = 3 × 1.54/96.482 05 = 0.047 885 ≈ 5%；③ 根据脉冲激光微推力器的喷射羽流光学显示测量，冲量作用时间 $T_0 \leqslant 2.5$ ms。

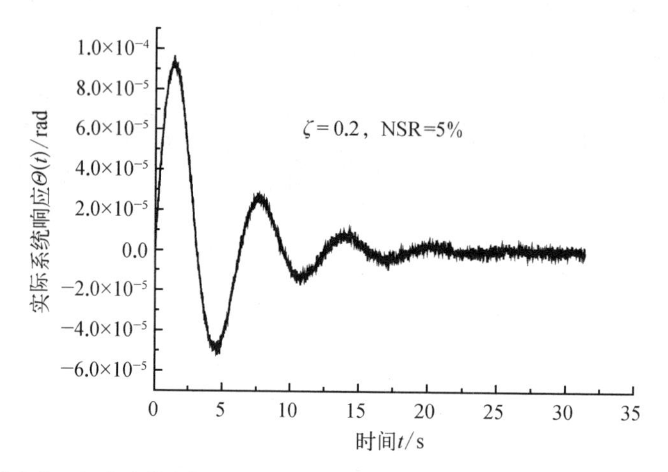

图 6.3 在脉冲激光推力器的冲量作用下实际系统响应随着时间变化

1. 正交抛物线平滑降噪处理

实际系统响应测量值 $[t_i, \Theta(t_i)]$ $(i = 1, 2, \cdots, n)$，包含系统响应测量误差为 $\Delta\theta \sim N(0, \sigma^2)$，采用正交抛物线平滑降噪方法，对其平滑降噪，如图 6.4 所示，为平滑降噪后系统响应 $[t_i, \theta_f(t_i)]$ $(i = 1, 2, \cdots, n)$，系统响应的噪信比由

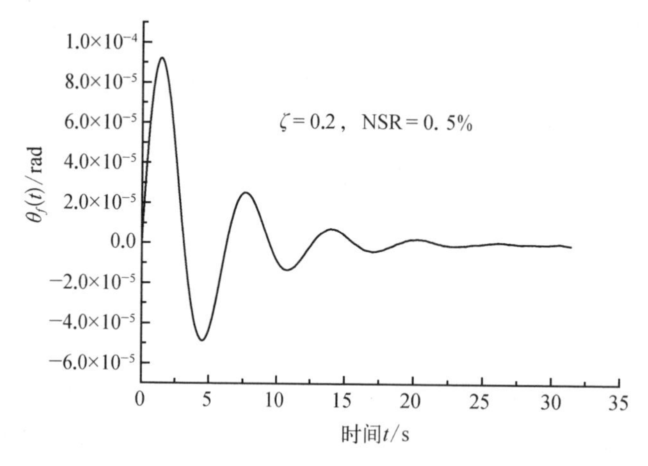

图 6.4 采用正交抛物线平滑降噪方法对实际系统响应平滑降噪处理

NSR ≈ 5% 降低为 NSR = 0.5%，并且第一个极值点扭转角由 $9.648\,205\times10^{-5}$ rad 变为 $\theta_f(t_{\max,1}) = 9.214\,369\times10^{-5}$ rad。

2. 选取优化时间点

根据冲量标定误差最小化，选取优化时间点 t_0。阻尼比为 $\hat{\zeta}=0.2$，每个系统参数的标定误差为 $p\leqslant\pm2\%$，由表6.2可知

$$t_0 = 0.296T_d = 0.296\times2\pi = 1.859\,823\ \text{s} \tag{6.53}$$

所选取的优化时间点 $t_0 = 1.859\,823$ s，在平滑降噪后系统响应采样点 $(1.853\,540,\ 8.205\,887\times10^{-5})$ 和 $(1.869\,248,\ 8.142\,429\times10^{-5})$ 之间线性插值可得，$t_0 = 1.859\,823$ s 时扭转角为

$$\begin{aligned}\theta_f(t_0) &= \frac{8.142\,429\times10^{-5} - 8.205\,887\times10^{-5}}{1.869\,248 - 1.853\,540}(1.859\,823 - 1.853\,540)\\ &\quad + 8.205\,887\times10^{-5}\\ &= 8.180\,505\times10^{-5}\end{aligned} \tag{6.54}$$

3. 冲量单点估计值

根据冲量单点估计法，冲量估计值为

$$\hat{S} = \frac{\hat{J}\hat{\omega}_d}{\hat{L}_f}\cdot\frac{e^{\hat{\zeta}\hat{\omega}_n t_0}}{\sin\hat{\omega}_d t_0}\theta_f(t_0) \tag{6.55}$$

将 $t_0 = 1.859\,823$ s 和 $\theta(t_0) = 8.180\,505\times10^{-5}$ rad 代入可得，冲量估计值为

$$\hat{S} = 9.980\,250\times10^{-6}\ \text{N}\cdot\text{s} \tag{6.56}$$

4. 冲量模型误差分析

根据脉冲激光微推力器的喷射羽流光学显示测量，冲量作用时间 $T_0\leqslant$ 2.5 ms，冲量作用时间与系统周期比值为

$$\frac{T_0}{T_d}\leqslant\frac{2.5\times10^{-3}}{2\pi}\leqslant0.397\,887\times10^{-3} \tag{6.57}$$

采用冲量模型误差分析方法，在 $t_0 = 1.859\,823$ s 时，冲量模型误差为

$$\varepsilon_M < 6.392\,573\times10^{-4} = 0.063\,926\% \tag{6.58}$$

5. 冲量系统响应误差分析

根据冲量系统响应误差分析方法，有

$$
\begin{aligned}
&1.96(\mathrm{NSR}/3)[\theta_f(t_{\max,1})/\theta_f(t_0)] \\
&\leqslant 1.96 \times (0.005/3) \times \frac{9.214\,369 \times 10^{-5}}{8.180\,505 \times 10^{-5}} = 0.367\,951\%
\end{aligned}
\tag{6.59}
$$

给定概率 95%，冲量系统响应误差的置信区间为

$$
\varepsilon_N = (-0.367\,951\%,\ 0.367\,951\%) \tag{6.60}
$$

或

$$
|\varepsilon_N| \leqslant 0.367\,951\% \tag{6.61}
$$

6. 冲量标定误差分析

根据冲量标定误差分析方法(或查表 6.2)，在阻尼比为 $\hat{\zeta} = 0.2$ 和系统参数的标定误差 $p \leqslant \pm 2\%$ 条件下，冲量标定误差的置信区间为

$$
\varepsilon_C = (-2.077 \times 10^{-2},\ 2.284 \times 10^{-2}) \tag{6.62}
$$

可近似为

$$
|\varepsilon_C| \leqslant 2.284\% \tag{6.63}
$$

此时 $t_0 = 1.859\,823$ s。

7. 冲量测量误差分析

冲量测量误差为

$$
\begin{aligned}
|\varepsilon_I| &= |\varepsilon_M + \varepsilon_N + \varepsilon_S| \leqslant |\varepsilon_M| + |\varepsilon_N| + |\varepsilon_S| \\
&= 0.063\,926\% + 0.367\,951\% + 2.284\% \approx 2.716\%
\end{aligned}
\tag{6.64}
$$

通过上述分析可知，根据冲量单点估计法与误差分析方法，冲量估计值为

$$
\hat{S} = 9.980\,250 \times 10^{-6}\ \mathrm{N \cdot s} \tag{6.65}
$$

冲量测量误差为

$$
|\varepsilon_I| < 2.716\% \tag{6.66}
$$

6.3 冲量最小二乘估计法与误差分析方法

冲量最小二乘估计法是利用全部系统响应测量值，估计冲量测量值。首先，通过现有的冲量最小二乘法分析，说明现有的冲量最小二乘法缺乏误差分析方法，并指明了冲量最小二乘法的冲量测量误差来源为冲量模型误差、冲量标定误差、冲量系统响应误差；其次，通过减小冲量作用时间与系统周期的比值，达到减小冲量模

型误差的目的;再次,采用高精度系统参数标定方法,减小冲量标定误差;之后,通过增大单位周期内采样点数目,减小冲量系统响应误差;最后,提出了冲量最小二乘估计法与误差分析方法,解决了冲量测量和误差评估问题。

6.3.1　现有的冲量最小二乘估计法

根据冲量瞬间作用模型,系统响应为

$$\theta_M(t)=\hat{S}\vartheta_M(t),\ \vartheta_M(t)=\frac{L_f}{J\omega_d}\mathrm{e}^{-\zeta\omega_n t}\sin\omega_d t \tag{6.67}$$

式中,$\vartheta_M(t)$为采用冲量瞬间作用模型时单位冲量的系统响应。

进一步,考虑到系统参数$(J,\ \omega_d,\ \zeta)$的标定值为$(\hat{J},\ \hat{\omega}_d,\ \hat{\zeta})$存在标定误差、力臂$L_f$的测量值为$\hat{L}_f$,冲量瞬间作用模型的系统响应为

$$\hat{\theta}_M(t)=\hat{S}\hat{\vartheta}_M(t),\ \hat{\vartheta}_M(t)=\frac{\hat{L}_f}{\hat{J}\hat{\omega}_d}\mathrm{e}^{-\hat{\zeta}\hat{\omega}_n t}\sin\hat{\omega}_d t \tag{6.68}$$

式中,$\hat{\vartheta}_M(t)$为采用冲量瞬间作用模型和考虑系统参数标定误差后单位冲量的系统响应。

已知实际系统响应测量值为$[t_i,\ \Theta(t_i)](i=1,\ 2,\ \cdots,\ n)$,根据最小二乘法,令残差的平方和为最小,可得

$$J=\sum_{i=1}^{n}\delta^2(t_i)=\sum_{i=1}^{n}[\Theta(t_i)-\hat{S}\hat{\vartheta}_M(t_i)]^2\rightarrow\min \tag{6.69}$$

可得冲量S的估计值为

$$\hat{S}=\frac{\sum_{i=1}^{n}\Theta(t_i)\hat{\vartheta}_M(t_i)}{\sum_{i=1}^{n}\hat{\vartheta}_M^2(t_i)} \tag{6.70}$$

式(6.70)为现有的冲量最小二乘法的冲量估计值计算公式,但是没有对应的误差分析公式,原因是不了解冲量测量误差引入机制。

实际系统响应为$\Theta(t)=\theta(t)+\Delta\theta(t)$,$\Delta\theta(t)$为系统响应测量误差,根据现有的最小二乘法,所构造的残差为

$$\delta(t)=\Theta(t)-\hat{\theta}_M(t)=\theta(t)+\Delta\theta(t)-\hat{\theta}_M(t)=\theta(t)+\Delta\theta(t)-\hat{S}\hat{\vartheta}_M(t) \tag{6.71}$$

首先,冲量瞬间作用模型为$\theta_M(t)=\hat{S}\vartheta_M(t)$,由于冲量作用时间忽略不计,会偏离

真实系统响应 $\theta(t)$，造成的冲量测量的模型误差，称为冲量模型误差，用符号 ε_M 表示；其次，$\hat{\theta}_M(t)=\hat{S}\hat{\vartheta}_M(t)$ 由于系统参数标定误差，会偏离 $\theta_M(t)=\hat{S}\vartheta_M(t)$，导致更加偏离真实系统响应 $\theta(t)$，造成的冲量测量的系统参数标定误差，称为冲量标定误差，用符号 ε_C 表示；最后，由于系统响应测量误差 $\Delta\theta(t)$，造成的冲量测量误差，称为冲量系统响应误差，用符号 ε_N 表示。

因此，对于冲量最小二乘估计法，其冲量测量误差的来源如下：

（1）由于采用冲量瞬间作用模型，造成的冲量模型误差；

（2）由于系统参数标定存在误差，造成的冲量标定误差；

（3）由于系统响应测量误差，造成的冲量系统响应误差。

6.3.2 冲量模型误差分析与抑制

冲量 S 作用下（作用时间为 T_0），在给定系统参数（$J,\ \omega_n,\ \zeta$）条件下，真实系统响应为 $\theta(t)$，冲量瞬间作用模型为 $\theta_M(t)$，令

$$\theta(t)=\theta_M(t)=\frac{\hat{S}L_f}{J\omega_d}e^{-\zeta\omega_n t}\sin\omega_d t \tag{6.72}$$

冲量估计值为

$$\hat{S}=\frac{J\omega_d}{L_f}\cdot\frac{e^{\zeta\omega_n t}}{\sin\omega_d t}\theta(t) \tag{6.73}$$

冲量模型误差为

$$\varepsilon_M=\frac{\hat{S}-S}{S}=\frac{J\omega_d}{L_f}\cdot\frac{e^{\zeta\omega_n t}}{\sin\omega_d t}\cdot\frac{\theta(t)}{S}-1 \tag{6.74}$$

显然，该冲量模型误差的计算公式，与冲量单点估计法中冲量模型误差计算公式相同（见 6.2.1 小节）。

因此，冲量模型误差仅与冲量作用时间 T_0 与测量系统振动周期 T_d 的比值 T_0/T_d，以及阻尼比 ζ 有关。并且冲量模型误差抑制方法为：减小冲量作用时间与测量系统周期的比值。

6.3.3 冲量标定误差分析与抑制

未知系统参数（$J,\ \omega_d,\ \zeta$），通过系统参数标定方法获得，系统参数标定值为（$\hat{J},\ \hat{\omega}_d,\ \hat{\zeta}$）存在标定误差，使得

$$\hat{\theta}_M(t)=\frac{\hat{S}\hat{L}_f}{\hat{J}\hat{\omega}_d}e^{-\hat{\zeta}\hat{\omega}_n t}\sin\hat{\omega}_d t \tag{6.75}$$

偏离

$$\theta_M(t)=\frac{\hat{S}L_f}{J\omega_d}\mathrm{e}^{-\zeta\omega_n t}\sin\omega_d t \tag{6.76}$$

因此,冲量标定误差抑制方法,就是采用高精度系统参数标定方法,减小系统参数标定误差。

6.3.4 冲量系统响应误差分析与抑制

在冲量 S 作用下,实际系统响应为

$$\Theta(t)=\theta(t)+\Delta\theta(t)=S\vartheta(t)+\Delta\theta(t) \tag{6.77}$$

式中,$\theta(t)=S\vartheta(t)$,$\vartheta(t)$为单位冲量的真实系统响应。将其代入冲量估计值表达式中,可得

$$\begin{aligned}\hat{S}&=\frac{\sum_{i=1}^{n}\Theta(t_i)\hat{\vartheta}_M(t_i)}{\sum_{i=1}^{n}\hat{\vartheta}_M^2(t_i)}=\frac{\sum_{i=1}^{n}[S\vartheta(t_i)+\Delta\theta(t_i)]\hat{\vartheta}_M(t_i)}{\sum_{i=1}^{n}\hat{\vartheta}_M^2(t_i)}\\&=\frac{S\sum_{i=1}^{n}\vartheta(t_i)\hat{\vartheta}_M(t_i)}{\sum_{i=1}^{n}\hat{\vartheta}_M^2(t_i)}+\frac{S\sum_{i=1}^{n}\frac{\Delta\theta(t_i)}{\theta(t_i)}\cdot\frac{\theta(t_i)}{S}\hat{\vartheta}_M(t_i)}{\sum_{i=1}^{n}\hat{\vartheta}_M^2(t_i)}\\&=\frac{S\sum_{i=1}^{n}\vartheta(t_i)\hat{\vartheta}_M(t_i)}{\sum_{i=1}^{n}\hat{\vartheta}_M^2(t_i)}+\frac{S\sum_{i=1}^{n}\frac{\Delta\theta(t_i)}{\theta(t_i)}\vartheta(t_i)\hat{\vartheta}_M(t_i)}{\sum_{i=1}^{n}\hat{\vartheta}_M^2(t_i)}\end{aligned} \tag{6.78}$$

冲量 S 估计值为 $\hat{S}$,冲量测量误差为

$$\varepsilon_I=\frac{\hat{S}-S}{S}=\frac{\sum_{i=1}^{n}\vartheta(t_i)\hat{\vartheta}_M(t_i)}{\sum_{i=1}^{n}\hat{\vartheta}_M^2(t_i)}+\frac{\sum_{i=1}^{n}\frac{\Delta\theta(t_i)}{\theta(t_i)}\vartheta(t_i)\hat{\vartheta}_M(t_i)}{\sum_{i=1}^{n}\hat{\vartheta}_M^2(t_i)}-1 \tag{6.79}$$

式中,第一项反映了冲量模型误差和冲量标定误差的影响,$\Delta\theta(t_i)$为系统响应测量误差,因此第二项反映了冲量系统响应误差的影响。

根据 $\theta(t_i)=S\vartheta(t_i)$ 和 $\theta(t_{\max,1})=S\vartheta(t_{\max,1})$,可将第二项改写为

$$
\frac{\sum_{i=1}^{n} \frac{\Delta\theta(t_i)}{\theta(t_i)} \vartheta(t_i) \hat{\vartheta}_M(t_i)}{\sum_{i=1}^{n} \hat{\vartheta}_M^2(t_i)} = \frac{\sum_{i=1}^{n} \frac{\Delta\theta(t_i)}{\theta(t_{\max,1})} \cdot \frac{\theta(t_{\max,1})}{\theta(t_i)} \vartheta(t_i) \hat{\vartheta}_M(t_i)}{\sum_{i=1}^{n} \hat{\vartheta}_M^2(t_i)}
$$

$$
= \frac{\vartheta(t_{\max,1})}{\theta(t_{\max,1})} \cdot \frac{\sum_{i=1}^{n} \Delta\theta(t_i) \hat{\vartheta}_M(t_i)}{\sum_{i=1}^{n} \hat{\vartheta}_M^2(t_i)} \tag{6.80}
$$

$$
= \frac{\sigma}{\theta(t_{\max,1})} \vartheta(t_{\max,1}) \frac{\sum_{i=1}^{n} \frac{\Delta\theta(t_i)}{\sigma} \hat{\vartheta}_M(t_i)}{\sum_{i=1}^{n} \hat{\vartheta}_M^2(t_i)}
$$

$$
= \frac{1}{3} \mathrm{NSR} \cdot \vartheta(t_{\max,1}) \frac{\sum_{i=1}^{n} \frac{\Delta\theta(t_i)}{\sigma} \hat{\vartheta}_M(t_i)}{\sum_{i=1}^{n} \hat{\vartheta}_M^2(t_i)}
$$

式中，$\mathrm{NSR} = 3\sigma/\theta(t_{\max,1})$ 为系统响应的噪信比，$\Delta\theta(t_i)/\sigma \sim N(0,1)$ 服从标准正态分布。$\theta(t_{\max,1})$ 为真实系统响应的第一个极值点扭转角；$\vartheta(t_{\max,1})$ 为单位冲量的真实系统响应的第一个极值点扭转角。

因此，冲量测量误差计算公式为

$$
\varepsilon_I = \frac{\sum_{i=1}^{n} \vartheta(t_i) \hat{\vartheta}_M(t_i)}{\sum_{i=1}^{n} \hat{\vartheta}_M^2(t_i)} + \frac{1}{3} \mathrm{NSR} \cdot \vartheta(t_{\max,1}) \frac{\sum_{i=1}^{n} \left[\frac{\Delta\theta(t_i)}{\sigma}\right] \hat{\vartheta}_M(t_i)}{\sum_{i=1}^{n} \hat{\vartheta}_M^2(t_i)} - 1 \tag{6.81}
$$

显然，冲量测量误差与被测冲量大小无关，与系统响应的噪信比有关，并且与冲量模型误差和冲量标定误差有关。

对冲量测量误差求均值和方差，根据 $\Delta\theta(t)/\sigma \sim N(0,1)$ 可得

$$
E(\varepsilon_I) = \frac{\sum_{i=1}^{n} \vartheta(t_i) \hat{\vartheta}_M(t_i)}{\sum_{i=1}^{n} \hat{\vartheta}_M^2(t_i)} - 1 \tag{6.82}
$$

$$D(\varepsilon_I)=\left[\frac{1}{3}\mathrm{NSR}\cdot\vartheta(t_{\max,1})\right]^2\frac{\sum_{i=1}^{n}D\left[\frac{\Delta\theta(t_i)}{\sigma}\right]\hat{\vartheta}_M^2(t_i)}{\left[\sum_{i=1}^{n}\hat{\vartheta}_M^2(t_i)\right]^2}$$

$$=\left[\frac{1}{3}\mathrm{NSR}\cdot\vartheta(t_{\max,1})\right]^2\frac{1}{\sum_{i=1}^{n}\hat{\vartheta}_M^2(t_i)} \tag{6.83}$$

式中，$E(\cdot)$表示取均值运算；$D(\cdot)$表示取方差运算。

冲量测量误差的标准差为

$$\sigma(\varepsilon_I)=\sqrt{D(\varepsilon_I)}=\frac{1}{3}\mathrm{NSR}\cdot\frac{\vartheta(t_{\max,1})}{\sqrt{\sum_{i=1}^{n}\hat{\vartheta}_M^2(t_i)}} \tag{6.84}$$

式中，$\vartheta(t_{\max,1})$为单位冲量的真实系统响应的第一个极值点扭转角。

又由于

$$\frac{1}{\sqrt{\sum_{i=1}^{n}\hat{\vartheta}_M^2(t_i)}}=\frac{1}{\frac{\hat{L}_f}{\hat{J}\hat{\omega}_d}\sqrt{\sum_{i=1}^{n}\left(\mathrm{e}^{-\hat{\zeta}\hat{\omega}_n t_i}\sin\hat{\omega}_d t_i\right)^2}} \tag{6.85}$$

令系数

$$C=\frac{1}{\sqrt{\sum_{i=1}^{n}\left(\mathrm{e}^{-\hat{\zeta}\hat{\omega}_n t_i}\sin\hat{\omega}_d t_i\right)^2}} \tag{6.86}$$

显然，随着采样点数目增大，系数C减小，即冲量测量误差的标准差也随之减小。

一般在工程实际中，单位周期内采样点数目达到$N\geqslant 1\,000$是很容易做到的，并且在常见阻尼比$0\leqslant\zeta\leqslant 0.3$范围内，获得4个周期内采样点也是很容易做到的。

系数C随着阻尼比和采样点数目的变化如表6.3所示。在常见阻尼比$0\leqslant\zeta\leqslant 0.3$范围内，当4个周期内每个周期采样点数目大于1 000时，系数$C<0.1$，使得冲量测量误差的标准差降低一个量级。

因此，冲量系统响应误差抑制方法为：增大系统响应单位周期内采样点数目。例如，在常见阻尼比$0\leqslant\zeta\leqslant 0.3$范围内，每个周期采样点数目大于1 000时，冲量系统响应误差的标准差降低一个量级。

表 6.3　系数 C 随着阻尼比和采样点数目的变化

采样点数目	$\zeta=0$	$\zeta=0.1$	$\zeta=0.2$	$\zeta=0.3$
$N=1\,000$	2.236×10^{-2}	5.067×10^{-2}	7.310×10^{-2}	9.320×10^{-2}
$N=1\,500$	1.826×10^{-2}	4.138×10^{-2}	5.969×10^{-2}	7.609×10^{-2}
$N=2\,000$	1.581×10^{-2}	3.583×10^{-2}	5.169×10^{-2}	6.590×10^{-2}

* 采用 $4T_d$ 内的采样点数目计算结果,采样点数目是指一个周期 T_d 内的采样点数目。

综上所述,在冲量最小二乘估计法中,冲量测量误差包括冲量模型误差、冲量标定误差、冲量系统响应误差,其中,冲量模型误差和冲量标定误差引起冲量测量的系统性误差;冲量系统响应误差引起冲量测量的随机性误差。

冲量测量误差抑制方法为:首先,通过减小冲量作用时间与系统周期比值,抑制冲量模型误差;其次,通过减小系统参数的标定误差,抑制冲量标定误差;最后,通过增大单位周期内采样点数目,进一步减小冲量系统响应误差。

6.3.5　改进的冲量最小二乘估计法与误差分析方法

1. 改进的冲量测量最小二乘法

在现有的冲量测量最小二乘法基础上,通过减小冲量作用时间与系统周期比值、减小系统参数标定误差、增大单位周期内采样点数目等技术措施,得到改进的冲量最小二乘估计法。

改进的冲量最小二乘估计法中冲量 S 的估计值为

$$\hat{S}=\frac{\sum_{i=1}^{n}\Theta(t_i)\hat{\vartheta}_M(t_i)}{\sum_{i=1}^{n}\hat{\vartheta}_M^2(t_i)} \tag{6.87}$$

2. 冲量误差分析方法

根据改进的冲量最小二乘估计法,结合蒙特卡洛数字仿真方法,提出了冲量最小二乘估计法的误差分析方法如下。

(1) 实际系统响应测量值为 $[t_i,\ \Theta(t_i)]$ $(i=1,\ 2,\ \cdots,\ n)$, $t_i=i\Delta t$, Δt 为时间步长。为了减小冲量测量误差,可增大单位周期内采样点数目,如单位周期内采样点数目大于 1 000。

(2) 已知系统参数 $(k,\ \zeta,\ \omega_d)$ 的标定值 $(\hat{k},\ \hat{\zeta},\ \hat{\omega}_d)$,利用冲量瞬间作用模型,计算其单位冲量的系统响应,为

$$\hat{\vartheta}(t_i)=\frac{\hat{L}_f}{\hat{J}\hat{\omega}_d}e^{-\hat{\zeta}\hat{\omega}_n t_i}\sin\hat{\omega}_d t_i \tag{6.88}$$

冲量 S 的估计值为

$$\hat{S}=\frac{\sum_{i=1}^{n}\Theta(t_i)\hat{\vartheta}(t_i)}{\sum_{i=1}^{n}\hat{\vartheta}^2(t_i)} \tag{6.89}$$

(3) 已知系统参数(k, ζ, ω_d)的标定值($\hat{k}$, $\hat{\zeta}$, $\hat{\omega}_d$)和置信区间为($\hat{k}-\Delta k_d$, $\hat{k}+\Delta k_u$)、($\hat{\zeta}-\Delta\zeta_d$, $\hat{\zeta}+\Delta\zeta_u$)和($\hat{\omega}_d-\Delta\omega_{dd}$, $\hat{\omega}_d+\Delta\omega_{du}$),采用蒙特卡洛随机抽样方法,获得系统参数的抽样值为

$$k_j=\hat{k}-\Delta k_d+(\Delta k_d+\Delta k_u)r_j \tag{6.90}$$

$$\zeta_j=\hat{\zeta}-\Delta\zeta_d+(\Delta\zeta_d+\Delta\zeta_u)r_j \tag{6.91}$$

$$\omega_{dj}=\hat{\omega}_d-\Delta\omega_{dd}+(\Delta\omega_{dd}+\Delta\omega_{du})r_j \tag{6.92}$$

并且计算得到

$$\omega_{nj}=\frac{\omega_{dj}}{\sqrt{1-\zeta_j^2}},\ J_j=\frac{k_j}{\omega_{nj}^2} \tag{6.93}$$

式中,r_j 为(0, 1)区间均匀分布随机数,上述三个式子随机数种子取不同值,使得它们之间相互独立。$j=1, 2, \cdots, m$, m 为蒙特卡洛抽样仿真次数。

(4) 已知冲量作用时间为 T_0,根据以下方程计算单位冲量的真实系统响应:

$$\ddot{\vartheta}_1(t)+2\zeta_j\omega_{nj}\dot{\vartheta}_1(t)+\omega_{nj}^2\vartheta_1(t)=\frac{L_f}{J_j}\cdot\frac{1}{T_0}\quad(0\leqslant t\leqslant T_0) \tag{6.94}$$

$$\vartheta_1(0)=0,\ \dot{\vartheta}_1(0)=0 \tag{6.95}$$

$$\ddot{\vartheta}_2(t)+2\zeta_j\omega_{nj}\dot{\vartheta}_2(t)+\omega_{nj}^2\vartheta_2(t)=0\quad(t>T_0)$$

$$\vartheta_2(T_0)=\vartheta_1(T_0),\ \dot{\vartheta}_2(T_0)=\dot{\vartheta}_1(T_0)$$

$$\vartheta(t_{ji})=\begin{cases}\vartheta_1(t_{ji}) & (0\leqslant t_{ji}\leqslant T_0)\\ \vartheta_2(t_{ji}) & (t_{ji}>T_0)\end{cases} \tag{6.96}$$

式中,$j=1, 2, \cdots, m$, m 为蒙特卡洛抽样仿真次数,对于每个给定的 j,有 $t_{ji}=i\Delta t$ $(i=1, 2, \cdots, n)$, n 为采样点数目。

(5) 已知系统响应测量误差为 $\Delta\theta(t)\sim N(0, \sigma^2)$,故有 $\Delta\theta(t)/\sigma\sim N(0, 1)$,其蒙特卡洛抽样值为

$$\frac{\Delta\theta(t_{ji})}{\sigma}=\sqrt{-2\ln r_{ji1}}\cos 2\pi r_{ji2} \tag{6.97}$$

式中,对于每个给定的j, r_{ji1} 和 r_{ji2} 为(0, 1)区间相互独立的均匀分布随机数, $i = 1, 2, \cdots, n$。

(6) 已知系统响应的噪信比 $\mathrm{NSR} \approx 3\sigma/\Theta(t_{\max,1})$, 第$j$次仿真时,冲量测量误差为

$$\varepsilon_{Ij} = \frac{\sum_{i=1}^{n}\vartheta(t_{ji})\hat{\vartheta}(t_{ji})}{\sum_{i=1}^{n}\hat{\vartheta}^2(t_{ji})} + \frac{1}{3}\mathrm{NSR}\cdot\vartheta(t_{\max,j1})\frac{\sum_{i=1}^{n}\left[\frac{\Delta\theta(t_{ji})}{\sigma}\right]\hat{\vartheta}(t_{ji})}{\sum_{i=1}^{n}\hat{\vartheta}^2(t_{ji})} - 1 \quad (6.98)$$

$$\hat{\vartheta}(t_{ji}) = \frac{\hat{L}_f}{J_j\omega_{dj}}\mathrm{e}^{-\zeta_j\omega_{nj}t_{ji}}\sin\omega_{dj}t_{ji} \quad (6.99)$$

式中,$\vartheta(t_{\max,j1})$为第j次仿真时,单位冲量的真实系统响应的第一个极值点扭转角。

(7) 重复步骤(3)至步骤(6), $j = 1, 2, \cdots, m$, 将冲量测量误差的抽样值,由小到大排序为

$$\varepsilon'_{I1} \leqslant \varepsilon'_{I2} \leqslant \cdots \leqslant \varepsilon'_{Im} \quad (6.100)$$

给定置信度为q的置信区间为

$$(\varepsilon'_{N_1}, \varepsilon'_{N_2}),\ N_1 = \frac{1-q}{2}m,\ N_2 = \frac{1+q}{2}m \quad (6.101)$$

例如,当 $q = 95\%$ 时,有

$$N_1 = 0.025\,m,\ N_2 = 0.975m \quad (6.102)$$

如果仿真次数为 $m = 1\,000$, 有

$$N_1 = 25,\ N_2 = 975 \quad (6.103)$$

6.3.6 应用举例

冲量最小二乘估计法与误差分析方法的实施流程如图 6.5 所示。

实例: 采用扭摆测量系统搭载脉冲激光微推力器,测量其单脉冲冲量。已知: ① 采用系统参数标定的恒力方法,得到系统参数的标定值,扭转刚度系数为 $\hat{k} = 2.5\times10^{-2}(\mathrm{N\cdot m})/\mathrm{rad}$, 阻尼比为 $\hat{\zeta} = 0.2$, 振动频率为 $\hat{\omega}_d = 1\ \mathrm{rad/s}$, 每个系统参数的标定误差为 $p \leqslant \pm2\%$ (给定概率 95%),力臂为 $L_f = 0.3\ \mathrm{m}$; ② 图 6.6 给出了脉冲激光微推力器的单脉冲冲量作用下实际系统响应随着时间的变化,系统响应噪声误差为 $\Delta\theta \sim N(0, \sigma^2)$, 其标准差为 $\sigma = 1.54\ \mu\mathrm{rad}$, 第一个极值点对应

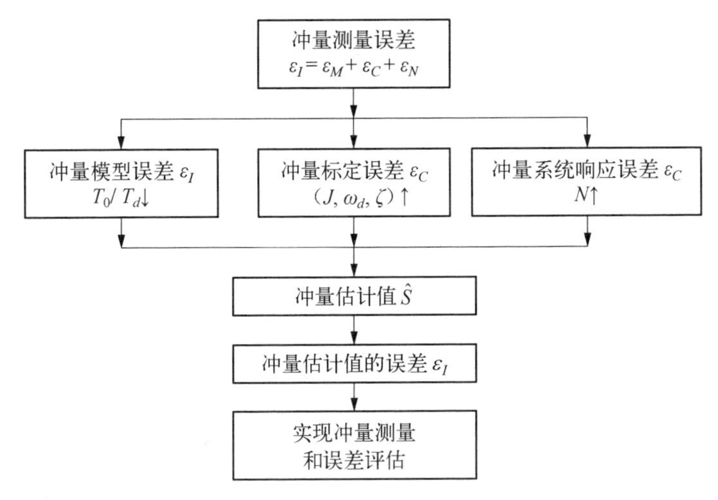

图 6.5　冲量最小二乘估计法与误差分析方法的实施流程

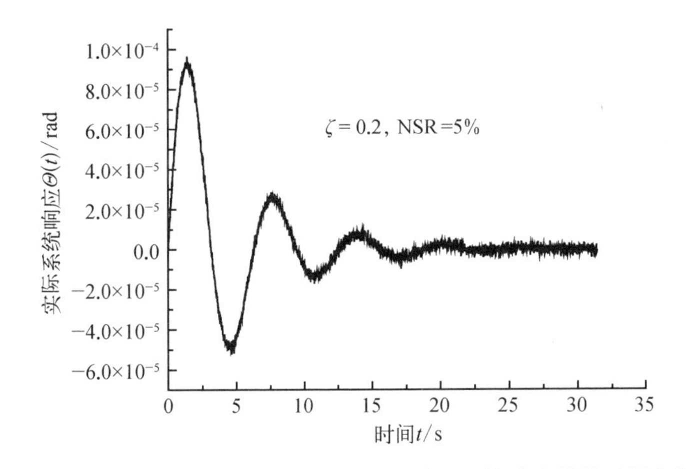

图 6.6　在脉冲激光推力器的冲量作用下实际系统响应随着时间变化

扭转角为 $9.648\ 205\times10^{-5}$ rad，系统响应的噪信比为 NSR = $3\times1.54/96.482\ 05=0.047\ 885\approx5\%$；③ 根据脉冲激光微推力器的喷射羽流光学显示测量，冲量作用时间 $T_0\leqslant2.5$ ms。

1. 冲量测量误差来源分析

采用冲量最小二乘估计法时，冲量测量误差 ε_I 包括冲量模型误差 ε_M、冲量标定误差 ε_C、冲量噪声误差 ε_N，即

$$\varepsilon_I=\varepsilon_M+\varepsilon_C+\varepsilon_N \tag{6.104}$$

2. 冲量测量误差抑制

1）冲量模型误差的抑制方法

振动频率为 $\hat{\omega}_d=1$ rad/s，扭摆测量系统周期为

$$\hat{T}_d = \frac{2\pi}{\hat{\omega}_d} = 6.283\,185\ \text{s} \tag{6.105}$$

冲量作用时间 $T_0 \leqslant 2.5$ ms，冲量作用时间与测量系统周期比值为

$$\frac{T_0}{\hat{T}_d} \leqslant 3.978\,874 \times 10^{-4} \tag{6.106}$$

根据表 6.1 可知，冲量模型误差远小于 0.1%，可忽略不计。

2）冲量标定误差的抑制方法

在系统响应的噪信比为 NSR ≈ 5% 和给定置信度 95%条件下，采用高精度系统参数标定方法提高系统参数标定精度，系统参数的标定误差为 $p \leqslant \pm 2\%$。

3）冲量系统响应误差的抑制方法

阻尼比 $\hat{\zeta} = 0.2$，在常见阻尼比 $0 \leqslant \zeta \leqslant 0.3$ 范围内，每个周期采样点数目取 $N = 1\,000$ 个，使得冲量系统响应误差的标准差降低一个量级。

3. 采用改进的冲量最小二乘估计法，估计冲量测量值

在采用冲量模型误差、冲量标定误差、冲量系统响应误差等抑制措施后，根据改进的冲量最小二乘估计法，冲量 S 的估计值为

$$\hat{S} = \frac{\sum_{i=1}^{n} \Theta(t_i)\hat{\vartheta}_M(t_i)}{\sum_{i=1}^{n} \hat{\vartheta}_M^2(t_i)} \tag{6.107}$$

计算得到冲量估计值为

$$\hat{S} = 9.990\,971 \times 10^{-6}\ \text{N} \cdot \text{s} \tag{6.108}$$

4. 采用改进的冲量最小二乘估计法的误差分析方法，估计冲量测量值的误差

在实际系统响应采样中，单位周期内采样点数目为 $N = 1\,000$，取 4 个周期内的采样值，采样点总数目为 $n = 4N = 4\,000$，蒙特卡洛数字仿真次数为 $m = 1\,000$，第 j 次仿真时，冲量测量误差为

$$\varepsilon_{Ij} = \frac{\sum_{i=1}^{n} \vartheta(t_{ji})\hat{\vartheta}(t_{ji})}{\sum_{i=1}^{n} \hat{\vartheta}^2(t_{ji})} + \frac{1}{3}\text{NSR} \cdot \vartheta(t_{\max,j1}) \frac{\sum_{i=1}^{n} \left[\frac{\Delta\theta(t_{ji})}{\sigma}\right]\hat{\vartheta}(t_{ji})}{\sum_{i=1}^{n} \hat{\vartheta}^2(t_{ji})} - 1 \tag{6.109}$$

图 6.7 给出了冲量测量误差 ε_I 随着仿真次数的变化，灰线为冲量测量误差的

变化，黑线为冲量测量误差的由小到大的排序。给定概率为95%时，冲量测量误差的置信区间为

$$(-2.700\,563\%, 2.631\,857\%)$$

因此，脉冲激光微推力器单脉冲冲量的估计值为 9.990 971 μN · s，给定概率为95%时，冲量测量的置信区间为 9.721 159 ~ 10.253 919 μN · s。

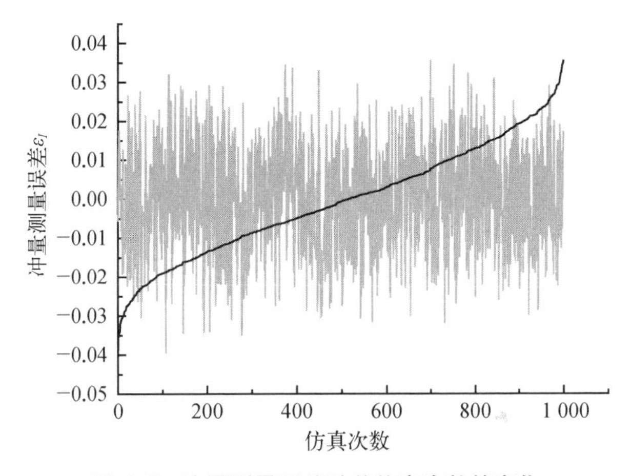

图 6.7　冲量测量误差随着仿真次数的变化

第7章 平均推力和总冲测量与误差分析方法

根据第2章可知,在推力器的比冲、总冲、推功比、推进效率等测量和评估中,关键问题是平均推力测量和评估问题,因此,需要研究平均推力和总冲的测量和评估方法。

首先,本章提出了平均推力和总冲离散化反演测量方法与误差分析方法。一是构建平均推力积分方程,建立系统响应与平均推力的积分关系;二是采用平均推力离散化反演计算方法,由平均推力积分方程组获得平均推力离散化线性方程组,通过下三角平均推力离散化线性方程组快速求解平均推力;三是提出平均推力离散化反演计算方法的误差来源分析与抑制方法,明晰误差来源为平均推力截断误差、平均推力系统响应误差、平均推力标定误差,解决了误差抑制问题;四是综合运用上述方法,提出平均推力和总冲离散化反演测量方法,并且结合蒙特卡洛数字仿真方法,提出误差分析方法。

其次,本章提出了基于递推计算的平均推力和总冲测量方法与误差分析方法。平均推力和总冲离散化反演测量方法适用于系统响应未进入稳态的初期阶段,基于递推计算的平均推力和总冲测量方法适用于系统响应进入稳态的中期、后期阶段。

7.1 构建平均推力积分方程

平均推力积分方程是由系统响应测量值反演计算平均推力和总冲的基本方程,构建平均推力积分方程分为两个过程:第一个过程,由扭摆振动微分方程建立推力积分方程;第二个过程,利用推力、平均推力和总冲关系,由推力积分方程建立平均推力积分方程。

7.1.1 由扭摆振动微分方程建立推力积分方程

扭摆测量系统承受垂直横梁的推力 $f(t)$,扭摆振动微分方程为

$$\ddot{\theta} + 2\zeta\omega_n\dot{\theta} + \omega_n^2\theta = \frac{L_f}{J}f(t) \tag{7.1}$$

式中,L_f 为力臂;J 为扭摆转动惯量;ζ 为阻尼比;ω_n 为固有振动频率;与扭转刚度系数 k 和振动频率 ω_d 的关系为

$$\omega_n = \frac{\omega_d}{\sqrt{1-\zeta^2}},\ J = \frac{k}{\omega_n^2} \tag{7.2}$$

扭摆振动微分方程可用于已知推力条件下计算系统响应。

实际系统响应测量值为

$$\Theta(t_i) = \theta(t_i) + \Delta\theta(t_i) \quad (i = 0, 1, 2, \cdots, n) \tag{7.3}$$

式中,$\theta(t_i)$为真实系统响应;$\Delta\theta(t_i) \sim N(0, \sigma^2)$为系统响应测量误差,服从零均值正态分布。

将扭摆振动微分方程改写为推力积分方程如下:

$$C_f\Theta(t) = \int_0^t f(\tau)\mathrm{e}^{-\zeta\omega_n(t-\tau)}\sin\omega_d(t-\tau)\mathrm{d}\tau \tag{7.4}$$

式中, $C_f = J\omega_d/L_f$。推力积分方程建立了实际系统响应测量值$[t_i, \Theta(t_i)](i=0, 1, 2, \cdots, n)$与推力$f(t_i)(i=0, 1, 2, \cdots, n)$之间关系,是反演计算推力的基本方程。

7.1.2　由推力积分方程建立平均推力积分方程

在$[0, t]$时间区间内,推力$f(t)$的总冲为

$$I(t) = \int_0^t f(t)\mathrm{d}t \tag{7.5}$$

在$[0, t]$时间区间内,推力$f(t)$的平均推力为

$$f_a(t) = \frac{I(t)}{t} = \frac{1}{t}\int_0^t f(t)\mathrm{d}t \tag{7.6}$$

其中,

$$f_a(0) = \lim_{t\to 0}\frac{\int_0^t f(t)\mathrm{d}t}{t} = \lim_{t\to 0} f(t) = f(0) \tag{7.7}$$

并且有

$$tf_a(t) = \int_0^t f(t)\mathrm{d}t,\ \frac{\mathrm{d}}{\mathrm{d}t}[tf_a(t)] = f(t) \tag{7.8}$$

将 $\mathrm{d}[\tau f_a(\tau)]=f(\tau)\mathrm{d}\tau$ 代入推力积分方程中,并分部积分,可得

$$\begin{aligned} C_f\Theta(t) &= \int_0^t \mathrm{e}^{-\zeta\omega_n(t-\tau)}\sin\omega_d(t-\tau)\mathrm{d}[\tau f_a(\tau)] \\ &= [\tau f_a(\tau)\mathrm{e}^{-\zeta\omega_n(t-\tau)}\sin\omega_d(t-\tau)]_0^t - \int_0^t \tau f_a(\tau)\mathrm{d}[\mathrm{e}^{-\zeta\omega_n(t-\tau)}\sin\omega_d(t-\tau)] \\ &= \omega_n\int_0^t \tau f_a(\tau)\mathrm{e}^{-\zeta\omega_n(t-\tau)}\cos[\omega_d(t-\tau)+\varphi]\mathrm{d}\tau \end{aligned} \tag{7.9}$$

从而得到平均推力的积分方程为

$$C_{f_a}\Theta(t) = \int_0^t \tau f_a(\tau)\mathrm{e}^{-\zeta\omega_n(t-\tau)}\cos[\omega_d(t-\tau)+\varphi]\mathrm{d}\tau \tag{7.10}$$

$$\varphi = \arctan\frac{\zeta\omega_n}{\omega_d} = \arctan\frac{\zeta}{\sqrt{1-\zeta^2}} \tag{7.11}$$

式中,$C_{f_a}=C_f/\omega_n=J\omega_d/(L_f\omega_n)$。平均推力积分方程建立了实际系统响应测量值 $[t_i, \Theta(t_i)](i=0, 1, 2, \cdots, n)$ 与平均推力 $f_a(t_i)(i=0, 1, 2, \cdots, n)$ 之间关系,是反演计算平均推力的基本方程。

由于 $\tau f_a(\tau)=I(\tau)$ 为总冲,可得到总冲积分方程为

$$C_{f_a}\Theta(t) = \int_0^t I(\tau)\mathrm{e}^{-\zeta\omega_n(t-\tau)}\cos[\omega_d(t-\tau)+\varphi]\mathrm{d}\tau \tag{7.12}$$

7.2 平均推力离散化反演计算方法

平均推力离散化反演计算方法为:首先,采用数值积分离散化计算方法,由平均推力积分方程组构建平均推力离散化线性方程组;其次,利用平均推力离散化线性方程组的系数矩阵为下三角矩阵的特点,根据实际系统响应测量值反演计算平均推力;最后,根据平均推力计算总冲。

7.2.1 由平均推力积分方程组构建平均推力离散化线性方程组

将区间 $[a, b]$ 划分为 n 等分,子区间长度为 $h=(b-a)/n$,节点为 $x_i=a+ih$ $(i=0, 1, \cdots, n)$,数值积分的复化梯形公式为

$$\int_a^b f(x)\mathrm{d}x \approx \frac{h}{2}f(x_0) + h\sum_{j=1}^{n-1}f(x_j) + \frac{h}{2}f(x_n) = \frac{h}{2}f(a) + h\sum_{j=1}^{n-1}f(x_j) + \frac{h}{2}f(b) \tag{7.13}$$

已知实际系统响应测量值为 $[t_i, \Theta(t_i)]$ $(i=0, 1, 2, \cdots, n)$，采样时间步长为 h，$t_i=ih$，当 $t_0=0$ 时 $\Theta(t_0)=0$，令 $\Theta_i=\Theta(t_i)$ 和 $f_{ai}=f_a(t_i)$。当 $t_i=ih$ 时，平均推力积分方程组为

$$C_{f_a}\Theta_i=\int_0^{ih}\tau f_a(\tau)\mathrm{e}^{-\zeta\omega_n(ih-\tau)}\cos[\omega_d(ih-\tau)+\varphi]\mathrm{d}\tau \quad (i=1, 2, \cdots, n) \tag{7.14}$$

$$\varphi=\arctan\frac{\zeta\omega_n}{\omega_d}=\arctan\frac{\zeta}{\sqrt{1-\zeta^2}} \tag{7.15}$$

式中，$C_{f_a}=C_f/\omega_n$；$C_f=J\omega_d/L_f$。

根据复化梯形公式，有

$$\begin{aligned}C_{f_a}\Theta_i &\approx \frac{h}{2}\cdot 0+h\sum_{j=1}^{i-1}(jh)f_{aj}\mathrm{e}^{-\zeta\omega_n(ih-jh)}\cos[\omega_d(ih-jh)+\varphi]+\frac{h}{2}(ih)f_{ai}\cos\varphi \\ &=\sum_{j=1}^{i-1}h(jh)\mathrm{e}^{-\zeta\omega_n(ih-jh)}\cos[\omega_d(ih-jh)+\varphi]f_{aj}+\frac{h}{2}(ih)\cos\varphi f_{ai}\end{aligned} \tag{7.16}$$

式中，$i=1, 2, \cdots, n$；$j=1, 2, \cdots, i-1$。令

$$a_{ii}=\frac{h}{2}(ih)\cos\varphi \quad (i=1, 2, \cdots, n) \tag{7.17}$$

$$a_{ij}=h(jh)\mathrm{e}^{-\zeta\omega_n(ih-jh)}\cos[\omega_d(ih-jh)+\varphi] \quad (i=1, 2, \cdots, n; j=1, 2, \cdots, i-1) \tag{7.18}$$

平均推力离散化线性方程组为

$$\sum_{j=1}^{i-1}a_{ij}f_{aj}+a_{ii}f_{ai}=C_{f_a}\Theta_i \quad (i=1, 2, \cdots, n) \tag{7.19}$$

将平均推力离散化线性方程组表示为矩阵形式：

$$\begin{bmatrix} a_{11} & \cdots & 0 & 0 \\ a_{21} & a_{22} & \cdots & 0 \\ \vdots & \vdots & \ddots & \vdots \\ a_{n,1} & a_{n,2} & \cdots & a_{n,n} \end{bmatrix}\begin{bmatrix} f_{a1} \\ f_{a2} \\ \vdots \\ f_{an} \end{bmatrix}=\begin{bmatrix} C_{f_a}\Theta_1 \\ C_{f_a}\Theta_2 \\ \vdots \\ C_{f_a}\Theta_n \end{bmatrix} \tag{7.20}$$

显然，平均推力离散化线性方程组的系数矩阵为下三角矩阵。

7.2.2 平均推力离散化线性方程组的下三角系数矩阵求逆方法

平均推力离散化线性方程组的系数矩阵为下三角矩阵，下三角矩阵具有简单方便的快速求逆方法。下三角矩阵为

$$\boldsymbol{A}=\begin{bmatrix} a_{11} & \cdots & 0 & 0 \\ a_{21} & a_{22} & \cdots & 0 \\ \vdots & \vdots & \ddots & \vdots \\ a_{n,1} & a_{n,2} & \cdots & a_{n,n} \end{bmatrix} \tag{7.21}$$

其行列式的值为

$$|\boldsymbol{A}|=a_{11}a_{22}\cdots a_{n,n} \tag{7.22}$$

其逆矩阵仍为下三角矩阵为

$$\boldsymbol{A}^{-1}=\begin{bmatrix} a_{11}^{-1} & \cdots & 0 & 0 \\ a_{21}^{-1} & a_{22}^{-1} & \cdots & 0 \\ \vdots & \vdots & \ddots & \vdots \\ a_{n,1}^{-1} & a_{n,2}^{-1} & \cdots & a_{n,n}^{-1} \end{bmatrix} \tag{7.23}$$

式中，

$$a_{ii}^{-1}=\frac{1}{a_{ii}} \quad (i=1,2,\cdots,n) \tag{7.24}$$

$$a_{ij}^{-1}=-\frac{1}{a_{ii}}\sum_{k=j}^{i-1}a_{ik}a_{kj}^{-1} \quad (i=2,3,\cdots,n;\ j=1,2,\cdots,i-1) \tag{7.25}$$

7.2.3 利用平均推力离散化线性方程组求解平均推力和总冲

平均推力离散化线性方程组为

$$\begin{bmatrix} a_{11} & \cdots & 0 & 0 \\ a_{21} & a_{22} & \cdots & 0 \\ \vdots & \vdots & \ddots & \vdots \\ a_{n,1} & a_{n,2} & \cdots & a_{n,n} \end{bmatrix}\begin{bmatrix} f_{a1} \\ f_{a2} \\ \vdots \\ f_{an} \end{bmatrix}=\begin{bmatrix} C_{f_a}\Theta_1 \\ C_{f_a}\Theta_2 \\ \vdots \\ C_{f_a}\Theta_n \end{bmatrix} \tag{7.26}$$

令

$$\boldsymbol{A}=[a_{ij}]_{n\times n} \quad (a_{ij}\neq 0,\ j\leqslant i) \tag{7.27}$$

$$\boldsymbol{f}_a=(f_{a1},f_{a2},\cdots,f_{an})^{\mathrm{T}} \tag{7.28}$$

$$\boldsymbol{\Theta} = (\Theta_1, \Theta_2, \cdots, \Theta_n)^{\mathrm{T}} \tag{7.29}$$

平均推力离散化线性方程组可改写为

$$\boldsymbol{A}\boldsymbol{f}_a = C_{f_a}\boldsymbol{\Theta} \tag{7.30}$$

方程两边左乘 $\boldsymbol{A}^{-1}$，可得

$$\boldsymbol{f}_a = C_{f_a}\boldsymbol{A}^{-1}\boldsymbol{\Theta} \tag{7.31}$$

式中，系数矩阵 $\boldsymbol{A} = [a_{ij}]_{n\times n}$ 的逆阵为 $\boldsymbol{A}^{-1} = [a_{ij}^{-1}]_{n\times n}(a_{ij}^{-1} \neq 0, j \leqslant i)$，平均推力的分量形式表达式为

$$f_{ai} = C_{f_a}\sum_{k=1}^{i} a_{ik}^{-1}\Theta_k \quad (i = 1, 2, \cdots, n) \tag{7.32}$$

进一步，利用平均推力计算总冲。平均推力的计算值为 $(t_i, f_{ai})(i = 1, 2, \cdots, n)$，总冲的计算值为

$$I(t_i) = t_i f_a(t_i) \quad (i = 1, 2, \cdots, n) \tag{7.33}$$

7.3　平均推力离散化反演计算方法的误差来源分析与抑制

对于平均推力离散化反演计算方法，需要进一步研究和掌握其误差来源分析与抑制方法。

平均推力离散化反演计算方法的误差包括：平均推力截断误差、平均推力系统响应误差、平均推力标定误差，其中平均推力标定误差又包括系统性误差和随机性误差。上述三种误差都可采用一定措施进行抑制。

7.3.1　平均推力截断误差来源与抑制

实际系统响应为

$$\Theta(t_i) = \theta(t_i) + \Delta\theta(t_i) \tag{7.34}$$

式中，$\theta(t_i)$ 为真实系统响应；$\Delta\theta(t_i)$ 为系统响应测量误差。

在系统响应测量误差 $\Delta\theta(t)$ 忽略不计条件下，扭摆测量系统的系统响应为 $\Theta(t) = \theta(t)$，平均推力的积分方程组为

$$C_{f_a}\theta_i = \int_0^{ih} \tau f_a(\tau) \mathrm{e}^{-\zeta\omega_n(ih-\tau)} \cos[\omega_d(ih - \tau) + \varphi]\mathrm{d}\tau \quad (i = 1, 2, \cdots, n) \tag{7.35}$$

满足该方程组的平均推力真值为$f_{ai}(i = 1, 2, \cdots, n)$。

在平均推力积分方程组离散化过程中，由于用有限和代替无限和，将造成的平均推力计算误差，称为平均推力截断误差，表示为Δf_{ai}^{T}，有

$$f_{ai} + \Delta f_{ai}^{T} = C_{f_a} \sum_{k=1}^{i} a_{ik}^{-1} \theta_k \quad (i = 1, 2, \cdots, n) \tag{7.36}$$

平均推力截断误差的绝对误差为

$$\Delta f_{ai}^{T} = C_{f_a} \sum_{k=1}^{i} a_{ik}^{-1} \theta_k - f_{ai} \quad (i = 1, 2, \cdots, n) \tag{7.37}$$

因此，平均推力截断误差的计算公式为(相对误差)

$$\varepsilon_{Ti} = \frac{\Delta f_{ai}^{T}}{f_{ai}} = \frac{1}{f_{ai}} C_{f_a} \sum_{k=1}^{i} a_{ik}^{-1} \theta_k - 1 \quad (i = 1, 2, \cdots, n) \tag{7.38}$$

式中，平均推力截断误差与积分方程的离散化方法及采样时间步长有关，在复化梯形离散化方法中，平均推力截断误差与采样时间步长的平方h^2成正比。因此，抑制平均推力截断误差的主要措施是减小采样时间步长。

7.3.2 平均推力系统响应误差来源与抑制

考虑系统响应测量误差$\Delta\theta(t)$，扭摆测量系统的实际系统响应为$\Theta(t) = \theta(t) + \Delta\theta(t)$，由于系统响应测量误差$\Delta\theta(t)$影响，将造成的平均推力计算误差，称为平均推力系统响应误差，表示为Δf_{ai}^{N}，有

$$\begin{aligned} f_{ai} + \Delta f_{ai}^{T} + \Delta f_{ai}^{N} &= C_{f_a} \sum_{k=1}^{i} a_{ik}^{-1} \Theta_k \\ &= C_{f_a} \sum_{k=1}^{i} a_{ik}^{-1} \theta_k + C_{f_a} \sum_{k=1}^{i} a_{ik}^{-1} \Delta\theta_k \quad (i = 1, 2, \cdots, n) \end{aligned} \tag{7.39}$$

由于

$$f_{ai} + \Delta f_{ai}^{T} = C_{f_a} \sum_{k=1}^{i} a_{ik}^{-1} \theta_k \quad (i = 1, 2, \cdots, n) \tag{7.40}$$

因此平均推力系统响应误差的绝对误差为

$$\Delta f_{ai}^{N} = C_{f_a} \sum_{k=1}^{i} a_{ik}^{-1} \Delta\theta_k \quad (i = 1, 2, \cdots, n) \tag{7.41}$$

平均推力系统响应误差的计算公式为(相对误差)

$$\varepsilon_{Ni} = \frac{\Delta f_{ai}^{N}}{f_{ai}} = \frac{1}{f_{ai}} C_{f_a} \sum_{k=1}^{i} a_{ik}^{-1} \Delta\theta_k \quad (i = 1, 2, \cdots, n) \tag{7.42}$$

又由于系统响应测量误差 $\Delta\theta(t_i) \sim N(0, \sigma^2)$ 具有零均值特点,故有

$$E(\varepsilon_{Ni}) = \frac{1}{f_{ai}} C_{f_a} \sum_{k=1}^{i} a_{ik}^{-1} E(\Delta\theta_k) = 0 \quad (i = 1, 2, \cdots, n) \tag{7.43}$$

$$\begin{aligned} D(\varepsilon_{Ni}) &= \left(\frac{1}{f_{ai}}\right)^2 (C_{f_a})^2 \sum_{k=1}^{i} (a_{ik}^{-1})^2 D(\Delta\theta_k) \\ &= \sigma^2 \left(\frac{1}{f_{ai}}\right)^2 (C_{f_a})^2 \sum_{k=1}^{i} (a_{ik}^{-1})^2 \quad (i = 1, 2, \cdots, n) \end{aligned} \tag{7.44}$$

式中,$E(\cdot)$表示取均值运算;$D(\cdot)$表示取方差运算。显然,平均推力系统响应误差具有零均值附近随机波动的特点,并且由于 $a_{ik}^{-1} \propto 1/h^2$,在采样时间步长减小时,平均推力系统响应误差急剧增大。

因此,抑制平均推力系统响应误差的主要措施如下:

(1) 在满足平均推力截断误差忽略不计条件下,尽量增大采样时间步长,解决采样时间步长太大造成平均推力截断误差过大,或者采样时间步长太小造成平均推力系统响应误差急剧增大的问题;

(2) 平均推力系统响应误差与系统响应测量误差成正比,因此,采用正交抛物线平滑降噪方法,对实际系统响应测量值进行平滑降噪处理,减小系统响应测量误差,进而达到减小平均推力系统响应误差的目的;

(3) 利用平均推力系统响应误差具有零均值附近随机波动的特点,再次采用正交抛物线平滑降噪方法,对平均推力计算值进行平滑降噪处理,进一步减小平均推力系统响应误差。

7.3.3　平均推力标定误差来源与抑制

系统参数(k, ω_d, ζ)的标定值为$(\hat{k}, \hat{\omega}_d, \hat{\zeta})$总是存在标定误差,由于系统参数标定误差影响,造成的平均推力的计算误差,称为平均推力标定误差,表示为 ε_{Ci}。

考虑平均推力截断误差、平均推力系统响应误差、平均推力标定误差等综合影响,有

$$f_{ai} + \Delta f_{ai}^{T} + \Delta f_{ai}^{N} + \Delta f_{ai}^{C} = \hat{C}_{f_a} \sum_{k=1}^{i} \hat{a}_{ik}^{-1} \Theta_k \quad (i = 1, 2, \cdots, n) \tag{7.45}$$

式中,系数的标定值分别为 $\hat{C}_{f_a} = \hat{C}_{f_a}(\hat{k}, \hat{\omega}_d, \hat{\zeta}, \hat{L}_f)$ 和 $\hat{a}_{ik}^{-1} = \hat{a}_{ik}^{-1}(\hat{\omega}_d, \hat{\zeta}, h)$。

由于有

$$f_{ai}+\Delta f_{ai}^{T}+\Delta f_{ai}^{N}=C_{f_a}\sum_{k=1}^{i}a_{ik}^{-1}\Theta_k \quad (i=1,2,\cdots,n) \tag{7.46}$$

式中,系数的理论值为 $C_{f_a}=C_{f_a}(k,\omega_d,\zeta,L_f)$ 和 $a_{ik}^{-1}=a_{ik}^{-1}(\omega_d,\zeta,h)$。

平均推力标定误差的绝对误差为

$$\Delta f_{ai}^{C}=\hat{C}_{f_a}\sum_{k=1}^{i}\hat{a}_{ik}^{-1}\Theta_k-C_{f_a}\sum_{k=1}^{i}a_{ik}^{-1}\Theta_k \quad (i=1,2,\cdots,n) \tag{7.47}$$

由于系统参数存在标定误差,系数 $\hat{C}_{f_a}=\hat{C}_{f_a}(\hat{k},\hat{\omega}_d,\hat{\zeta},\hat{L}_f)$ 和 $\hat{a}_{ik}^{-1}=\hat{a}_{ik}^{-1}(\hat{\omega}_d,\hat{\zeta},h)$ 可表示为

$$\hat{C}_{f_a}=C_{f_a}+\delta C_{f_a},\ \hat{a}_{ik}^{-1}=a_{ik}^{-1}+\delta a_{ik}^{-1} \tag{7.48}$$

式中,增量 δC_{f_a} 和 δa_{ik}^{-1} 是由系统参数标定误差引起的。将其代入平均推力标定误差的绝对误差的表达式,可得

$$\begin{aligned}\Delta f_{ai}^{C}&=\hat{C}_{f_a}\sum_{k=1}^{i}\hat{a}_{ik}^{-1}\Theta_k-C_{f_a}\sum_{k=1}^{i}a_{ik}^{-1}\Theta_k \quad (i=1,2,\cdots,n)\\&=(C_{f_a}+\delta C_{f_a})\sum_{k=1}^{i}(a_{ik}^{-1}+\delta a_{ik}^{-1})\Theta_k-C_{f_a}\sum_{k=1}^{i}a_{ik}^{-1}\Theta_k\\&=C_{f_a}\sum_{k=1}^{i}(a_{ik}^{-1}+\delta a_{ik}^{-1})\Theta_k+\delta C_{f_a}\sum_{k=1}^{i}(a_{ik}^{-1}+\delta a_{ik}^{-1})\Theta_k-C_{f_a}\sum_{k=1}^{i}a_{ik}^{-1}\Theta_k\\&=C_{f_a}\sum_{k=1}^{i}\delta a_{ik}^{-1}\Theta_k+\delta C_{f_a}\sum_{k=1}^{i}(a_{ik}^{-1}+\delta a_{ik}^{-1})\Theta_k\end{aligned} \tag{7.49}$$

略去 δC_{f_a} 和 δa_{ik}^{-1} 的高阶无穷小项,简化整理,平均推力标定误差的绝对误差为

$$\begin{aligned}\Delta f_{ai}^{C}&\approx C_{f_a}\sum_{k=1}^{i}\delta a_{ik}^{-1}\Theta_k+\delta C_{f_a}\sum_{k=1}^{i}a_{ik}^{-1}\Theta_k\\&=\left(C_{f_a}\sum_{k=1}^{i}\delta a_{ik}^{-1}\theta_k+\delta C_{f_a}\sum_{k=1}^{i}a_{ik}^{-1}\theta_k\right)+\left(C_{f_a}\sum_{k=1}^{i}\delta a_{ik}^{-1}\Delta\theta_k+\delta C_{f_a}\sum_{k=1}^{i}a_{ik}^{-1}\Delta\theta_k\right)\end{aligned} \tag{7.50}$$

式中,第一项表示平均推力标定误差的系统性误差;第二项表示平均推力标定误差的随机性误差。

平均推力标定误差的计算公式为(相对误差)

$$\varepsilon_{Ci}=\frac{\Delta f_{ai}^{C}}{f_{ai}}\quad(i=1,2,\cdots,n)\tag{7.51}$$

抑制平均推力标定误差的主要措施如下：

（1）采用高精度系统参数标定方法，通过减小系统参数标定误差，实现减小平均推力标定误差的系统性误差；

（2）利用平均推力标定误差的随机性误差具有零均值附近随机波动的特点，采用正交抛物线平滑降噪方法，实现减小平均推力标定误差的随机性误差；

（3）平均推力标定误差的随机性误差抑制方法，与平均推力系统响应误差抑制方法相同，该部分误差在对平均推力系统响应误差抑制过程中得到相应抑制。

7.3.4　平均推力误差和总冲误差计算

考虑平均推力截断误差、平均推力系统响应误差、平均推力标定误差等综合影响，有

$$f_{ai}+\Delta f_{ai}^{T}+\Delta f_{ai}^{N}+\Delta f_{ai}^{C}=\hat{C}_{f_a}\sum_{k=1}^{i}\hat{a}_{ik}^{-1}\Theta_k\quad(i=1,2,\cdots,n)$$

平均推力的估计值为

$$\hat{f}_{ai}=\hat{C}_{f_a}\sum_{k=1}^{i}\hat{a}_{ik}^{-1}\Theta_k\quad(i=1,2,\cdots,n)\tag{7.52}$$

平均推力误差计算公式为（相对误差）

$$\varepsilon_{ai}=\frac{\Delta f_{ai}^{T}+\Delta f_{ai}^{N}+\Delta f_{ai}^{C}}{f_{ai}}=\frac{\hat{f}_{ai}}{f_{ai}}-1\quad(i=1,2,\cdots,n)\tag{7.53}$$

对于给定时间 $t_i(i=1,2,\cdots,n)$，总冲和平均推力的关系为

$$I(t_i)=t_i f_a(t_i)\quad(i=1,2,\cdots,n)\tag{7.54}$$

平均推力的绝对误差为 $\Delta f_a(t_i)$，造成的总冲的绝对误差为 $\Delta I(t_i)=t_i\Delta f_a(t_i)$，总冲误差计算公式（相对误差）为

$$\varepsilon_{Ii}=\frac{\Delta I(t_i)}{I(t_i)}=\frac{\Delta f_a(t_i)}{f_a(t_i)}=\varepsilon_{ai}\tag{7.55}$$

即总冲误差与平均推力误差相等。

7.4 平均推力和总冲离散化反演测量方法与误差分析方法

平均推力和总冲离散化反演测量方法与误差分析方法为：首先，根据平均推力离散化反演计算方法及误差来源分析与抑制方法，提出了平均推力和总冲离散化反演测量方法；其次，采用平均推力和总冲离散化反演测量方法，结合蒙特卡洛数字仿真方法，提出了平均推力和总冲测量误差的蒙特卡洛评估方法。

7.4.1 平均推力和总冲离散化反演测量方法

根据平均推力离散化反演计算方法及误差来源分析与抑制方法，提出平均推力和总冲离散化反演测量方法，具体如下。

1. 综合权衡平均推力截断误差和平均推力系统响应误差，选取优化的采样时间步长

（1）通过减小采样时间步长，将平均推力截断误差减小至忽略不计程度。平均推力截断误差忽略不计程度是指将平均推力截断误差减小至平均推力预期总误差的十分之一以下，例如，平均推力测量误差要求为5%，则平均推力截断误差要求为0.5%。

（2）在满足平均推力截断误差条件下，采样时间步长应尽量大，以减小平均推力系统响应误差。

2. 对实际系统响应测量值进行平滑降噪处理，通过减小系统响应测量误差，降低平均推力系统响应误差

实际系统响应测量值为

$$\Theta(t_i) = \theta(t_i) + \Delta\theta(t_i) \tag{7.56}$$

式中，$t_i = ih\ (i = 0, 1, 2, \cdots, n)$，$h > 0$ 为采样时间步长，$\Theta_i = \Theta(t_i)$。$\Delta\theta(t_i) \sim N(0, \sigma^2)$ 为系统响应测量误差，服从零均值正态分布，系统响应的噪信比为

$$\text{NSR} \approx 3\sigma / \Theta(t_{\max}) \tag{7.57}$$

式中，$\Theta(t_{\max})$ 为实际系统响应的最大值。

采用正交抛物线平滑降噪方法，对实际系统响应测量值 $(t_i, \Theta_i)(i = 0, 1, 2, \cdots, n)$ 平滑降噪处理，具体如下。

（1）采用局部滑动数据窗拟合，反映拟合点局部系统响应取值特点。对于实际系统响应采样值 $(t_i, \Theta_i)(i = 0, 1, 2, \cdots, n)$，以拟合点 t_i 为中心，取

$$(t_{i-p}, \Theta_{i-p}), \cdots, (t_{i-1}, \Theta_{i-1}), (t_i, \Theta_i), (t_{i+1}, \Theta_{i+1}), \cdots, (t_{i+p}, \Theta_{i+p}) \tag{7.58}$$

等 $2p+1$ 个点进行局部滑动数据窗拟合,即第 i 点附近左右对称取奇数$(2p+1)$个点。

(2) 采用正交抛物线(二次函数)拟合,一是利用抛物线对曲线拟合力强的特点;二是利用正交多项式拟合函数的系数计算精度高的特点(避免计算系数时出现病态方程)。正交二次多项式为

$$\begin{cases} p_0(t) = 1 \\ p_1(t) = (t - \alpha_1) \\ p_2(t) = (t - \alpha_2)p_1(t) - \beta_1 \end{cases} \tag{7.59}$$

实际系统响应测量值 $(t_i, \Theta_i)(i = 0, 1, 2, \cdots, n)$ 的正交抛物线拟合曲线为

$$\theta_f(t) = a_0 p_0(t) + a_1 p_1(t) + a_2 p_2(t) \tag{7.60}$$

其中,

$$\gamma_k = \sum_{j=i-p}^{i+p} p_k^2(t_j) \quad (k = 0, 1, 2) \tag{7.61}$$

$$\alpha_1 = \frac{1}{\gamma_0} \sum_{j=i-p}^{i+p} t_j p_0^2(t_j), \ \alpha_1 = \frac{1}{\gamma_1} \sum_{j=i-p}^{i+p} t_j p_1^2(t_j), \ \beta_1 = \frac{\gamma_1}{\gamma_0} \tag{7.62}$$

$$a_k = \frac{1}{\gamma_k} \sum_{j=i-p}^{i+p} \Theta_j p_k^2(t_j) \quad (k = 0, 1, 2) \tag{7.63}$$

(3) 计算次序依次为 $p_0(t) \to \gamma_0 \to \alpha_1 \to p_1(t) \to \gamma_1(\beta_1) \to \alpha_2 \to p_2(t) \to \gamma_2 \to a_k(k = 0, 1, 2)$。

(4) 对于实际系统响应测量值 $(t_i, \Theta_i)(i = 0, 1, 2, \cdots, n)$ 的每个点平滑降噪处理,得到系统响应测量值 $[t_i, \theta_f(t_i)](i = 0, 1, 2, \cdots, n)$。

3. 根据平滑降噪后系统响应测量值,采用平均推力离散化反演计算方法,计算平均推力

具体如下。

(1) 根据系统参数(k, ω_d, ζ)的标定值$(\hat{k}, \hat{\omega}_d, \hat{\zeta})$,计算系数 $\hat{C}_{f_a} = \hat{C}_{f_a}(\hat{k}, \hat{\omega}_d, \hat{\zeta}, \hat{L}_f)$ 和 $\hat{a}_{ik}^{-1} = \hat{a}_{ik}^{-1}(\hat{\omega}_d, \hat{\zeta}, h)$。

(2) 实际系统响应测量值 $(t_i, \Theta_i)(i=0, 1, 2, \cdots, n)$ 平滑降噪处理后,得到系统响应测量值 $[t_i, \theta_f(t_i)](i = 0, 1, 2, \cdots, n)$,利用平均推力离散化反演计算方法,计算平均推力的估计值为

$$\hat{f}_{ai} = \hat{C}_{f_a} \sum_{k=1}^{i} \hat{a}_{ik}^{-1} \theta_{fk} \quad (i = 1, 2, \cdots, n) \tag{7.64}$$

4. 再次采用正交抛物线平滑降噪方法,对平均推力计算值平滑降噪处理,减小平均推力系统响应误差

平均推力的计算值为 $(t_i, \hat{f}_{ai})(i = 1, 2, \cdots, n)$,其正交抛物线拟合曲线为

$$\hat{f}'_a(t) = a_0 p_0(t) + a_1 p_1(t) + a_2 p_2(t) \tag{7.65}$$

平滑降噪处理后平均推力的计算值为 $(t_i, \hat{f}'_{ai})(i = 1, 2, \cdots, n)$,具体平滑降噪方法与实际系统响应测量值 $(t_i, \Theta_i)(i = 0, 1, 2, \cdots, n)$ 平滑降噪方法相同。

5. 采用中位数扫描平均计算方法,对平均推力的计算值扫描平均处理,获得平均推力估计值曲线

具体如下。

(1) 通过时间和平均推力的中位数扫描平均,获得平均推力曲线的平均位置为

$$t_{i+1/2} = (t_i + t_{i+1})/2, \ \hat{f}'_{a(i+1/2)} = [\hat{f}'_{ai} + \hat{f}'_{a(i+1)}]/2 \tag{7.66}$$

式中,$i = 1, 2, \cdots, n - 1$。

(2) 当 $t = t_i$ 且 $t_{i-1/2} < t_i < t_{i+1/2}(i = 2, 3, \cdots, n - 1)$ 时,按照线性插值方法,有

$$\frac{\bar{f}_{ai} - \hat{f}'_{a(i-1/2)}}{(h/2)} = \frac{\hat{f}'_{a(i+1/2)} - \hat{f}'_{a(i-1/2)}}{h} \tag{7.67}$$

可得

$$\bar{f}_{ai} = \frac{\hat{f}'_{a(i+1/2)} + \hat{f}'_{a(i-1/2)}}{2} = \frac{\dfrac{\hat{f}'_{ai} + \hat{f}'_{a(i+1)}}{2} + \dfrac{\hat{f}'_{a(i-1)} + \hat{f}'_{ai}}{2}}{2} = \frac{\hat{f}'_{a(i-1)} + 2\hat{f}'_{ai} + \hat{f}'_{a(i+1)}}{4} \tag{7.68}$$

(3) 当 $t = t_1$ 时,将 $(t_{1+1/2}, t_{2+1/2})$ 段线性外推,有

$$\frac{\hat{f}'_{a(1+1/2)} - \bar{f}_{a1}}{(h/2)} = \frac{\hat{f}'_{a(2+1/2)} - \hat{f}'_{a(1+1/2)}}{h} \tag{7.69}$$

可得

$$
\begin{aligned}
\bar{f}_{a1} &= \frac{-\hat{f}'_{a(2+1/2)} + 3\hat{f}'_{a(1+1/2)}}{2} \\
&= \frac{-\dfrac{\hat{f}'_{a2}+\hat{f}'_{a3}}{2} + 3\dfrac{\hat{f}'_{a1}+\hat{f}'_{a2}}{2}}{2} = \frac{3\hat{f}'_{a1} + 2\hat{f}'_{a2} - \hat{f}'_{a3}}{4}
\end{aligned}
\tag{7.70}
$$

(4) 当 $t = t_n$ 时，将 $(t_{n-3/2},\ t_{n-1/2})$ 段线性外推，有

$$
\frac{\bar{f}_{an} - \hat{f}'_{a(n-1/2)}}{(h/2)} = \frac{\hat{f}'_{a(n-1/2)} - \hat{f}'_{a(n-3/2)}}{h} \tag{7.71}
$$

可得

$$
\begin{aligned}
\bar{f}_{an} &= \frac{3\hat{f}'_{a(n-1/2)} - \hat{f}'_{a(n-3/2)}}{2} \\
&= \frac{3\dfrac{\hat{f}'_{a(n-1)}+\hat{f}'_{an}}{2} - \dfrac{\hat{f}'_{a(n-2)}+\hat{f}'_{a(n-1)}}{2}}{2} = \frac{-\hat{f}'_{a(n-2)} + 2\hat{f}'_{a(n-1)} + 3\hat{f}'_{an}}{4}
\end{aligned}
\tag{7.72}
$$

从而，得到平均推力的估计值为

$$
(t_i,\ \bar{f}_{ai}) \quad (i = 1,\ 2,\ \cdots,\ n) \tag{7.73}
$$

根据平均推力的估计值为 $(t_i,\ \bar{f}_{ai})(i = 1,\ 2,\ \cdots,\ n)$，计算总冲估计值为

$$
\bar{I}_i = t_i \bar{f}_{ai} \quad (i = 1,\ 2,\ \cdots,\ n) \tag{7.74}
$$

7.4.2　平均推力和总冲测量误差的蒙特卡洛评估方法

在平均推力和总冲离散化反演测量方法中，根据平均推力和总冲测量误差来源分析，采用了一系列抑制平均推力截断误差、平均推力系统响应误差和平均推力标定误差的方法，抑制效果如何及最终平均推力和总冲测量误差达到怎样水平，还需要测量误差评估方法。

采用平均推力和总冲离散化反演测量方法，结合蒙特卡洛数字仿真方法，提出了平均推力和总冲测量误差的蒙特卡洛评估方法如下。

(1) 已知系统参数 $(k,\ \zeta,\ \omega_d)$ 的标定值 $(\hat{k},\ \hat{\zeta},\ \hat{\omega}_d)$ 和置信区间为 $(\hat{k}-\Delta k_d,\ \hat{k}+\Delta k_u)$、$(\hat{\zeta}-\Delta\zeta_d,\ \hat{\zeta}+\Delta\zeta_u)$ 和 $(\hat{\omega}_d-\Delta\omega_{dd},\ \hat{\omega}_d+\Delta\omega_{du})$，采用蒙特卡洛随机抽样方法，获得系统参数的抽样值为

$$
k_i = \hat{k} - \Delta k_d + (\Delta k_d + \Delta k_u) r_{i1} \tag{7.75}
$$

$$\zeta_i = \hat{\zeta} - \Delta\zeta_d + (\Delta\zeta_d + \Delta\zeta_u) r_{i2} \tag{7.76}$$

$$\omega_{di} = \hat{\omega}_d - \Delta\omega_{dd} + (\Delta\omega_{dd} + \Delta\omega_{du}) r_{i3} \tag{7.77}$$

并且计算得到

$$\omega_{ni} = \frac{\omega_{di}}{\sqrt{1 - \zeta_i^2}},\ J_i = \frac{k_i}{\omega_{ni}^2} \tag{7.78}$$

式中,r_{i1}、r_{i2} 和 r_{i3} 为(0, 1)区间均匀分布随机数,随机数种子取不同值,使得它们之间相互独立。$i = 1, 2, \cdots, m$, m 为蒙特卡洛抽样仿真次数。

(2) 给定推力随着时间变化趋势的推力函数形式 $f(t)$,可由扭摆振动微分方程得出

$$\ddot{\theta}_i + 2\zeta_i\omega_{ni}\dot{\theta}_i + \omega_{ni}^2\theta_i = \frac{L_f}{J_i} f(t) \tag{7.79}$$

计算系统响应

$$\theta_{ij} = \theta_i(t_j) \tag{7.80}$$

式中, $t_j = jh$ ($j = 0, 1, 2, \cdots, n$), h 为采样时间步长。并且平均推力为

$$f_{aj} = f_a(t_j) = I(t_j)/t_j \tag{7.81}$$

总冲为

$$I(t_j) = \int_0^{t_j} f(t)\,\mathrm{d}t \tag{7.82}$$

(3) 已知系统响应测量误差为 $\Delta\theta(t) \sim N(0, \sigma^2)$, 系统响应的噪信比为 $NSR \approx 3\sigma/\theta_{ij,\max}(\theta_{ij,\max} = \max\{\theta_{ij}\})$,$\Delta\theta(t)$ 的蒙特卡洛抽样值为

$$\begin{aligned}\Delta\theta_i(t_j) &= \sigma\sqrt{-2\ln r_{ij1}}\cos 2\pi r_{ij2} \\ &\approx (\mathrm{NSR} \cdot \theta_{ij,\max}/3)\sqrt{-2\ln r_{ij1}}\cos 2\pi r_{ij2}\end{aligned} \tag{7.83}$$

式中,r_{ij1} 和 r_{ij2} 为(0, 1)区间相互独立的均匀分布随机数, $i = 1, 2, \cdots, m$。

(4) 实际系统响应测量值为

$$\Theta_{ij} = \Theta_i(t_j) = \theta_i(t_j) + \Delta\theta_i(t_j) \tag{7.84}$$

(5) 由实际系统响应测量值,采用平均推力和总冲离散化反演测量方法,计算平均推力和总冲。具体步骤如下。

步骤1,对平均推力截断误差和平均推力系统响应误差进行综合权衡,优化选取采样时间步长。

步骤2,对实际系统响应测量值 Θ_{ij},采用正交抛物线平滑降噪方法进行平滑降噪处理,减小平均推力系统响应误差。

步骤3,采用平均推力离散化反演计算方法,计算平均推力的估计值为

$$(t_j, \hat{f}_{aij})(i = 1, 2, \cdots, m; j = 1, 2, \cdots, n) \tag{7.85}$$

步骤4,对平均推力的估计值为 $(t_j, \hat{f}_{aij})(i=1, 2, \cdots, m; j=1, 2, \cdots, n)$,再次采用正交抛物线平滑降噪方法进行平滑降噪处理,减小平均推力系统响应误差,得到平均推力估计值为

$$(t_j, \hat{f}'_{aij})(i = 1, 2, \cdots, m; j = 1, 2, \cdots, n) \tag{7.86}$$

步骤5,对平均推力估计值 $(t_j, \hat{f}'_{aij})(i = 1, 2, \cdots, m; j = 1, 2, \cdots, n)$,采用中位数扫描平均计算方法进行扫描平均处理,获得平均推力估计值曲线,得到平均推力的估计值为

$$(t_j, \bar{f}_{aij}) \quad (i = 1, 2, \cdots, m; j = 1, 2, \cdots, n) \tag{7.87}$$

步骤6,总冲估计值为

$$\bar{I}_{ij} = t_j \bar{f}_{aij} \quad (i = 1, 2, \cdots, m; j = 1, 2, \cdots, n) \tag{7.88}$$

式中,m 为蒙特卡洛抽样仿真次数;n 为每次仿真中采样点数目。

(6) 平均推力误差为(相对误差)

$$\varepsilon_{aij} = \frac{\bar{f}_{aij}}{f_{aj}} - 1 \quad (i = 1, 2, \cdots, m; j = 1, 2, \cdots, n) \tag{7.89}$$

总冲误差(相对误差)

$$\varepsilon_{Iij} = \varepsilon_{aij} \quad (i = 1, 2, \cdots, m; j = 1, 2, \cdots, n) \tag{7.90}$$

(7) 重复步骤(1)至(6),蒙特卡洛抽样仿真次数为 $i = 1, 2, \cdots, m$,对于每个给定时间点 $t_j = jh$ $(j = 1, 2, \cdots, n)$,将平均推力测量误差的抽样值,由小到大排序为

$$\varepsilon'_{a1j} \leqslant \varepsilon'_{a2j} \leqslant \cdots \leqslant \varepsilon'_{amj} \tag{7.91}$$

给定置信度 γ 条件下,确定平均推力测量误差落入区间 $(\varepsilon'_{a1j}, \varepsilon'_{amj})$ 的概率为 β。具体确定方法如下。

步骤1,对于给定时间点 $t_j = jh$ $(j = 1, 2, \cdots, n)$,将平均推力误差 $\varepsilon_{aij}(i = 1, 2, \cdots, m; j = 1, 2, \cdots, n)$ 由小到大排序为

$$\varepsilon'_{a1j} \leqslant \varepsilon'_{a2j} \leqslant \cdots \leqslant \varepsilon'_{amj} \tag{7.92}$$

平均推力测量误差 $\varepsilon_{aij}(i = 1, 2, \cdots, m; j = 1, 2, \cdots, n)$ 包容在区间 $(\varepsilon'_{a1j}, \varepsilon'_{amj})$ 的

概率为β,其容忍区间为

$$P\{F(\varepsilon'_{amj}) - F(\varepsilon'_{a1j}) \geq \beta\} = \gamma \tag{7.93}$$

式中,$F(\cdot)$为测量误差的总体分布函数,即以概率β保证平均推力误差为(ε'_{a1j}, ε'_{amj}),该结论的置信度为γ。

步骤2,根据容忍区间的非参数统计计算方法,利用不完全β分布函数,式(7.93)改写为

$$\int_0^\beta \frac{\Gamma(m+1)}{\Gamma(m-1)\Gamma(2)} z^{m-2}(1-z)\mathrm{d}z = 1 - \gamma \tag{7.94}$$

当置信度$\gamma = 0.95$时,平均推力误差落入区间(ε'_{a1j}, ε'_{amj})的概率β随蒙特卡洛仿真次数m的变化如表7.1所示。显然,只要蒙特卡洛仿真次数$m \geq 100$,则有$\beta \geq 0.953$。

表7.1 给定置信度$\gamma = 0.95$下蒙特卡洛仿真次数与落入概率

蒙特卡洛仿真次数m	落入区间(ε'_{a1j}, ε'_{amj})的概率
93	$\beta = 0.950$
100	$\beta = 0.953$
200	$\beta = 0.977$
300	$\beta = 0.984$
400	$\beta = 0.988$
473	$\beta = 0.990$
500	$\beta = 0.991$

7.4.3 应用举例

图7.1给出了平均推力和总冲离散化反演测量方法与误差分析方法的实施流程。

实例:采用扭摆测量系统搭载冷喷微推力器测量其平均推力和总冲,根据以往经验该微推力器推力为1~2 mN,推力随着时间变化趋势为初期递减、之后逐渐趋于水平。冷喷微推力器安装在扭摆横梁上,冷气喷口距离扭摆转轴0.3 m,即力臂为$L_f = 0.3$ m。

采用系统参数恒力标定方法,已知扭摆测量系统的系统参数估计值为

$$\hat{k} = 2.5\ (\mathrm{N \cdot m})/\mathrm{rad},\ \hat{\omega}_d = 1\ \mathrm{rad/s},\ \hat{\zeta} = 0.2 \tag{7.95}$$

并且系统参数标定误差小于2%。

冷喷微推力器搭载在扭摆测量系统上,扭摆测量系统安装在隔振平台上,由于隔振平台显著降低环境噪声干扰的影响,系统响应测量误差的标准差$\sigma \leq 7.5\ \mu\mathrm{rad}$。

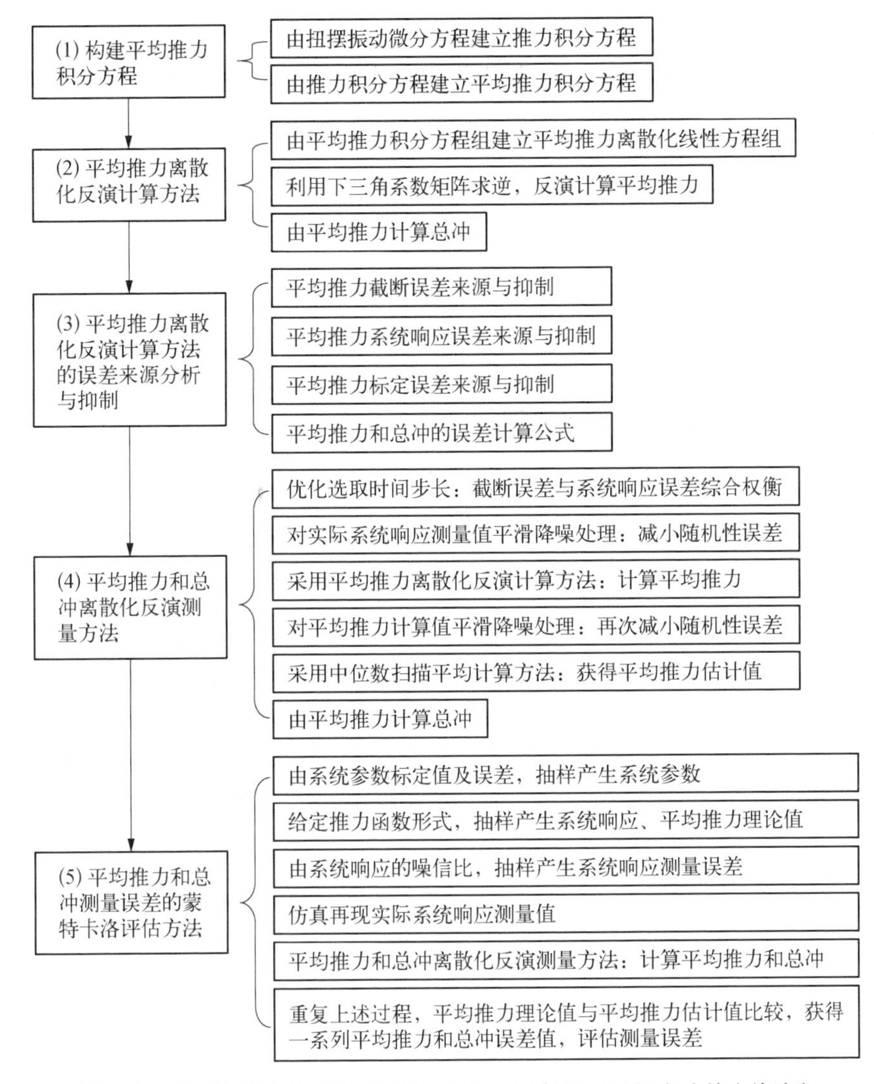

图 7.1　平均推力和总冲离散化反演测量方法与误差分析方法的实施流程

1. 构建平均推力积分方程

平均推力积分方程为

$$C_{f_a}\Theta(t)=\int_0^t \tau f_a(\tau)\mathrm{e}^{-\zeta\omega_n(t-\tau)}\cos[\omega_d(t-\tau)+\varphi]\mathrm{d}\tau \tag{7.96}$$

$$\varphi=\arctan\frac{\zeta\omega_n}{\omega_d}=\arctan\frac{\zeta}{\sqrt{1-\zeta^2}} \tag{7.97}$$

从而建立了实际系统响应测量值$[t_i, \Theta(t_i)]$ $(i=0, 1, 2, \cdots, n)$与平均推力$f_a(t_i)$ $(i=0, 1, 2, \cdots, n)$之间关系，式(7.96)是反演计算平均推力的基本方程。

2. 平均推力离散化反演计算方法

采用复化梯形数值积分方法，将平均推力积分方程组离散化为平均推力线性方程组，根据所提出的平均推力离散化反演计算方法，平均推力计算值为

$$f_{ai} = C_{f_a} \sum_{k=1}^{i} a_{ik}^{-1} \Theta_k \quad (i = 1, 2, \cdots, n) \tag{7.98}$$

根据所提出的总冲计算方法，总冲计算值为

$$I(t_i) = t_i f_a(t_i) \quad (i = 1, 2, \cdots, n) \tag{7.99}$$

3. 平均推力离散化反演计算方法的误差来源分析与抑制

平均推力误差来源分析与抑制方法如图 7.2 所示，具体内容如下。

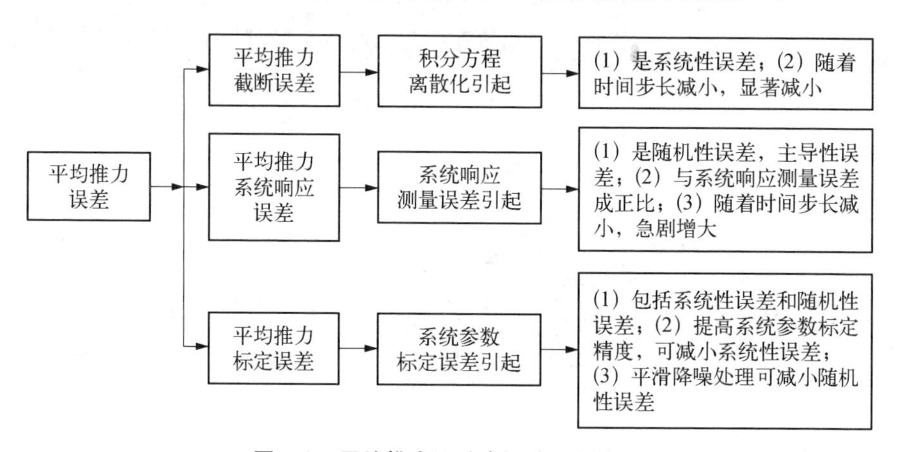

图 7.2 平均推力误差来源分析与抑制

首先，平均推力误差包括平均推力截断误差、平均推力系统响应误差、平均推力标定误差。

其次，平均推力截断误差是由于数值积分离散化时，用有线和代替积分引起的，采用复化梯形公式时与采样时间步长平方成正比($\propto h^2$, h 为采样时间步长)，平均推力截断误差抑制方法为减小采样时间步长。

再次，平均推力系统响应误差是由于系统响应测量误差引起的，与采样时间步长平方成反比($\propto 1/h^2$, h 为采样时间步长)，平均推力系统响应误差是随机性误差，可采用平滑降噪方法降低其影响，平均推力系统响应误差抑制方法有两种：一是采用隔振平台降低环境噪声干扰，减小系统响应测量误差；二是采用正交抛物线平滑降噪方法，减小其影响。

最后，平均推力标定误差是由于系统参数标定误差引起的，包括随机性误差和系统性误差，平均推力标定误差抑制方法为：一是提高系统参数标定精度，减小系统性误差；二是采用正交抛物线平滑降噪方法，减小随机性误差。

4. 平均推力和总冲离散化反演测量方法

首先,通过调节时间步长大小,综合权衡平均推力截断误差和平均推力系统响应误差;其次,对实际系统响应测量值平滑降噪处理,减小随机性误差;再次,采用平均推力离散化反演计算方法,计算平均推力;之后,对平均推力计算值平滑降噪处理,再次减小随机性误差;然后,采用中位数扫描平均计算方法,获得平均推力估计值;最后,由平均推力估计值计算总冲估计值。

(1) 通过调节采样时间步长进行综合权衡,当时间步长 $h = 3.141593 \times 10^{-2}$ s 时,平均推力截断误差和平均推力噪声误差得到较好权衡。

(2) 当采样时间步长 $h = 3.141593 \times 10^{-2}$ s 时,实际系统响应测量值与平滑降噪处理如图 7.3 所示,灰线为实际系统响应测量值,黑线为正交抛物线平滑降噪后结果,显然平滑降噪后系统响应测量误差显著减小。平滑降噪前系统响应测量误差的标准差 $\sigma \approx 7.5$ μrad, 平滑降噪后,当 $t = 2.921681$ s 时系统响应取最大值为 $\theta_{\max} = 2.248819 \times 10^{-4}$ rad, 系统响应的噪信比为

$$\mathrm{NSR} = \frac{3\sigma}{\theta_{\max}} \approx \frac{3 \times 7.5 \times 10^{-6}}{2.248819 \times 10^{-4}} \approx 10\% \tag{7.100}$$

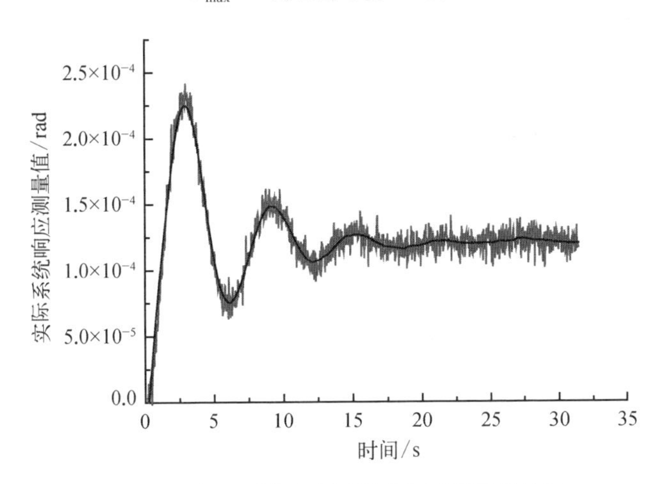

图 7.3　实际系统响应测量值与平滑降噪处理

(3) 当时间步长 $h = 3.141593 \times 10^{-2}$ s 时,平均推力离散化反演计算方法计算平均推力如图 7.4 所示,此时平均推力计算值波动很大。放大后平均推力计算值如图 7.5 所示,显然在 15 s 前平均推力计算结果波动很大。说明尽管实际系统响应测量值平滑降噪后系统响应测量误差显著减小,但是由于平均推力系统响应误差和平均推力标定误差的随机性误差(都是随机性误差)等影响,平均推力计算值波动幅度仍然较大。

(4) 当时间步长 $h = 3.141593 \times 10^{-2}$ s 时,平滑降噪后平均推力计算值如图 7.6

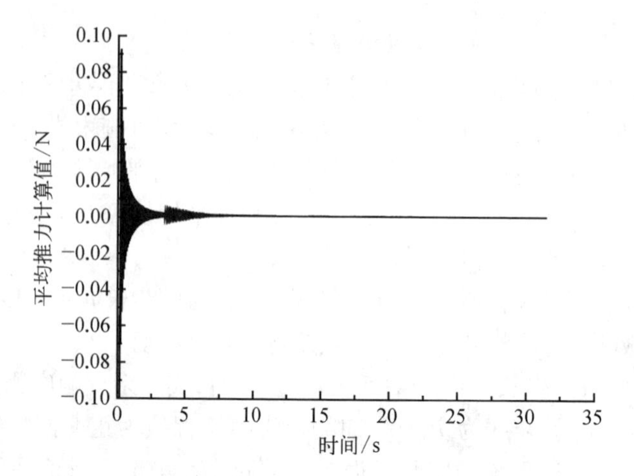

图 7.4　平均推力离散化反演计算方法计算平均推力

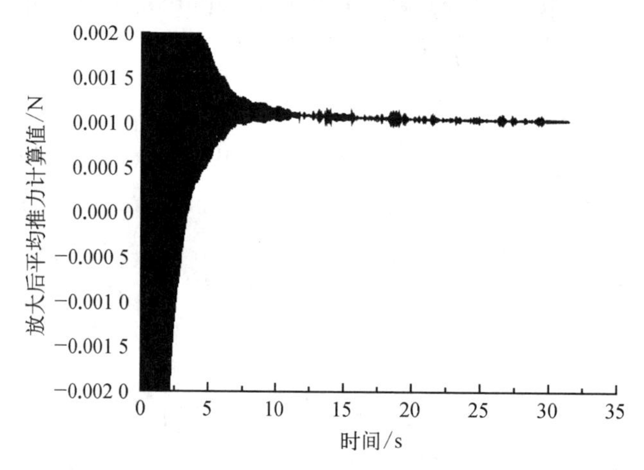

图 7.5　放大后平均推力计算值

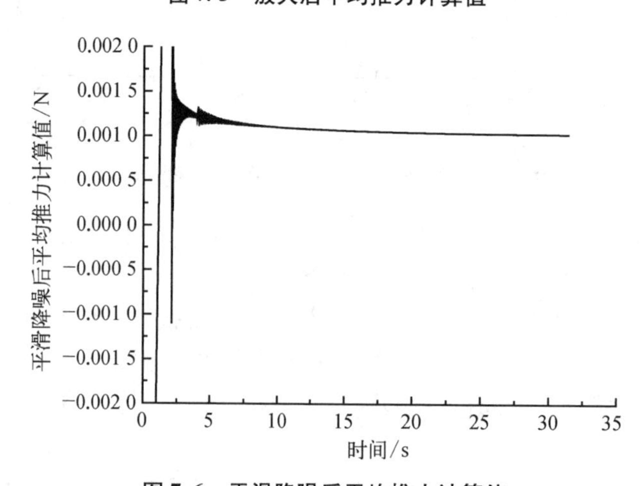

图 7.6　平滑降噪后平均推力计算值

所示，为了减小平均推力计算值的随机性误差，采用正交抛物线平滑降噪方法对平均推力计算值平滑降噪处理，再次减小随机性误差影响。

（5）当时间步长 $h = 3.141\,593 \times 10^{-2}$ s 时，中位数扫描平均后平均推力估计值如图 7.7 所示，采用中位数扫描平均计算方法，进一步减小随机性误差影响。

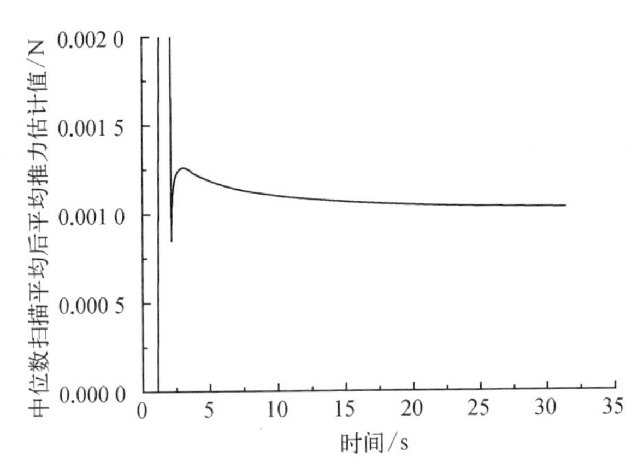

图 7.7　中位数扫描平均后平均推力估计值

（6）当时间步长 $h = 3.141\,593 \times 10^{-2}$ s 时，中位数扫描平均后总冲估计值如图 7.8 所示，这是根据平均推力估计值计算的总冲估计值。

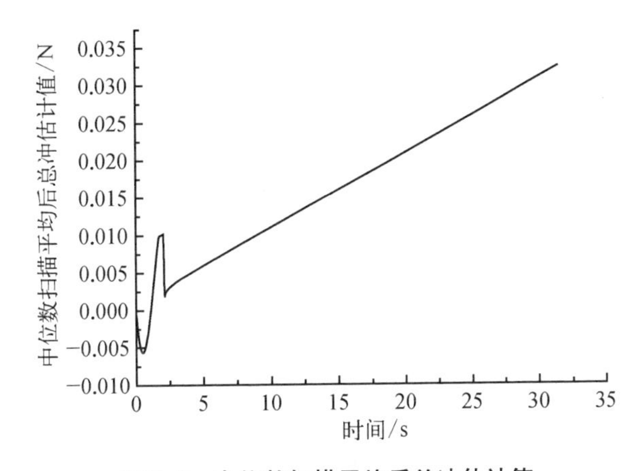

图 7.8　中位数扫描平均后总冲估计值

从图 7.7 的平均推力估计值和图 7.8 的总冲估计值，可以看出，在 3 s 之前，平均推力和总冲估计值波动较大，这是起步计算时采用梯形积分公式及系统响应测量误差等引起的。3 s 之后平均推力和总冲估计值光滑连续。平均推力和总冲的估计值的具体取值如表 7.2 所示。

根据平均推力估计值，进一步确定推力函数形式，以供平均推力误差评估时使用。

表 7.2 平均推力和总冲的估计值

时间/s	平均推力/N	总冲/(N·s)
3.047 345	$1.259\,996\times10^{-3}$	$3.839\,643\times10^{-3}$
6.000 442	$1.159\,513\times10^{-3}$	$6.957\,592\times10^{-3}$
9.016 371	$1.111\,095\times10^{-3}$	$1.001\,804\times10^{-2}$
$1.200\,088\times10$	$1.083\,672\times10^{-3}$	$1.300\,502\times10^{-2}$
$1.501\,681\times10$	$1.066\,030\times10^{-3}$	$1.600\,836\times10^{-2}$
$1.800\,133\times10$	$1.053\,527\times10^{-3}$	$1.896\,489\times10^{-2}$
$2.101\,725\times10$	$1.044\,428\times10^{-3}$	$2.195\,101\times10^{-2}$
$2.400\,177\times10$	$1.038\,351\times10^{-3}$	$2.492\,225\times10^{-2}$
$2.701\,770\times10$	$1.034\,636\times10^{-3}$	$2.795\,348\times10^{-2}$
$3.000\,221\times10$	$1.031\,509\times10^{-3}$	$3.094\,754\times10^{-2}$
$3.097\,610\times10$	$1.030\,415\times10^{-3}$	$3.191\,825\times10^{-2}$
$3.141\,593\times10$	$1.029\,946\times10^{-3}$	$3.235\,670\times10^{-2}$

根据平均推力开始递减、中后段趋于水平的特点，选取推力函数形式为

$$f(t) = a\mathrm{e}^{-bt} + c \quad (a > 0;\ b > 0;\ c \geqslant 0) \tag{7.101}$$

总冲为

$$I(t) = \int_0^t (a\mathrm{e}^{-bx} + c)\,\mathrm{d}x = \frac{a}{b}(1 - \mathrm{e}^{-bt}) + ct \tag{7.102}$$

平均推力为

$$f_a(t) = \frac{I(t)}{t} = \frac{\dfrac{a}{b}(1 - \mathrm{e}^{-bt}) + ct}{t} = \frac{a}{b} \cdot \frac{(1 - \mathrm{e}^{-bt})}{t} + c \tag{7.103}$$

$$f_a(0) = a + c \tag{7.104}$$

在图 7.7 中，向左外推近似取

$$f_a(0) = a + c \approx 1.5 \times 10^{-3}\ \mathrm{N} \tag{7.105}$$

在图 7.8 中，当时间足够大时（$t \to \infty$），总冲近似为

$$I(t) = \frac{a}{b} + ct \tag{7.106}$$

在表7.2中取以下两点

$$t_1 = 3.097\,610 \times 10\ \mathrm{s},\ I(t_1) = 3.191\,825 \times 10^{-2}\ \mathrm{N \cdot s} \tag{7.107}$$

$$t_2 = 3.141\,593 \times 10\ \mathrm{s},\ I(t_2) = 3.235\,670 \times 10^{-2}\ \mathrm{N \cdot s} \tag{7.108}$$

可得方程组

$$\frac{a}{b} + ct_1 = I(t_1),\ \frac{a}{b} + ct_2 = I(t_2) \tag{7.109}$$

因此有

$$c = \frac{I(t_2) - I(t_1)}{t_2 - t_1} = \frac{3.235\,670 \times 10^{-2} - 3.191\,825 \times 10^{-2}}{3.141\,593 \times 10 - 3.097\,610 \times 10} \approx 1.00 \times 10^{-3} \tag{7.110}$$

$$a \approx 1.5 \times 10^{-3} - c \approx 0.50 \times 10^{-3} \tag{7.111}$$

$$\begin{aligned} b &= \frac{a}{I(t_2) - ct_2} \\ &\approx \frac{0.50 \times 10^{-3}}{3.235\,670 \times 10^{-2} - 1.00 \times 10^{-3} \times 3.141\,593 \times 10} \approx 0.53 \end{aligned} \tag{7.112}$$

故选择推力函数形式为

$$f(t) = 0.50 \times 10^{-3} \mathrm{e}^{-0.53t} + 1.00 \times 10^{-3} \tag{7.113}$$

5. 平均推力和总冲测量误差的蒙特卡洛评估方法

(1) 由系统参数标定值及误差,抽样产生系统参数。

已知扭摆测量系统的系统参数估计值为

$$\hat{k} = 2.5\ (\mathrm{N \cdot m})/\mathrm{rad},\ \hat{\omega}_d = 1\ \mathrm{rad/s},\ \hat{\zeta} = 0.2 \tag{7.114}$$

系统参数标定误差取2%。

采用蒙特卡洛随机抽样方法,获得系统参数的抽样值为

$$k_i = (1 - p)\hat{k} + 2p\hat{k}r_{i1} \tag{7.115}$$

$$\zeta_i = (1 - p)\hat{\zeta} + 2p\hat{\zeta}r_{i2} \tag{7.116}$$

$$\omega_{di} = (1 - p)\hat{\omega}_d + 2p\hat{\omega}_d r_{i3} \tag{7.117}$$

并且计算得到

$$\omega_{ni} = \frac{\omega_{di}}{\sqrt{1-\zeta_i^2}},\ J_i = \frac{k_i}{\omega_{ni}^2} \tag{7.118}$$

式中,r_{i1}、r_{i2} 和 r_{i3} 为(0, 1)区间均匀分布随机数,随机数种子取不同值,使得它们之间相互独立。$i = 1, 2, \cdots, m$, m 为蒙特卡洛抽样仿真次数。

(2) 给定推力函数形式,抽样产生系统响应,给出平均推力理论值。

根据推力随着时间变化趋势,选取推力函数形式为

$$f(t) = a\mathrm{e}^{-bt} + c \quad (a > 0;\ b > 0;\ c \geqslant 0) \tag{7.119}$$

其中,

$$a \approx 0.50 \times 10^{-3},\ b \approx 0.53,\ c \approx 1.00 \times 10^{-3} \tag{7.120}$$

扭摆振动微分方程为

$$\ddot{\theta}_i + 2\zeta_i\omega_{ni}\dot{\theta}_i + \omega_{ni}^2\theta_i = \frac{L_f}{J_i}f(t) \tag{7.121}$$

式中,力臂为 $L_f = 0.3$ m。计算系统响应

$$\theta_{ij} = \theta_i(t_j) \tag{7.122}$$

式中, $t_j = jh$ $(j = 0, 1, 2, \cdots, n)$, h 为时间步长。并且平均推力理论值为

$$f_a(t) = \frac{I(t)}{t} = \frac{\frac{a}{b}(1-\mathrm{e}^{-bt}) + ct}{t} = \frac{a}{b}\cdot\frac{(1-\mathrm{e}^{-bt})}{t} + c \tag{7.123}$$

(3) 已知系统响应测量误差为 $\Delta\theta(t) \sim N(0, \sigma^2)$,系统响应测量误差的标准差为 $\sigma = 7.5\ \mu\mathrm{rad}$, $\Delta\theta(t)$的蒙特卡洛抽样值为

$$\Delta\theta_i(t_j) = \sigma\sqrt{-2\ln r_{ij1}}\cos 2\pi r_{ij2} \tag{7.124}$$

式中,r_{ij1} 和 r_{ij2} 为(0, 1)区间相互独立的均匀分布随机数, $i = 1, 2, \cdots, m$。

(4) 实际系统响应测量值为

$$\Theta_{ij} = \Theta_i(t_j) = \theta_i(t_j) + \Delta\theta_i(t_j) \tag{7.125}$$

(5) 采用平均推力和总冲离散化反演测量方法,得到平均推力的估计值为

$$(t_j, \bar{f}_{aij}) \quad (i = 1, 2, \cdots, m;\ j = 1, 2, \cdots, n) \tag{7.126}$$

总冲估计值为

$$\bar{I}_{ij} = t_j\bar{f}_{aij} \quad (i = 1, 2, \cdots, m;\ j = 1, 2, \cdots, n) \tag{7.127}$$

式中，m 为蒙特卡洛抽样仿真次数；n 为每次仿真中采样点数目。

（6）平均推力与总冲误差相等，为

$$\varepsilon_{aij} = \frac{\bar{f}_{aij}}{f_{aj}} - 1 \quad (i = 1, 2, \cdots, m; j = 1, 2, \cdots, n) \tag{7.128}$$

式中，$f_{aj} = f_a(t_j)(j = 1, 2, \cdots, n)$。

（7）重复（1）至（6），蒙特卡洛抽样仿真次数为 m，对于每个给定时间点 $t_j = jh$ $(j = 1, 2, \cdots, n)$，将平均推力测量误差的抽样值由小到大排序为

$$\varepsilon'_{a1j} \leqslant \varepsilon'_{a2j} \leqslant \cdots \leqslant \varepsilon'_{amj} \tag{7.129}$$

给定置信度 γ 条件下，确定平均推力测量误差落入区间$(\varepsilon'_{a1j}, \varepsilon'_{amj})$的概率为 β。

选取递减型推力函数形式为

$$f(t) = 0.50 \times 10^{-3} e^{-0.53t} + 1.00 \times 10^{-3} \tag{7.130}$$

取蒙特卡洛仿真次数 $m = 100$，当置信度 $\gamma = 0.95$ 时，平均推力误差落入区间$(\varepsilon'_{a1j}, \varepsilon'_{amj})$的概率 $\beta \geqslant 0.953$。如图 7.9 所示，为递减型推力函数形式、蒙特卡洛仿真次数 $m = 100$ 条件下，平均推力误差（或总冲误差）的上下包络线，也就是以置信度 $\gamma = 0.95$，保证平均推力误差落入该上下包络线的概率 $\beta \geqslant 0.953$。

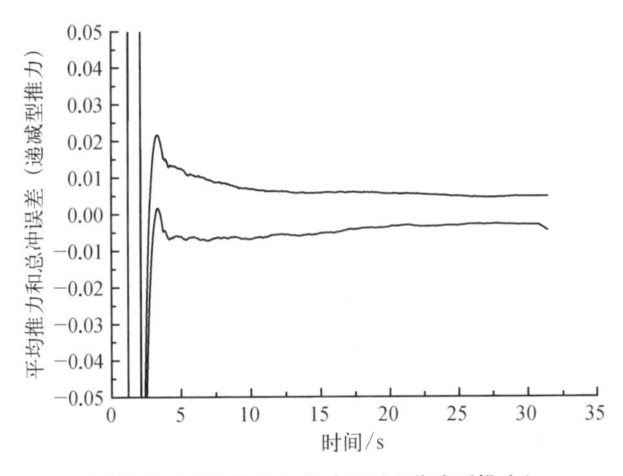

图 7.9　平均推力和总冲误差（递减型推力）

如图 7.9 说明，对于递减型推力函数形式，3 s 以后平均推力和总冲的估计值误差为−1%～2.5%，10 s 以后平均推力和总冲的估计值误差为−1%～1%，并且以置信度 $\gamma = 0.95$，保证该结论成立的概率为 $\beta \geqslant 0.953$。

递减型推力和恒定型推力形式下，平均推力和总冲误差的比较如图 7.10 所示。实线为递减型推力函数形式下平均推力和总冲误差变化，虚线为恒定型推力

函数形式下平均推力和总冲误差变化,表明在递减型推力和恒定型推力形式下,平均推力和总冲误差基本接近。

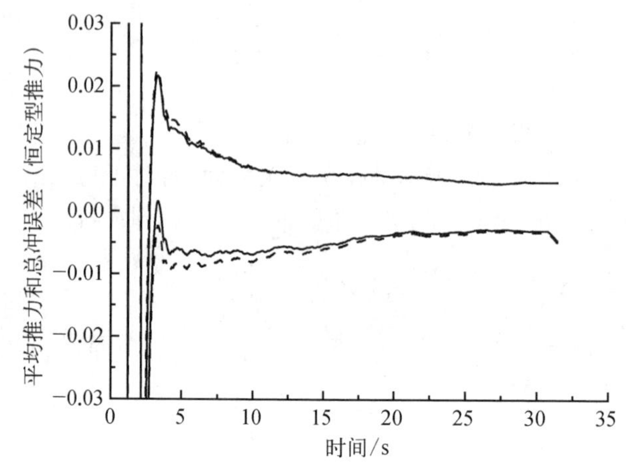

图 7.10　平均推力和总冲误差(恒定型推力)

递减型推力和递增型推力形式下,平均推力和总冲误差的比较如图 7.11 所示。实线为递减型推力函数形式下平均推力和总冲误差变化,虚线为递增型推力函数形式下平均推力和总冲误差变化,表明在递减型推力和递增型推力形式下,平均推力和总冲误差基本接近。

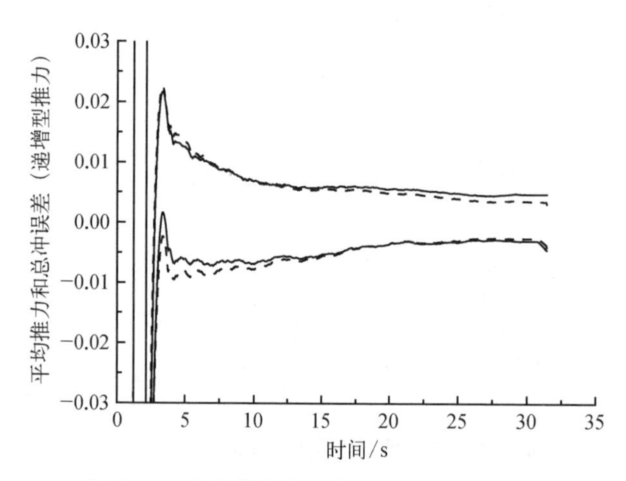

图 7.11　平均推力和总冲误差(递增型推力)

综上所述,图 7.9、图 7.10 和图 7.11 表明推力函数形式对平均推力和总冲估计值的误差影响不大,3 s 以后平均推力和总冲的估计值误差为-1%~2.5%,10 s 以后平均推力和总冲的估计值误差为-1%~1%,并且以置信度 $\gamma = 0.95$ 保证该结论成立的概率为 $\beta \geqslant 0.953$。

7.5　基于递推计算的平均推力和总冲测量方法与误差分析方法

对于大多数推力器，当考查时间足够长时，系统响应进入稳态及平均推力变化不大，此时，采用平均推力和总冲离散化反演测量方法与误差分析方法，由于考查时间过长、采样数据点过多，会引起推力离散化线性方程组维数过大，造成计算困难，因此，提出了基于递推计算的平均推力和总冲测量方法与误差分析方法，其特点是根据系统响应测量值实时递推计算平均推力和总冲、极大地方便计算。平均推力和总冲离散化反演测量方法适用于系统响应未进入稳态的初期阶段，基于递推计算的平均推力和总冲测量方法适用于系统响应进入稳态的中期、后期阶段。

首先，提出了基于递推计算的平均推力和总冲测量方法，根据扭摆振动微分方程，建立了系统响应测量值、平均推力和总冲之间实时的递推关系，实现了根据系统响应测量值递推计算平均推力和总冲。

其次，通过误差来源分析，在基于递推计算的平均推力和总冲测量方法中，明确了平均推力和总冲测量误差来源为舍去误差项的影响、截断误差的影响、系统响应测量误差的影响、系统参数标定误差的影响，并且通过误差来源影响分析，提出了误差抑制方法。

最后，以恒力作用下误差分析为例，给出了采用时间长度与周期比值、单位周期采用点数目、系统响应的信噪比等对平均推力舍去误差、平均推力截断误差、平均推力系统响应误差、平均推力标定误差的影响规律。

7.5.1　基于递推计算的平均推力和总冲测量方法

基于递推计算的平均推力和总冲测量的基本原理：根据系统响应测量值，采用递推计算方法计算平均扭转角，进而计算平均推力和总冲。

扭摆测量系统的振动方程为

$$\ddot{\theta}+2\zeta\omega_n\dot{\theta}+\omega_n^2\theta=\frac{L_f}{J}f(t) \tag{7.131}$$

$$\theta(0)=0,\ \dot{\theta}(0)=0$$

式中，J 为扭摆转动惯量；ζ 为阻尼比；ω_n 为固有振动频率。

扭摆振动方程两端取积分，即

$$\int_0^{T_e}\ddot{\theta}\mathrm{d}t+2\zeta\omega_n\int_0^{T_e}\dot{\theta}\mathrm{d}t+\omega_n^2\int_0^{T_e}\theta\mathrm{d}t=\frac{L_f}{J}\int_0^{T_e}f(t)\mathrm{d}t \tag{7.132}$$

$$\dot{\theta}(T_e)+2\zeta\omega_n\theta(T_e)+\omega_n^2\int_0^{T_e}\theta\mathrm{d}t=\frac{L_f}{J}S_{\mathrm{tot}} \tag{7.133}$$

式中,T_e 为某个给定时间,作用力的总冲为

$$S_{\mathrm{tot}}=\int_0^{T_e}f(t)\mathrm{d}t \tag{7.134}$$

进一步改写为

$$\frac{1}{\omega_n^2}\dot{\theta}(T_e)+\frac{2\zeta}{\omega_n}\theta(T_e)+\int_0^{T_e}\theta\mathrm{d}t=\frac{L_f}{J\omega_n^2}S_{\mathrm{tot}}=\frac{L_f}{k}S_{\mathrm{tot}} \tag{7.135}$$

$$\frac{1}{\omega_n^2T_e}\dot{\theta}(T_e)+\frac{2\zeta}{\omega_nT_e}\theta(T_e)+\frac{1}{T_e}\int_0^{T_e}\theta\mathrm{d}t=\frac{L_f}{k}\cdot\frac{S_{\mathrm{tot}}}{T_e}=\frac{L_f}{k}\bar{f} \tag{7.136}$$

式中,扭转刚度系数为 $k=J\omega_n^2$;$\bar{f}=S_{\mathrm{tot}}/T_e$ 为[0, T_e]时间内的平均推力。

在时间区间[0, T_e]内的平均扭转角为

$$\langle\theta\rangle=\frac{1}{T_e}\int_0^{T_e}\theta\mathrm{d}t \tag{7.137}$$

将时间区间[0, T_e]划分为 n 等分,采样时间步长为 Δt,有

$$\langle\theta\rangle=\frac{1}{T_e}\int_0^{T_e}\theta\mathrm{d}t=\frac{1}{n\Delta t}\lim_{\Delta t\to 0}\sum_{i=1}^{n}\theta(t_i)\Delta t=\frac{1}{n}\lim_{\Delta t\to 0}\sum_{i=1}^{n}\theta(t_i) \tag{7.138}$$

当采样时间步长 Δt 足够小时,平均扭转角$\langle\theta\rangle$的估计值为

$$\bar{\theta}=\frac{1}{n}\sum_{i=1}^{n}\theta(t_i) \tag{7.139}$$

式中,$\bar{\theta}$ 为平均扭转角$\langle\theta\rangle$的估计值。

定义舍去误差项,为

$$\delta_{T_e}(T_e)=\frac{1}{\omega_nT_e}\left[\frac{\dot{\theta}(T_e)}{\omega_n}+2\zeta\theta(T_e)\right] \tag{7.140}$$

当采样时间长度 T_e 足够大,或者扭转角和导数足够小时,舍去误差项足够小,即有

$$\delta_{T_e}(T_e)\to 0 \tag{7.141}$$

因此,在平均推力测量时,采样时间步长足够小、采样时间长度足够大,或者扭转角和导数很小的条件下,平均推力的估计值为

$$\bar{f} = \frac{k}{L_f}\bar{\theta} \tag{7.142}$$

平均扭转角的估计值为

$$\bar{\theta} = \frac{1}{n}\sum_{i=1}^{n}\theta(t_i) \tag{7.143}$$

总冲的估计值为

$$S_{\text{tot}} = \bar{f}T_e \tag{7.144}$$

平均扭转角的估计值为

$$\bar{\theta} = \frac{1}{n}\sum_{i=1}^{n}\theta(t_i) \tag{7.145}$$

为了防止计算溢出及实时采样计算,需要采用递推计算方法,为

$$\bar{\theta}_0 = 0 \tag{7.146}$$

$$\bar{\theta}_i = \bar{\theta}_{i-1} + \frac{1}{i}(\theta_i - \bar{\theta}_{i-1}) \quad (i = 1,\ 2,\ \cdots,\ n) \tag{7.147}$$

如果计算平均推力和总冲时,扭转角采样时间区间为$[T_s,\ T_e]$,有

$$\frac{1}{\omega_n^2}\dot{\theta}(T_s) + \frac{2\zeta}{\omega_n}\theta(T_s) + \int_0^{T_s}\theta \mathrm{d}t = \frac{L_f}{k}\cdot S_{\text{tot},\ s} \tag{7.148}$$

$$\frac{1}{\omega_n^2}\dot{\theta}(T_e) + \frac{2\zeta}{\omega_n}\theta(T_e) + \int_0^{T_e}\theta \mathrm{d}t = \frac{L_f}{k}\cdot S_{\text{tot},\ e} \tag{7.149}$$

式(7.148)与式(7.149)两边相减,可得

$$\frac{1}{\omega_n^2}[\dot{\theta}(T_e) - \dot{\theta}(T_s)] + \frac{2\zeta}{\omega_n}[\theta(T_e) - \theta(T_s)] + \int_{T_s}^{T_e}\theta \mathrm{d}t = \frac{L_f}{k}\cdot(S_{\text{tot},\ e} - S_{\text{tot},\ s}) \tag{7.150}$$

$$\frac{1}{\omega_n^2(T_e - T_s)}[\dot{\theta}(T_e) - \dot{\theta}(T_s)] + \frac{2\zeta}{\omega_n(T_e - T_s)}[\theta(T_e) - \theta(T_s)] + \frac{1}{T_e - T_s}\int_{T_s}^{T_e}\theta \mathrm{d}t = \frac{L_f}{k}\cdot\frac{S_{\text{tot},\ e} - S_{\text{tot},\ s}}{T_e - T_s} \tag{7.151}$$

定义舍去误差项为

$$\delta_{T_s,T_e}(T_s, T_e) = \frac{1}{\omega_n^2(T_e - T_s)}[\dot{\theta}(T_e) - \dot{\theta}(T_s)] + \frac{2\zeta}{\omega_n(T_e - T_s)}[\theta(T_e) - \theta(T_s)] \tag{7.152}$$

当时间区间长度足够大时($T_e - T_s \to \infty$),有

$$\langle\theta\rangle = \frac{1}{T_e - T_s}\int_{T_s}^{T_e}\theta \mathrm{d}t \tag{7.153}$$

$$\bar{f} = \frac{k}{L_f}\langle\theta\rangle,\ S_{\mathrm{tot},e} - S_{\mathrm{tot},s} = \bar{f}(T_e - T_s) \tag{7.154}$$

说明扭转角采样时间区间为$[T_s, T_e]$时,平均推力和总冲计算公式依然成立。平均扭转角为$[T_s, T_e]$内的扭转角平均值;平均推力为$[T_s, T_e]$内的推力平均值;总冲为$[T_s, T_e]$内的总冲,并且要求时间区间长度T_e-T_s足够大。

7.5.2 误差来源分析

在基于递推计算的平均推力和总冲测量方法中,误差来源为舍去误差项的影响、截断误差的影响、系统响应测量误差的影响、系统参数标定误差的影响。

已知平均推力满足方程式

$$\frac{1}{\omega_n^2 T_e}\dot{\theta}(T_e) + \frac{2\zeta}{\omega_n T_e}\theta(T_e) + \frac{1}{T_e}\int_0^{T_e}\theta \mathrm{d}t = \frac{L_f}{k}\bar{f} \tag{7.155}$$

式中,$\bar{f}$为$[0, T_e]$时间内的平均推力。

舍去误差项和平均扭转角,分别为

$$\delta_{T_e}(T_e) = \frac{1}{\omega_n T_e}\left[\frac{\dot{\theta}(T_e)}{\omega_n} + 2\zeta\theta(T_e)\right] \tag{7.156}$$

$$\langle\theta\rangle = \frac{1}{T_e}\int_0^{T_e}\theta \mathrm{d}t \tag{7.157}$$

采用数值积分离散化方法,计算平均扭转角$\langle\theta\rangle$的估计值$\bar{\theta}$时,定义平均扭转角的截断误差为

$$\delta_{\bar{\theta}}(T_e) = \langle\theta\rangle - \bar{\theta},\ \langle\theta\rangle = \bar{\theta} + \delta_{\bar{\theta}}(T_e) \tag{7.158}$$

实际系统响应为$\Theta(t) = \theta(t) + \Delta\theta(t)$,总是存在系统响应测量误差$\Delta\theta(t)$的影响,采用

$$\bar{\Theta}=\frac{1}{n}\sum_{i=1}^{n}\Theta(t_i) \tag{7.159}$$

代替

$$\bar{\theta}=\frac{1}{n}\sum_{i=1}^{n}\theta(t_i) \tag{7.160}$$

将引入平均扭转角的估计误差,定义平均扭转角的系统响应误差为

$$\delta_N(T_e)=\bar{\theta}-\bar{\Theta},\ \bar{\theta}=\bar{\Theta}+\delta_N(T_e) \tag{7.161}$$

因此,平均扭转角$\langle\theta\rangle$的估计值为 $\bar{\Theta}$;平均扭转角的截断误差为 $\delta_{\bar{\theta}}(T_e)$;平均扭转角的系统响应误差为 $\delta_N(T_e)$,平均扭转角表示为

$$\langle\theta\rangle=\bar{\theta}+\delta_{\bar{\theta}}(T_e)=\bar{\Theta}+\delta_N(T_e)+\delta_{\bar{\theta}}(T_e) \tag{7.162}$$

平均推力 $\bar{f}$ 的估计值为 $\bar{F}$,平均推力估计值为

$$\bar{F}=\frac{k}{L_f}\bar{\Theta} \tag{7.163}$$

扭转刚度系数 k 的标定值为 $\hat{k}$,平均推力估计值为

$$\bar{F}=\frac{\hat{k}}{L_f}\bar{\Theta} \tag{7.164}$$

式中,由于力臂测量误差很小可忽略不计。

由于

$$\frac{1}{\omega_n^2T_e}\dot{\theta}(T_e)+\frac{2\zeta}{\omega_nT_e}\theta(T_e)+\frac{1}{T_e}\int_0^{T_e}\theta\mathrm{d}t=\delta_{T_e}(T_e)+\langle\theta\rangle=\frac{L_f}{k}\bar{f} \tag{7.165}$$

将 $\langle\theta\rangle=\bar{\Theta}+\delta_N(T_e)+\delta_{\bar{\theta}}(T_e)$ 代入,可得平均推力理论值为

$$\bar{f}=\frac{k}{L_f}[\delta_{T_e}(T_e)+\delta_{\bar{\theta}}(T_e)+\delta_N(T_e)+\bar{\Theta}] \tag{7.166}$$

因此平均推力估计值的绝对误差为

$$\begin{aligned}\varepsilon_{\bar{F}}&=\bar{F}-\bar{f}=\frac{\hat{k}}{L_f}\bar{\Theta}-\frac{k}{L_f}[\delta_{T_e}(T_e)+\delta_{\bar{\theta}}(T_e)+\delta_N(T_e)+\bar{\Theta}]\\&=\frac{\hat{k}-k}{L_f}\bar{\Theta}-\frac{k}{L_f}[\delta_{T_e}(T_e)+\delta_{\bar{\theta}}(T_e)+\delta_N(T_e)]\end{aligned} \tag{7.167}$$

平均推力估计值的相对误差为

$$\varepsilon_{\bar{F}}=\frac{\bar{F}-\bar{f}}{\bar{f}}=\frac{\frac{\hat{k}-k}{k}\bar{\Theta}-[\delta_{T_e}(T_e)+\delta_{\bar{\theta}}(T_e)+\delta_N(T_e)]}{[\delta_{T_e}(T_e)+\delta_{\bar{\theta}}(T_e)+\delta_N(T_e)+\bar{\Theta}]}\tag{7.168}$$

如果 $\delta=\delta_{T_e}(T_e)+\delta_{\bar{\theta}}(T_e)+\delta_N(T_e)\ll\bar{\Theta}$，则平均推力估计值的相对误差为

$$\varepsilon_{\bar{F}}\approx\varepsilon_k+\varepsilon_{T_e}+\varepsilon_{\bar{\theta}}+\varepsilon_N\tag{7.169}$$

$$\varepsilon_k=\frac{\hat{k}-k}{k},\ \varepsilon_{T_e}=-\frac{\delta_{T_e}(T_e)}{\bar{\Theta}}\tag{7.170}$$

$$\varepsilon_{\bar{\theta}}=-\frac{\delta_{\bar{\theta}}(T_e)}{\bar{\Theta}},\ \varepsilon_N=-\frac{\delta_N(T_e)}{\bar{\Theta}}\tag{7.171}$$

平均推力理论值 $\bar{f}$ 对应总冲为 $S_{\text{tot}}=\bar{f}T_e$，平均推力估计值 $\bar{F}$ 对应的总冲为 $S'_{\text{tot}}=\bar{F}T_e$，总冲的估计值相对误差为

$$\varepsilon_S=\frac{S'_{\text{tot}}-S_{\text{tot}}}{S_{\text{tot}}}=\frac{\bar{F}-\bar{f}}{\bar{f}}=\varepsilon_{\bar{F}}\tag{7.172}$$

即总冲估计值相对误差与平均推力估计值相对误差相等。

因此，在基于递推计算的平均推力和总冲测量方法中，平均推力和总冲测量误差来源如下。

（1）舍去误差项的影响。由于舍去误差项不满足趋近于零条件而引起的平均推力测量误差，称为平均推力舍去误差（用 ε_{T_e} 表示）。

（2）截断误差的影响。由于采用数值积分离散化方法，将积分用有限和代替而引起的平均推力测量误差，称为平均推力截断误差（用 $\varepsilon_{\bar{\theta}}$ 表示）。

（3）系统响应测量误差的影响。由系统响应测量误差而引起的平均推力测量误差，称为平均推力系统响应误差（用 ε_N 表示）。

（4）系统参数标定误差的影响。由系统参数标定误差而引起的平均推力测量误差，称为平均推力标定误差（用 ε_k 表示）。

7.5.3 误差抑制方法

1. 舍去误差项的影响与抑制

根据以下公式：

$$\frac{1}{\omega_n^2T_e}\dot{\theta}(T_e)+\frac{2\zeta}{\omega_nT_e}\theta(T_e)+\frac{1}{T_e}\int_0^{T_e}\theta\mathrm{d}t=\frac{L_f}{k}\bar{f}\tag{7.173}$$

可知

$$\delta_{T_e}(T_e) + \langle\theta\rangle = \frac{L_f}{k}\bar{f} \tag{7.174}$$

式中，$\delta_{T_e}(T_e)$ 为舍去误差项，与采样时间长度 T_e 相关。只有 $\delta_{T_e}(T_e) \to 0$ 时，才有

$$\langle\theta\rangle \to \frac{L_f}{k}\bar{f} \tag{7.175}$$

舍去误差项为

$$\delta_{T_e}(T_e) = \frac{1}{\omega_n T_e}\left[\frac{\dot{\theta}(T_e)}{\omega_n} + 2\zeta\theta(T_e)\right] = \frac{T_d(1-\zeta^2)}{(2\pi)^2(T_e/T_d)}\dot{\theta}(T_e) + \frac{\zeta\sqrt{1-\zeta^2}}{\pi(T_e/T_d)}\theta(T_e) \tag{7.176}$$

因此，舍去误差项的抑制方法如下。

(1) 在测量系统设计中，通过调节力臂、扭转刚度系数、阻尼比来控制系统响应和导数。系统响应 $\theta(t)$ 和导数 $\dot{\theta}(t)$ 正比于力臂 L_f、反比于扭转刚度系数 k。阻尼比改变系统响应和导数随着时间振动幅值变化。

(2) 通过增大采样时间长度（增大采样时间长度与系统周期比值）来减小舍去误差项。显然，只有采样时间长度充分大后，舍去误差项可忽略不计时，平均推力和总冲估计值误差才会足够小。

2. 截断误差的影响与抑制

在时间区间 $[0, T_e]$ 内的平均扭转角为

$$\langle\theta\rangle = \frac{1}{T_e}\int_0^{T_e}\theta \mathrm{d}t \tag{7.177}$$

将时间区间 $[0, T_e]$ 划分为 n 等分，采样时间步长 Δt 足够小时，平均扭转角 $\langle\theta\rangle$ 估计值为

$$\bar{\theta} = \frac{1}{n}\sum_{i=1}^{n}\theta(t_i) \tag{7.178}$$

在 $\langle\theta\rangle$ 积分表达式离散化为 $\bar{\theta}$ 过程中，由于采用有限和代替积分，将引入离散化的截断误差。

左矩形公式计算积分方法为

$$\bar{\theta} = \frac{1}{n}\sum_{i=1}^{n}\theta(t_i) \tag{7.179}$$

式中，数值积分离散化的截断误差与采样时间步长 Δt 成正比，精度较低。

采用梯形积分公式离散化,平均扭转角估计值为

$$\bar{\theta} = \frac{1}{n}\sum_{i=1}^{n} \frac{\theta(t_{i-1}) + \theta(t_i)}{2} \tag{7.180}$$

其数值积分离散化的截断误差与采样时间步长的平方$(\Delta t)^2$成正比,精度有所提高。

采用辛普森积分公式计算将有效减小离散化的截断误差,并且为了防止计算溢出及实时计算,还要构造相应的递推计算方法。

将时间区间$[0, T_e]$采用$2n+1$个点划分为$2n$等分,有

$$0 = t_0 < t_1 < t_2 < \cdots < t_{2n} = T_e,\ \Delta t = T_e/2n \tag{7.181}$$

系统响应测量值为$(t_i, \theta_i)(i=0, 1, 2, \cdots, 2n)$,每个小区间$[t_{i-2}, t_i](i=2, 4, 6, \cdots, 2n)$内,积分值采用3点辛普森积分公式计算,为

$$r_i = \int_{t_{i-2}}^{t_i} \theta(t)\mathrm{d}t \approx \frac{\Delta t}{3}(\theta_{i-2} + 4\theta_{i-1} + \theta_i) \quad (i = 2, 4, 6, \cdots, 2n) \tag{7.182}$$

$$s_i = \frac{1}{6}(\theta_{i-2} + 4\theta_{i-1} + \theta_i) \quad (i = 2, 4, 6, \cdots, 2n) \tag{7.183}$$

并且有

$$\begin{aligned}\langle\theta\rangle &= \frac{1}{T_e}\int_0^{T_e}\theta\mathrm{d}t = \frac{1}{2n\Delta t}\sum_{i=2,4,\cdots}^{2n}\int_{t_{i-2}}^{t_i}\theta\mathrm{d}t \\ &= \frac{1}{2n\Delta t}\sum_{i=2,4,\cdots}^{2n} r_i \approx \frac{1}{2n\Delta t}\sum_{i=2,4,\cdots}^{2n} 2s_i\Delta t = \frac{1}{n}\sum_{i=2,4,\cdots}^{2n} s_i = \bar{\theta}\end{aligned} \tag{7.184}$$

故平均扭转角估计值为

$$\bar{\theta} = \frac{1}{n}\sum_{i=2,4,\cdots}^{2n} s_i \tag{7.185}$$

采用辛普森积分离散化方法时,截断误差与采样时间步长$(\Delta t)^4$成正比,显然,计算精度显著提高。

在相等采样时间步长条件下,基于辛普森积分公式,平均扭转角估计值的递推计算方法如下:

(1) 从$i=0$起步,存入θ_0,令$\bar{\theta}_0 = 0$;

(2) 当$i = 2k - 1$ $(k = 1, 2, \cdots, n)$时,存入θ_i;

(3) 当$i = 2k$ $(k = 1, 2, \cdots, n)$时,提取已存入的θ_{i-2}和θ_{i-1},并存入当前θ_i,计算s_i为

$$s_i = \frac{1}{6}(\theta_{i-2} + 4\theta_{i-1} + \theta_i) \quad (i = 2,\ 4,\ 6,\ \cdots,\ 2n) \tag{7.186}$$

递推计算 $\bar{\theta}_k$ 为

$$\bar{\theta}_k = \bar{\theta}_{k-1} + \frac{1}{k}(s_i - \bar{\theta}_{k-1}) \quad (k = 1,\ 2,\ \cdots,\ n) \tag{7.187}$$

因此，截断误差的抑制方法如下：

(1) 采用高精度积分离散化数值计算方法，在相同采样时间步长条件下，提高平均扭转角计算精度，例如，采用梯形、辛普森积分公式，代替左矩形积分计算公式；

(2) 采用实时采样的递推计算方法，防止计算溢出及实现实时采样计算。

3. 系统响应测量误差的影响与抑制

系统响应测量误差为 $\Delta\theta(t) \sim N(0,\ \sigma^2)$，服从零均值正态分布，实际系统响应为

$$\Theta(t) = \theta(t) + \Delta\theta(t) \tag{7.188}$$

系统响应采样值为 $[t_i,\ \Theta(t_i)](i = 1,\ 2,\ \cdots,\ n)$，平均扭转角估计值为

$$\bar{\Theta} = \frac{1}{n}\sum_{i=1}^{n}\Theta(t_i) = \frac{1}{n}\sum_{i=1}^{n}\theta(t_i) + \frac{1}{n}\sum_{i=1}^{n}\Delta\theta(t_i) \tag{7.189}$$

其均值和方差为

$$E(\bar{\Theta}) = \frac{1}{n}\sum_{i=1}^{n}E[\Theta(t_i)] = \frac{1}{n}\sum_{i=1}^{n}E[\theta(t_i)] + \frac{1}{n}\sum_{i=1}^{n}E[\Delta\theta(t_i)] = \frac{1}{n}\sum_{i=1}^{n}\theta(t_i) = \bar{\theta} \tag{7.190}$$

$$D(\bar{\Theta}) = \left(\frac{1}{n}\right)^2\sum_{i=1}^{n}D[\Delta\theta(t_i)] = \frac{\sigma^2}{n} \tag{7.191}$$

式中，$E(\cdot)$为取均值运算；$D(\cdot)$为取方差运算。

系统响应测量误差所造成平均扭转角的误差，以95%的概率满足

$$|\delta_N(T_e)| = |\bar{\Theta} - \bar{\theta}| \leqslant 1.96 \times \frac{\sigma}{\sqrt{n}} \tag{7.192}$$

例如，系统响应最大值为 $\Theta(t) = 100 \times 10^{-6}$ rad，系统响应平均值为 $\bar{\Theta} = 60 \times 10^{-6}$ rad，系统响应测量误差为 $\Delta\theta(t) \sim N[0,\ (2 \times 10^{-6})^2]$（标准差的单位为 rad），系统响应的噪信比为

$$\mathrm{NSR} = \frac{3 \times (2 \times 10^{-6})}{100 \times 10^{-6}} = 6\% \tag{7.193}$$

系统响应采样点数目为 $n = 8\ 100$ 时,以给定概率 95%满足

$$|\bar{\Theta} - \bar{\theta}| \leqslant 1.96 \times \frac{2 \times 10^{-6}}{\sqrt{8\ 100}} = 4.355\ 555 \times 10^{-8} \tag{7.194}$$

与平均扭转角 $\bar{\Theta} = 60 \times 10^{-6}$ rad 比较,相对误差为 0.072 6%,对平均扭转角估计值的计算误差影响很小,可忽略不计。

因此,通过增大采样点数目,可有效减小系统响应测量误差对平均扭转角估计值误差的影响。一般由于采样时间长度足够大、采样时间步长足够小,故可满足系统响应采样点数目足够多要求,该项误差可忽略不计。

4. *系统参数标定误差的影响与抑制*

系统参数标定误差抑制方法为:采用高精度系统参数标定方法,减小系统参数的标定误差。

基于递推计算的平均推力和总冲测量方法,与平均推力和总冲离散化反演测量方法比较,在应用方面主要区别在于以下几点。

(1) 在基于递推计算的平均推力和总冲测量方法中,为了抑制测量误差,要求采样时间长度足够大、采样时间步长足够小、采样点数目足够多,主要应用于考查时间足够长,系统响应进入稳态后的平均推力和总冲测量情况。

(2) 当考察时间足够长,系统响应测量值序列太长,采用平均推力和总冲离散化反演测量方法,推力离散化线性方程组维数太大,造成计算困难。例如,系统响应测量值序列长度为 10^4 时,推力离散化线性方程组的系数矩阵维数为 $10^4 \times 10^4$。

(3) 平均推力和总冲离散化反演测量方法如果不受系统响应采样序列长度限制,适用于系统响应未进入稳态和进入稳态的任何情况,基于递推计算的平均推力和总冲测量方法适用于系统响应进入稳态的中期、后期阶段。

7.5.4 计算分析

恒力作用下系统响应具有突出的稳态特征,下面以恒力作用下系统响应为例计算分析误差抑制方法。

对于扭摆测量系统,在恒力 $f(t) = f_0$ 作用下,系统响应及其各阶导数为

$$\theta(t) = \theta(\infty) - \theta(\infty)\frac{1}{\sqrt{1-\zeta^2}}e^{-\zeta\omega_n t}\sin(\omega_d t + \alpha) \tag{7.195}$$

$$\alpha = \arctan\frac{\omega_d}{\zeta\omega_n} = \arctan\frac{\sqrt{1-\xi^2}}{\zeta} \tag{7.196}$$

$$\frac{\dot{\theta}(t)}{\omega_n} = \theta(\infty)\frac{1}{\sqrt{1-\zeta^2}}e^{-\zeta\omega_n t}\sin(\omega_d t) \tag{7.197}$$

$$\frac{\ddot{\theta}(t)}{\omega_n^2}=-\theta(\infty)\frac{1}{\sqrt{1-\zeta^2}}e^{-\zeta\omega_n t}\sin(\omega_d t-\alpha) \tag{7.198}$$

$$\frac{\dddot{\theta}(t)}{\omega_n^3}=\theta(\infty)\frac{1}{\sqrt{1-\zeta^2}}e^{-\zeta\omega_n t}\sin(\omega_d t-2\alpha) \tag{7.199}$$

式中，$\theta(\infty)=f_0L_f/k$ 为稳态扭转角。

1. 舍去误差项的计算分析

舍去误差项为

$$\delta_{T_e}(T_e)=\frac{1}{\omega_n T_e}\left[\frac{\dot{\theta}(T_e)}{\omega_n}+2\zeta\theta(T_e)\right]=\frac{T_d(1-\zeta^2)}{(2\pi)^2(T_e/T_d)}\dot{\theta}(T_e)+\frac{\zeta\sqrt{1-\zeta^2}}{\pi(T_e/T_d)}\theta(T_e) \tag{7.200}$$

将恒力作用下系统响应代入并整理，令无量纲化舍去误差项为

$$\begin{aligned}\delta_1=\frac{\delta_{T_e}(T_e)}{\theta(\infty)}=&\frac{1}{2\pi(T_e/T_d)}e^{-\frac{\zeta}{\sqrt{1-\zeta^2}}2\pi(T_e/T_d)}\sin[2\pi(T_e/T_d)]\\&+\frac{\zeta\sqrt{1-\zeta^2}}{\pi(T_e/T_d)}\left\{1-\frac{1}{\sqrt{1-\zeta^2}}e^{-\frac{\zeta}{\sqrt{1-\zeta^2}}2\pi(T_e/T_d)}\sin[2\pi(T_e/T_d)+\alpha]\right\}\end{aligned} \tag{7.201}$$

因此，无量纲化舍去误差项主要影响因素：一是采样时间长度与系统周期比值；二是阻尼比。

无量纲化舍去误差项 $\delta_1=\delta_{T_e}(T_e)/\theta(\infty)$ 随时间的变化如图 7.12 所示，随着

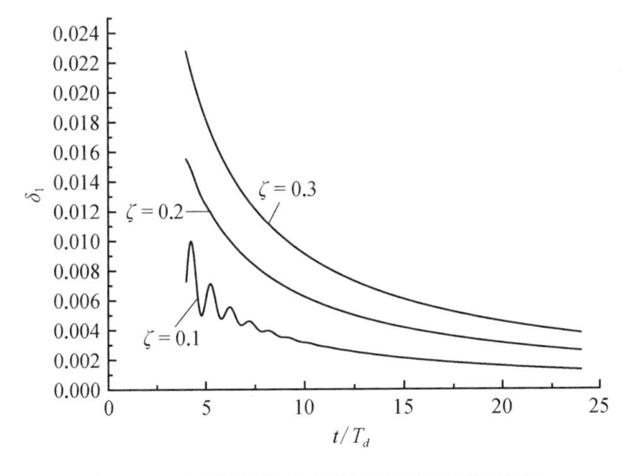

图 7.12　无量纲化舍去误差项随时间的变化

采样时间长度与系统周期比值的增大,无量纲化舍去误差项 δ_1 逐渐减小;在常见阻尼比 $0.1 \leqslant \zeta \leqslant 0.3$ 范围内,随着阻尼比减小,无量纲化舍去误差项 δ_1 减小,并且当采样时间长度与系统周期比值为 9 时,无量纲化舍去误差项小于 1.012 161%。

2. 截断误差的计算分析

采用复化梯形积分公式离散化,平均扭转角估计值为

$$\bar{\theta} = \frac{1}{n}\sum_{i=1}^{n}\frac{\theta(t_{i-1}) + \theta(t_i)}{2} \tag{7.202}$$

设采样时间步长为 h,采样时间长度为 $T_e = nh$, 则有

$$T_e\bar{\theta} = nh\frac{1}{n}\sum_{i=1}^{n}\frac{\theta(t_{i-1}) + \theta(t_i)}{2} = \sum_{i=1}^{n}\frac{\theta(t_{i-1}) + \theta(t_i)}{2}h \tag{7.203}$$

并且有

$$T_e\langle\theta\rangle = \int_0^{T_e}\theta \mathrm{d}t \tag{7.204}$$

式(7.203)与式(7.204)相减,根据复化梯形公式的截断误差估计式,可得

$$| T_e(\langle\theta\rangle - \bar{\theta}) | = T_e | \delta_{\bar{\theta}}(T_e) | \leqslant \frac{T_e h^2}{12}\max_{0\leqslant t\leqslant T_e} | \ddot{\theta}(t) | \tag{7.205}$$

即

$$| \delta_{\bar{\theta}}(T_e) | \leqslant \frac{h^2}{12}\max_{0\leqslant t\leqslant T_e} | \ddot{\theta}(t) | \tag{7.206}$$

由于

$$\frac{\ddot{\theta}(t)}{\omega_n^2} = -\theta(\infty)\frac{1}{\sqrt{1-\zeta^2}}\mathrm{e}^{-\zeta\omega_n t}\sin(\omega_d t - \alpha) \tag{7.207}$$

$$\frac{\dddot{\theta}(t)}{\omega_n^3} = \theta(\infty)\frac{1}{\sqrt{1-\zeta^2}}\mathrm{e}^{-\zeta\omega_n t}\sin(\omega_d t - 2\alpha) \tag{7.208}$$

令 $\dddot{\theta}(t) = 0$ 可得

$$\sin(\omega_d t - 2\alpha) = 0,\ \omega_d t_{M1} = 2\alpha \tag{7.209}$$

式中,t_{M1} 为第一个极值点对应时间。故有

$$\max_{0\leqslant t\leqslant T_e} | \ddot{\theta}(t) | = | \ddot{\theta}(t_{M1}) | = \omega_n^2\theta(\infty)\mathrm{e}^{-\frac{\zeta}{\sqrt{1-\zeta^2}}2\alpha} \tag{7.210}$$

设采样时间步长为 h,单位周期内采样点数目为 N,有 $T_d = Nh$, 令无量纲化截断误差为

$$\delta_2 = \frac{|\delta_{\bar{\theta}}(T_e)|}{\theta(\infty)} \leqslant \frac{\frac{h^2}{12}\max\limits_{0\leqslant t\leqslant T_e}|\ddot{\theta}(t)|}{\theta(\infty)} = \frac{1}{12}\left(\frac{T_d}{N}\right)^2 \omega_n^2 e^{-\frac{\zeta}{\sqrt{1-\zeta^2}}2\alpha} = \frac{\pi^2}{3N^2}\cdot\frac{1}{1-\zeta^2}e^{-\frac{\zeta}{\sqrt{1-\zeta^2}}2\alpha} \tag{7.211}$$

令

$$\delta_{2,\max} = \frac{\pi^2}{3N^2}\cdot\frac{1}{1-\zeta^2}e^{-\frac{\zeta}{\sqrt{1-\zeta^2}}2\alpha} \tag{7.212}$$

因此,无量纲化截断误差主要影响因素:一是单位周期内采样点数目;二是阻尼比。

表7.3为无量纲化截断误差随着单位周期内采样点数目和阻尼比的变化,随着单位周期内采样点数目的增大,无量纲化截断误差减小;随着阻尼比的增大,无量纲化截断误差稍有减小。在常见阻尼比 $0.1 \leqslant \zeta \leqslant 0.3$ 范围内,单位周期内采样点数目大于500时,无量纲化截断误差小于 9.9×10^{-6},可忽略不计。

表7.3　无量纲化截断误差的变化

阻尼比	$N=500$	$N=1\,000$	$N=1\,500$
$\zeta=0.1$	$9.890\,598\times10^{-6}$	$2.472\,650\times10^{-6}$	$1.098\,955\times10^{-6}$
$\zeta=0.2$	$7.837\,289\times10^{-6}$	$1.959\,322\times10^{-6}$	$8.708\,099\times10^{-7}$
$\zeta=0.3$	$6.521\,537\times10^{-6}$	$1.630\,384\times10^{-6}$	$7.246\,153\times10^{-7}$

3. 系统响应测量误差的计算分析

系统响应测量误差为 $\Delta\theta(t)\sim N(0,\sigma^2)$,服从零均值正态分布,实际系统响应为

$$\Theta(t) = \theta(t) + \Delta\theta(t) \tag{7.213}$$

系统响应采样值为 $[t_i, \Theta(t_i)]$ $(i=1, 2, \cdots, n)$,系统响应测量误差所造成平均扭转角的误差,以95%的概率满足

$$|\delta_N(T_e)| = |\bar{\Theta} - \bar{\theta}| \leqslant 1.96\times\frac{\sigma}{\sqrt{n}} \tag{7.214}$$

令无量纲化的平均扭转角系统响应误差为

$$\delta_3 = \frac{|\delta_N(T_e)|}{\theta(\infty)} = \frac{|\bar{\Theta} - \bar{\theta}|}{\theta(\infty)} \leqslant 1.96\times\frac{\sigma}{\sqrt{n}}\cdot\frac{1}{\theta(\infty)} \tag{7.215}$$

由于

$$\theta(t)=\theta(\infty)-\theta(\infty)\frac{1}{\sqrt{1-\zeta^2}}\mathrm{e}^{-\zeta\omega_n t}\sin(\omega_d t+\alpha) \tag{7.216}$$

$$\frac{\dot{\theta}(t)}{\omega_n}=\theta(\infty)\frac{1}{\sqrt{1-\zeta^2}}\mathrm{e}^{-\zeta\omega_n t}\sin(\omega_d t) \tag{7.217}$$

令 $\dot{\theta}(t)=0$ 和 $\omega_d t=\pi$，可得扭转角最大值为

$$\theta(t_{M1})=\theta(\infty)+\theta(\infty)\mathrm{e}^{-\frac{\zeta}{\sqrt{1-\zeta^2}}\pi} \tag{7.218}$$

式中，t_{M1} 为第一个极值点对应时间。

令

$$\begin{aligned}\delta_{3,\max}&=1.96\times\frac{\alpha}{\sqrt{n}}\cdot\frac{1}{\theta(\infty)}=\frac{1.96}{3\sqrt{n}}\times\frac{3\sigma}{\theta(t_{M1})}\cdot\frac{\theta(t_{M1})}{\theta(\infty)}\\&=\frac{1.96}{3\sqrt{n}}\times\mathrm{NSR}\left(1+\mathrm{e}^{-\frac{\zeta}{\sqrt{1-\zeta^2}}\pi}\right)\end{aligned} \tag{7.219}$$

式中，$\mathrm{NSR}=3\sigma/\theta(t_{M1})$ 为系统响应的噪信比。

无量纲化的平均扭转角系统响应误差的变化如图 7.13 所示，采样时间长度为 $T_e=9T_d$（T_d 系统周期），系统响应的噪信比为 NSR = 0.01。随着单位周期采样点数目的增大，无量纲化的平均扭转角系统响应误差逐渐减小；随着阻尼比的增大，无量纲化的平均扭转角系统响应误差逐渐减小。

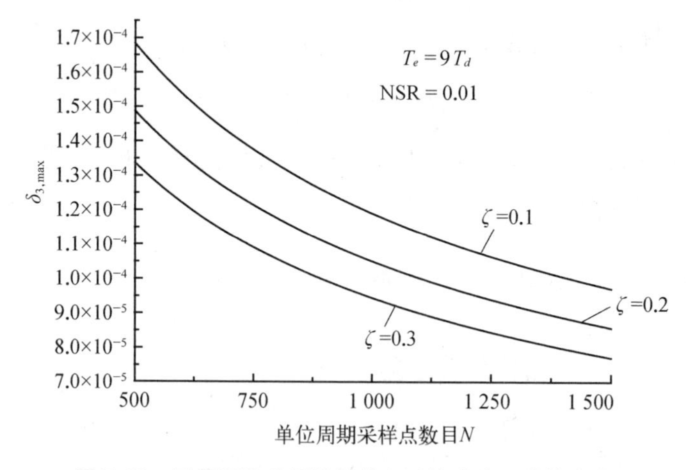

图 7.13 无量纲化的平均扭转角系统响应误差的变化

在常见阻尼比 $0.1 \leqslant \zeta \leqslant 0.3$ 范围内，当采样时间长度与周期比值大于 9、噪信比为 0.01、单位周期采样点数目大于 500 的条件下，无量纲化的平均扭转角系统响应误差小于 0.016 842%。

4. 总误差的计算分析

在基于递推计算的平均推力和总冲测量方法中，平均推力估计值的相对误差为

$$\varepsilon_{\bar{F}} = \frac{\bar{F} - \bar{f}}{\bar{f}} = \frac{\dfrac{\hat{k} - k}{k}\bar{\Theta} - [\delta_{T_e}(T_e) + \delta_{\bar{\theta}}(T_e) + \delta_N(T_e)]}{[\delta_{T_e}(T_e) + \delta_{\bar{\theta}}(T_e) + \delta_N(T_e) + \bar{\Theta}]} \tag{7.220}$$

系统响应进入稳态后 $\bar{\Theta} \to \theta(\infty)$，并且有

$$\varepsilon_k = \frac{\hat{k} - k}{k} \tag{7.221}$$

$$\varepsilon_{T_e} = -\frac{\delta_{T_e}(T_e)}{\bar{\Theta}} \approx -\frac{\delta_{T_e}(T_e)}{\theta(\infty)} \tag{7.222}$$

$$\varepsilon_{\bar{\theta}} = -\frac{\delta_{\bar{\theta}}(T_e)}{\bar{\Theta}} \approx -\frac{\delta_{\bar{\theta}}(T_e)}{\theta(\infty)} \tag{7.223}$$

$$\varepsilon_N = -\frac{\delta_N(T_e)}{\bar{\Theta}} \approx -\frac{\delta_N(T_e)}{\theta(\infty)} \tag{7.224}$$

当 $\delta_{T_e}(T_e)/\theta(\infty) + \delta_{\bar{\theta}}(T_e)/\theta(\infty) + \delta_N(T_e)/\theta(\infty) \ll 1$，则平均推力估计值的相对误差，为

$$|\varepsilon_{\bar{F}}| \approx |\varepsilon_k + \varepsilon_{T_e} + \varepsilon_{\bar{\theta}} + \varepsilon_N| \leqslant |\varepsilon_k| + |\varepsilon_{T_e}| + |\varepsilon_{\bar{\theta}}| + |\varepsilon_N| \tag{7.225}$$

根据前面的讨论，在常见阻尼比 $0.1 \leqslant \zeta \leqslant 0.3$ 范围内，有以下结论：

（1）当采样时间长度与系统周期比值大于 9 时，$|\varepsilon_{T_e}| \leqslant 1.012\,161\%$。

（2）当单位周期内采样点数目大于 500 时，$|\varepsilon_{\bar{\theta}}| \leqslant 9.9 \times 10^{-6}$。

（3）当采样时间长度与周期比值大于 9、单位周期采样点数目大于 500、噪信比小于 0.01 的条件下，$|\varepsilon_N| \leqslant 0.016\,842\%$。

因此，当系统响应进入稳态及平均推力变化不大条件下，当采样时间长度与系统周期比值大于 9 时，基于递推计算的平均推力和总冲测量方法中，平均推力估计值的相对误差为

$$|\varepsilon_{\bar{F}}| \approx |\varepsilon_k + \varepsilon_{T_e}| \leqslant |\varepsilon_k| + |\varepsilon_{T_e}| \tag{7.226}$$

式中，由于单位周期内采样点数目大于 500 和系统响应的信噪比小于 0.01 条件是很容易满足的，因此认为 $|\varepsilon_{\bar{\theta}}| \approx 0$ 和 $|\varepsilon_N| \approx 0$。

第 8 章
推力测量与误差分析方法

推力器的推力测量是指推力器的瞬时推力随着时间变化过程的测量，推力测量能够反映推力器的推力动态变化的特点，是推力器设计和研制过程中一项重要测评工作。

首先，本章提出了推力离散化反演计算方法：一是由扭摆振动微分方程构建推力积分方程，建立系统响应与推力的积分关系；二是采用数值积分离散化方法，由推力积分方程组获得推力离散化线性方程组；三是利用推力离散化线性方程组的系数矩阵为下三角矩阵的特点，通过下三角矩阵快速求逆求解推力计算值。

其次，本章提出了推力离散化反演计算方法的误差来源分析与抑制方法，明确了推力测量误差来源为推力截断误差、推力系统响应误差、推力标定误差，并进一步提出了推力测量误差抑制方法。

最后，本章提出了推力离散化反演测量方法与误差分析方法：一是利用所提出的推力离散化反演计算方法，以及误差来源分析与抑制方法，提出了推力离散化反演测量方法；二是结合蒙特卡洛数字仿真方法，提出了推力测量误差的蒙特卡洛评估方法，解决了推力测量与误差分析的难题。

8.1 推力离散化反演计算方法

推力离散化反演计算方法为：首先，由扭摆振动微分方程建立推力积分方程；其次，采用数值积分离散化方法，由推力积分方程组获得推力离散化线性方程组；最后，利用推力离散化线性方程组的系数矩阵为下三角矩阵的特点，根据实际系统响应测量值反演求解推力计算值。

8.1.1 由扭摆振动微分方程建立推力积分方程

根据实际系统响应测量值，反演计算推力，需要建立系统响应与推力之间积分关系。

扭摆测量系统承受垂直横梁的推力 $f(t)$，扭摆振动微分方程为

$$\ddot{\theta} + 2\zeta\omega_n\dot{\theta} + \omega_n^2\theta = \frac{L_f}{J}f(t) \tag{8.1}$$

式中,L_f 为力臂;J 为扭摆转动惯量;ζ 为阻尼比;ω_n 为固有振动频率;与扭转刚度系数 k 和振动频率 ω_d 的关系为

$$\omega_n = \frac{\omega_d}{\sqrt{1-\zeta^2}},\ J = \frac{k}{\omega_n^2} \tag{8.2}$$

扭摆振动微分方程可用于已知推力条件下计算系统响应。

实际系统响应测量值为

$$\Theta(t_i) = \theta(t_i) + \Delta\theta(t_i) \quad (i = 0,\ 1,\ 2,\ \cdots,\ n) \tag{8.3}$$

式中,$\theta(t_i)$为真实系统响应, $\Delta\theta(t_i) \sim N(0,\ \sigma^2)$ 为系统响应测量误差,服从零均值正态分布。

将扭摆振动微分方程改写为推力积分方程:

$$C_f\Theta(t) = \int_0^t f(\tau)\mathrm{e}^{-\zeta\omega_n(t-\tau)}\sin\omega_d(t-\tau)\mathrm{d}\tau \tag{8.4}$$

式中, $C_f = J\omega_d/L_f$。推力积分方程建立了实际系统响应测量值 $[t_i,\ \Theta(t_i)]$ $(i=0,\ 1,\ 2,\ \cdots,\ n)$ 与推力 $f(t_i)$ $(i=0,\ 1,\ 2,\ \cdots,\ n)$ 之间的关系,是反演计算推力的基本方程。

8.1.2　数值积分离散化方法

推力积分方程经过离散化过程转换为推力线性方程组才能求解推力,需要采用数值积分计算方法,常用数值积分计算方法有复化梯形积分方法和复化辛普森积分方法。

1. 复化梯形积分方法

单区间梯形积分公式为

$$\int_{x_0}^{x_1} f(x)\mathrm{d}x = \frac{h}{2}[f(x_0) + f(x_1)],\ x_1 = x_0 + h \tag{8.5}$$

用 $n+1$ 个节点 $x_i = x_0 + ih$ $(i=0,\ 1,\ 2,\ \cdots,\ n)$,将积分区间$[x_0,\ x_n]$划分为 n 等分,子区间长度为 $h = (x_n - x_0)/n$,每个子区间上反复使用梯形积分公式,可得复化梯形公式为

$$\int_{x_0}^{x_n} f(x)\mathrm{d}x = \frac{h}{2}[f(x_0) + 2\sum_{i=1}^{n-1} f(x_i) + f(x_n)] \tag{8.6}$$

2. 复化辛普森积分方法

3 点(2 个区间)辛普森积分公式为

$$\int_{x_0}^{x_2} f(x)\mathrm{d}x = \frac{h}{3}[f(x_0) + 4f(x_1) + f(x_2)],\ x_i = x_0 + ih \quad (i = 0, 1, 2) \tag{8.7}$$

4 点(3 个区间)辛普森积分公式为

$$\int_{x_0}^{x_3} f(x)\mathrm{d}x = \frac{3h}{8}[f(x_0) + 3f(x_1) + 3f(x_2) + f(x_3)],\ x_i = x_0 + ih \quad (i = 0, 1, 2, 3) \tag{8.8}$$

用2n+1 个节点 $x_i = x_0 + ih$ ($i = 0, 1, 2, \cdots, 2n$),将积分区间$[x_0, x_{2n}]$划分为 2n 等分,子区间长度为 $h = (x_{2n} - x_0)/(2n)$,每个子区间上反复使用 3 点辛普森积分公式,可得复化辛普森公式为

$$\int_{x_0}^{x_{2n}} f(x)\mathrm{d}x = \frac{h}{3}\left[f(x_0) + 4\sum_{i=1}^{n} f(x_{2i-1}) + 2\sum_{i=1}^{n-1} f(x_{2i}) + f(x_{2n})\right] \tag{8.9}$$

复化辛普森数值积分方法,需要以梯形积分公式起步计算,交替利用 3 点辛普森积分公式和 4 点辛普森积分公式。复化辛普森数值计算方法如下。

(1) 当子区间数目 $n = 1$ 时,采用梯形积分公式起步计算。

$$\int_{x_0}^{x_1} f(x)\mathrm{d}x = \frac{h}{2}[f(x_0) + f(x_1)],\ x_1 = x_0 + h \tag{8.10}$$

(2) 当子区间数目 $n = 2$ 时,采用 3 点(2 个区间)辛普森积分公式计算。

$$\int_{x_0}^{x_2} f(x)\mathrm{d}x = \frac{h}{3}[f(x_0) + 4f(x_1) + f(x_2)],\ x_i = x_0 + ih \quad (i = 0, 1, 2) \tag{8.11}$$

(3) 当子区间数目 $n = 3$ 时,采用 4 点(3 个区间)辛普森积分公式计算。

$$\int_{x_0}^{x_3} f(x)\mathrm{d}x = \frac{3h}{8}[f(x_0) + 3f(x_1) + 3f(x_2) + f(x_3)],\ x_i = x_0 + ih \quad (i = 0, 1, 2, 3) \tag{8.12}$$

(4) 当子区间数目 $n = 2k$ ($k = 2, 3, 4, \cdots$) 时,采用 3 点辛普森积分公式计算。

用 2k+1 个节点 $x_i = x_0 + ih$ ($i = 0, 1, 2, \cdots, 2k$),将积分区间$[x_0, x_{2k}]$划分为 2k 等分,子区间长度为 $h = (x_{2k} - x_0)/(2k)$,每个子区间上反复使用 3 点辛普森积

分公式,可得复化辛普森公式为

$$\int_{x_0}^{x_{2k}} f(x)\,\mathrm{d}x = \frac{h}{3}\left[f(x_0) + 4\sum_{i=1}^{k} f(x_{2i-1}) + 2\sum_{i=1}^{k-1} f(x_{2i}) + f(x_{2k})\right] \tag{8.13}$$

(5) 当子区间数目 $n = 2k + 1$ ($k = 2, 3, 4, \cdots$) 时,交替采用3点和4点辛普森积分公式计算。

用 $2k+2$ 个节点 $x_i = x_0 + ih$ ($i = 0, 1, 2, \cdots, 2k + 1$),将积分区间 $[x_0, x_{2k+1}]$ 划分为 $2k+1$ 等分,子区间长度为 $h = (x_{2k+1} - x_0)/(2k + 1)$,在前面的 $2k - 2$ ($k = 2, 3, 4, \cdots$) 个子区间反复使用3点辛普森积分公式,在后面 $2k-2$、$2k-1$、$2k$、$2k+1$ 等4个点使用4点辛普森积分公式,可得复化辛普森公式为

$$\begin{aligned}\int_{x_0}^{x_{2k+1}} f(x)\,\mathrm{d}x &= \frac{h}{3}\left[f(x_0) + 4\sum_{i=1}^{k-1} f(x_{2i-1}) + 2\sum_{i=1}^{k-2} f(x_{2i}) + f(x_{2k-2})\right] \\ &\quad + \frac{3h}{8}\left[f(x_{2k-2}) + 3f(x_{2k-1}) + 3f(x_{2k}) + f(x_{2k+1})\right] \\ &= \frac{h}{3}\left[f(x_0) + 4\sum_{i=1}^{k-1} f(x_{2i-1}) + 2\sum_{i=1}^{k-2} f(x_{2i})\right] \\ &\quad + \frac{17h}{24} f(x_{2k-2}) + \frac{9h}{8} f(x_{2k-1}) + \frac{9h}{8} f(x_{2k}) + \frac{3h}{8} f(x_{2k+1})\end{aligned} \tag{8.14}$$

8.1.3 推力积分方程组离散化为推力离散化线性方程组

下面采用前面讨论的复化梯形积分方法和复化辛普森积分方法,将推力积分方程组离散化为推力线性方程组。

1. 复化梯形离散化方法

推力积分方程为

$$C_f\Theta(t) = \int_0^t F(\tau)\,\mathrm{e}^{-\zeta\omega_n(t-\tau)} \sin\omega_d(t - \tau)\,\mathrm{d}\tau \tag{8.15}$$

式中,$C_f = J\omega_d/L_f$。

已知实际系统响应测量值为 $[t_i, \Theta(t_i)]$ ($i = 0, 1, 2, \cdots, n$),$t_0 = 0$ 时 $\Theta(t_0) = 0$,采样时间步长为 h,$t_i = ih$,令 $\Theta(t_i) = \Theta_i$ 和 $F(t_i) = F_i$。对于任意给定 $t_i = ih$ ($i = 1, 2, 3, \cdots$),推力积分方程组为

$$C_f\Theta_i = \int_0^{ih} F(\tau)\,\mathrm{e}^{-\zeta\omega_n(ih-\tau)} \sin\omega_d(ih - \tau)\,\mathrm{d}\tau \tag{8.16}$$

式中,$F(\tau)$为真实推力$f(\tau)$的估计值。

将区间$[0, t_i]$划分为 i 等分 ($i = 1, 2, 3, \cdots$),节点为 $\tau_j = jh$ ($j = 0, 1, \cdots, i$),

被积分函数为

$$G(t_i, \tau_j) = F(\tau_j) e^{-\zeta\omega_n(t_i-\tau_j)} \sin\omega_d(t_i - \tau_j) \tag{8.17}$$

满足

$$G(t_i, \tau_0) = G(t_i, 0) = F_0 e^{-\zeta\omega_n(ih)} \sin\omega_d(ih) \tag{8.18}$$

$$G(t_i, \tau_i) = F(\tau_i) e^{-\zeta\omega_n(t_i-\tau_i)} \sin\omega_d(t_i - \tau_i) = 0 \tag{8.19}$$

采用复化梯形离散化方法,对于任意给定 $t_i = ih$, 有

$$\begin{aligned} C_f\Theta_i &= \int_0^{ih} F(\tau) e^{-\zeta\omega_n(ih-\tau)} \sin\omega_d(ih - \tau) d\tau \\ &= \frac{h}{2} e^{-\zeta\omega_n(ih)} \sin\omega_d(ih) F_0 + \sum_{j=1}^{i-1} h e^{-\zeta\omega_n(i-j)h} \sin\omega_d(i-j)hF_j \end{aligned} \tag{8.20}$$

式中, $i = 1, 2, \cdots, n$。

令

$$a_{i0} = \frac{h}{2} e^{-\zeta\omega_n(ih)} \sin\omega_d(ih) \quad (i = 1, 2, \cdots, n) \tag{8.21}$$

$$a_{ij} = h e^{-\zeta\omega_n(i-j)h} \sin\omega_d(i-j)h \quad (i = 2, 3, \cdots, n; j = 1, 2, \cdots, i-1) \tag{8.22}$$

则有

$$\begin{bmatrix} a_{10} & \cdots & 0 & 0 \\ a_{20} & a_{21} & \cdots & 0 \\ \vdots & \vdots & \ddots & \vdots \\ a_{n,0} & a_{n,1} & \cdots & a_{n,n-1} \end{bmatrix} \begin{bmatrix} F_0 \\ F_1 \\ \vdots \\ F_{n-1} \end{bmatrix} = \begin{bmatrix} C_f\Theta_1 \\ C_f\Theta_2 \\ \vdots \\ C_f\Theta_n \end{bmatrix} \tag{8.23}$$

从而将推力积分方程组离散化为推力线性方程组,系数矩阵为下三角矩阵。

推力的复化梯形计算方法,计算方法构造简单,其截断误差与时间步长的平方 h^2 成正比。

2. 复化辛普森离散化方法

已知实际系统响应测量值为 $[t_i, \Theta(t_i)]$ $(i = 0, 1, 2, \cdots, n)$, $t_0 = 0$ 时 $\Theta(t_0) = 0$, 采样时间步长为 h, $t_i = ih$, 令 $\Theta(t_i) = \Theta_i$ 和 $F(t_i) = F_i$。对于任意给定 $t_i = ih$ $(i = 1, 2, 3, \cdots)$, 推力积分方程组为

$$C_f\Theta_i = \int_0^{ih} F(\tau) e^{-\zeta\omega_n(ih-\tau)} \sin\omega_d(ih - \tau) d\tau \tag{8.24}$$

将区间 $[0, t_i]$ 划分为 i 等分 $(i = 1, 2, 3, \cdots)$, 节点为 $\tau_j = jh$ $(i = 0, 1, \cdots, i)$, 被积分函数为

$$G(t_i, \tau_j) = F(\tau_j)\mathrm{e}^{-\zeta\omega_n(t_i-\tau_j)}\sin\omega_d(t_i - \tau_j) \tag{8.25}$$

满足

$$G(t_i, \tau_0) = G(t_i, 0) = F_0\mathrm{e}^{-\zeta\omega_n(ih)}\sin\omega_d(ih) \tag{8.26}$$

$$G(t_i, \tau_i) = F(\tau_i)\mathrm{e}^{-\zeta\omega_n(t_i-\tau_i)}\sin\omega_d(t_i - \tau_i) = 0 \tag{8.27}$$

采用复化辛普森离散化方法,将推力积分方程组离散化为推力线性方程组,需要交替使用 3 点和 4 点辛普森积分公式,分以下 5 种情况讨论。

(1) 当 $i = 1$ 时,根据梯形积分公式起步计算,可得

$$C_f\Theta_1 = \int_0^h F(\tau)\mathrm{e}^{-\zeta\omega_n(h-\tau)}\sin\omega_d(h - \tau)\mathrm{d}\tau = \frac{h}{2}\mathrm{e}^{-\zeta\omega_n h}\sin(\omega_d h)F_0 \tag{8.28}$$

可得

$$a_{10}F_0 = C_f\Theta_1, \ a_{10} = \frac{h}{2}\mathrm{e}^{-\zeta\omega_n h}\sin\omega_d h \tag{8.29}$$

(2) 当 $i = 2$ 时,根据 3 点辛普森积分公式,可知

$$\begin{aligned} C_f\Theta_2 &= \int_0^{2h} F(\tau)\mathrm{e}^{-\zeta\omega_n(2h-\tau)}\sin\omega_d(2h - \tau)\mathrm{d}\tau \\ &= \frac{h}{3}\mathrm{e}^{-\zeta\omega_n(2h)}\sin\omega_d(2h)F_0 + \frac{4h}{3}\mathrm{e}^{-\zeta\omega_n(h)}\sin\omega_d(h)F_1 \end{aligned} \tag{8.30}$$

可得

$$a_{20}F_0 + a_{21}F_1 = C_f\Theta_2 \tag{8.31}$$

$$a_{20} = \frac{h}{3}\mathrm{e}^{-\zeta\omega_n(2h)}\sin\omega_d(2h), \ a_{21} = \frac{4h}{3}\mathrm{e}^{-\zeta\omega_n(h)}\sin\omega_d(h) \tag{8.32}$$

(3) 当 $i = 3$ 时,根据 4 点辛普森积分公式,可知

$$\begin{aligned} C_f\Theta_3 &= \int_0^{3h} F(\tau)\mathrm{e}^{-\zeta\omega_n(3h-\tau)}\sin\omega_d(3h - \tau)\mathrm{d}\tau \\ &= \frac{3h}{8}\mathrm{e}^{-\zeta\omega_n(3h)}\sin\omega_d(3h)F_0 + \frac{9h}{8}\mathrm{e}^{-\zeta\omega_n(2h)}\sin\omega_d(2h)F_1 + \frac{9h}{8}\mathrm{e}^{-\zeta\omega_n(h)}\sin\omega_d(h)F_2 \end{aligned} \tag{8.33}$$

可得

$$a_{30}F_0 + a_{31}F_1 + a_{32}F_2 = C_f\Theta_3 \tag{8.34}$$

$$a_{30} = \frac{3h}{8}\mathrm{e}^{-\zeta\omega_n(3h)}\sin\omega_d(3h) \tag{8.35}$$

$$a_{31} = \frac{9h}{8} e^{-\zeta\omega_n(2h)} \sin\omega_d(2h) \tag{8.36}$$

$$a_{32} = \frac{9h}{8} e^{-\zeta\omega_n(h)} \sin\omega_d(h) \tag{8.37}$$

（4）当 $i = 2k$（$k = 2, 3, \cdots$）时，根据 3 点辛普森积分公式，可得

$$\begin{aligned} C_f\Theta_i &= \int_0^{ih} F(\tau) e^{-\zeta\omega_n(ih-\tau)} \sin\omega_d(ih-\tau)\mathrm{d}\tau \\ &= \frac{h}{3} e^{-\zeta\omega_n(ih)} \sin\omega_d(ih) F_0 + \frac{4h}{3}\sum_{j=1}^{k} e^{-\zeta\omega_n[i-(2j-1)]h} \sin\omega_d[i-(2j-1)]hF_{2j-1} \\ &\quad + \frac{2h}{3}\sum_{j=1}^{k-1} e^{-\zeta\omega_n(i-2j)h} \sin\omega_d(i-2j)hF_{2j} \end{aligned} \tag{8.38}$$

可得

$$a_{i0}F_0 + \sum_{l=1}^{2k-1} a_{il}F_l = C_f\Theta_i \quad (i = 2k;\ k = 2, 3, \cdots) \tag{8.39}$$

$$a_{i0} = \frac{h}{3} e^{-\zeta\omega_n(ih)} \sin\omega_d(ih) \tag{8.40}$$

$$a_{il} = \frac{4h}{3} e^{-\zeta\omega_n(i-l)h} \sin\omega_d(i-l)hF_1 \quad (l = 1, 3, \cdots, 2k-1) \tag{8.41}$$

$$a_{il} = \frac{2h}{3} e^{-\zeta\omega_n(i-l)h} \sin\omega_d(i-l)hF_l \quad (l = 2, 4, \cdots, 2k-2) \tag{8.42}$$

（5）当 $i = 2k+1$（$k = 2, 3, \cdots$）时，在 $2k+2$ 个点中，前面的 $i = 0, 1, \cdots, 2k-3, 2k-2$ 点采用 3 点辛普森积分公式；最后的 4 个点 $i = 2k-2, 2k-1, 2k, 2k+1$ 点采用 4 点辛普森积分公式，可得

$$\begin{aligned} C_f\Theta_i &= \int_0^{ih} F(\tau) e^{-\zeta\omega_n(ih-\tau)} \sin\omega_d(ih-\tau)\mathrm{d}\tau \\ &= \frac{h}{3} e^{-\zeta\omega_n(ih)} \sin\omega_d(ih) F_0 + \frac{4h}{3}\sum_{j=1}^{k-1} e^{-\zeta\omega_n[i-(2j-1)]h} \sin\omega_d[i-(2j-1)]hF_{2j-1} \\ &\quad + \frac{2h}{3}\sum_{j=1}^{k-2} e^{-\zeta\omega_n(i-2j)h} \sin\omega_d(i-2j)hF_{2j} + \frac{17h}{24} e^{-\zeta\omega_n[i-(2k-2)]h} \sin\omega_d[i-(2k-2)]hF_{2k-2} \\ &\quad + \frac{9h}{8} e^{-\zeta\omega_n[i-(2k-1)]h} \sin\omega_d[i-(2k-1)]hF_{2k-1} + \frac{9h}{8} e^{-\zeta\omega_n(i-2k)h} \sin\omega_d(i-2k)hF_{2k} \end{aligned} \tag{8.43}$$

即有

$$a_{i0}F_0 + \sum_{l=1}^{2k} a_{il}F_l = C_f\Theta_i \quad (i = 2k+1;\ k = 2, 3, \cdots) \tag{8.44}$$

$$a_{i0} = \frac{h}{3}e^{-\zeta\omega_n(ih)}\sin\omega_d(ih) \tag{8.45}$$

$$a_{il} = \frac{4h}{3}e^{-\zeta\omega_n(i-l)h}\sin\omega_d(i-l)h \quad (l = 1, 3, \cdots, 2k-3) \tag{8.46}$$

$$a_{il} = \frac{2h}{3}e^{-\zeta\omega_n(i-l)h}\sin\omega_d(i-l)h \quad (l = 2, 4, \cdots, 2k-4) \tag{8.47}$$

$$a_{il} = \frac{17h}{24}e^{-\zeta\omega_n(i-l)h}\sin\omega_d(i-l)h \quad l = 2k-2 \tag{8.48}$$

$$a_{il} = \frac{9h}{8}e^{-\zeta\omega_n(i-l)h}\sin\omega_d(i-l)h \quad l = 2k-1, 2k \tag{8.49}$$

表示为矩阵形式,有

$$\begin{bmatrix} a_{10} & \cdots & 0 & 0 \\ a_{20} & a_{21} & \cdots & 0 \\ \vdots & \vdots & \ddots & \vdots \\ a_{n,0} & a_{n,1} & \cdots & a_{n,n-1} \end{bmatrix} \begin{bmatrix} F_0 \\ F_1 \\ \vdots \\ F_{n-1} \end{bmatrix} = \begin{bmatrix} C_f\Theta_1 \\ C_f\Theta_2 \\ \vdots \\ C_f\Theta_n \end{bmatrix} \tag{8.50}$$

从而将推力积分方程组离散化为推力线性方程组,系数矩阵为下三角矩阵。

推力的复化辛普森计算方法,需要交替使用3点和4点辛普森公式,计算方法构造复杂,但是由于复化辛普森公式的截断误差与时间步长 h^4 成正比,计算精度大幅提高。

由于推力离散化线性方程组的系数矩阵元素正比于时间步长,即有 $a_{ij} \propto h$,当时间步长 $h \to 0$ 时 $a_{ij} \to 0$,推力离散化线性方程组将出现病态。

8.1.4　推力离散化线性方程组的求解方法

推力离散化线性方程组的系数矩阵为下三角矩阵,采用下三角矩阵的快速求逆方法,可求解推力线性方程组。

推力离散化线性方程组为

$$\begin{bmatrix} a_{10} & \cdots & 0 & 0 \\ a_{20} & a_{21} & \cdots & 0 \\ \vdots & \vdots & \ddots & \vdots \\ a_{n,0} & a_{n,1} & \cdots & a_{n,n-1} \end{bmatrix} \begin{bmatrix} F_0 \\ F_1 \\ \vdots \\ F_{n-1} \end{bmatrix} = \begin{bmatrix} C_f\Theta_1 \\ C_f\Theta_2 \\ \vdots \\ C_f\Theta_n \end{bmatrix} \tag{8.51}$$

令

$$\boldsymbol{A} = [a_{ij}]_{n\times n} \quad (i = 1, 2, \cdots, n; j = 0, 1, \cdots, n-1) \tag{8.52}$$

$$\boldsymbol{F} = (F_0, F_1, \cdots, F_{n-1})^{\mathrm{T}} \tag{8.53}$$

$$\boldsymbol{\Theta} = (\Theta_1, \Theta_2, \cdots, \Theta_n)^{\mathrm{T}} \tag{8.54}$$

推力离散化线性方程组可改写为

$$\boldsymbol{AF} = C_f\boldsymbol{\Theta} \tag{8.55}$$

方程两边左乘 $\boldsymbol{A}^{-1}$，可得

$$\boldsymbol{F} = C_f\boldsymbol{A}^{-1}\boldsymbol{\Theta} \tag{8.56}$$

式中，下三角系数矩阵 $\boldsymbol{A} = [a_{ij}]_{n\times n}$ 的逆阵也为下三角矩阵，表示为 $\boldsymbol{A}^{-1} = [a_{ij}^{-1}]_{n\times n}$，推力的分量形式表达式为

$$F_{i-1} = C_f\sum_{k=1}^{i} a_{i-1,k}^{-1}\Theta_k \quad (i = 1, 2, \cdots, n) \tag{8.57}$$

由于推力离散化线性方程组的系数矩阵元素正比于时间步长，即有 $a_{ij} \propto h$ 和 $a_{ij}^{-1} \propto 1/h$，当时间步长 $h\to 0$ 时 $a_{ij}\to 0$ 和 $a_{ij}^{-1}\to\infty$。

8.2 推力离散化反演计算方法的误差来源分析与抑制

对于推力离散化反演计算方法，需要进一步通过其误差来源分析，明确误差来源和影响因素，研究和掌握误差抑制方法。

8.2.1 推力误差来源分析

对于任意给定 $t_i = ih$ $(i = 1, 2, 3, \cdots)$，推力积分方程组为

$$C_f\Theta_i = \int_0^{ih} F(\tau)\mathrm{e}^{-\zeta\omega_n(ih-\tau)}\sin\omega_d(ih-\tau)\mathrm{d}\tau \tag{8.58}$$

式中，实际系统响应为 $\Theta_i = \theta_i + \Delta\theta_i$，$\theta_i = \theta(t_i)$ 为真实系统响应，$\Delta\theta_i = \Delta\theta(t_i)$ 为系统响应测量误差。

与真实系统响应 $\theta_i = \theta(t_i)$ 对应的真实推力满足

$$C_f\theta_i = \int_0^{ih} f(\tau)\mathrm{e}^{-\zeta\omega_n(ih-\tau)}\sin\omega_d(ih-\tau)\mathrm{d}\tau \tag{8.59}$$

将推力积分方程组离散化为推力离散化线性方程组计算推力，将引入推力截断误差 ΔF_{i-1}^{T}，满足

$$F_{i-1}=C_f\sum_{k=1}^{i}a_{i-1,k}^{-1}\theta_k=f_{i-1}+\Delta F_{i-1}^{T}\quad(i=1,2,\cdots,n)\tag{8.60}$$

式中，f_{i-1} 为真实推力。

进一步，考虑实际系统响应 $\Theta_i=\theta_i+\Delta\theta_i$ 中，系统响应测量误差 $\Delta\theta_i$ 将引入推力系统响应误差 ΔF_{i-1}^{N}，满足

$$\begin{aligned}F_{i-1}&=C_f\sum_{k=1}^{i}a_{i-1,k}^{-1}\Theta_k=C_f\sum_{k=1}^{i}a_{i-1,k}^{-1}\theta_k+C_f\sum_{k=1}^{i}a_{i-1,k}^{-1}\Delta\theta_k\\&=f_{i-1}+\Delta F_{i-1}^{T}+\Delta F_{i-1}^{N}\end{aligned}\tag{8.61}$$

$$\Delta F_{i-1}^{N}=C_f\sum_{k=1}^{i}a_{i-1,k}^{-1}\Delta\theta_k\quad(i=1,2,\cdots,n)\tag{8.62}$$

与系统参数相关的系数 $C_f=C_f(k,\omega_d,\zeta,L_f)$，$a_{i-1,k}^{-1}=a_{i-1,k}^{-1}(\omega_d,\zeta,h)$。由于系统参数的标定误差，也存在误差为

$$\hat{C}_f=C_f+\delta C_f,\ \hat{a}_{i-1,k}^{-1}=a_{i-1,k}^{-1}+\delta a_{i-1,k}^{-1}\tag{8.63}$$

推力估计值为

$$\hat{F}_{i-1}=\hat{C}_f\sum_{k=1}^{i}\hat{a}_{i-1,k}^{-1}\Theta_k\quad(i=1,2,\cdots,n)\tag{8.64}$$

将系数 $\hat{C}_f=C_f+\delta C_f$ 和 $\hat{a}_{i-1,k}^{-1}=a_{i-1,k}^{-1}+\delta a_{i-1,k}^{-1}$ 代入推力估计值表达式，可得

$$\begin{aligned}\hat{F}_{i-1}&=\hat{C}_f\sum_{k=1}^{i}\hat{a}_{i-1,k}^{-1}\Theta_k=(C_f+\delta C_f)\sum_{k=1}^{i}(a_{i-1,k}^{-1}+\delta a_{i-1,k}^{-1})\Theta_k\\&=C_f\sum_{k=1}^{i}(a_{i-1,k}^{-1}+\delta a_{i-1,k}^{-1})\Theta_k+\delta C_f\sum_{k=1}^{i}(a_{i-1,k}^{-1}+\delta a_{i-1,k}^{-1})\Theta_k\\&=C_f\sum_{k=1}^{i}a_{i-1,k}^{-1}\Theta_k+C_f\sum_{k=1}^{i}\delta a_{i-1,k}^{-1}\Theta_k+\delta C_f\sum_{k=1}^{i}(a_{i-1,k}^{-1}+\delta a_{i-1,k}^{-1})\Theta_k\end{aligned}\tag{8.65}$$

式中，舍去 δC_f 和 $\delta a_{i-1,k}^{-1}$ 的高阶小项并简化整理，可得

$$\begin{aligned}\hat{F}_{i-1}&\approx C_f\sum_{k=1}^{i}a_{i-1,k}^{-1}\Theta_k+C_f\sum_{k=1}^{i}\delta a_{i-1,k}^{-1}\Theta_k+\delta C_f\sum_{k=1}^{i}a_{i-1,k}^{-1}\Theta_k\\&=f_{i-1}+\Delta F_{i-1}^{T}+\Delta F_{i-1}^{N}+\Delta F_{i-1}^{C}\end{aligned}\tag{8.66}$$

$$\begin{aligned}\Delta F_{i-1}^{C} &= C_f\sum_{k=1}^{i}\delta a_{i-1,k}^{-1}\Theta_k + \delta C_f\sum_{k=1}^{i}a_{i-1,k}^{-1}\Theta_k \\ &= \left(C_f\sum_{k=1}^{i}\delta a_{i-1,k}^{-1}\theta_k + \delta C_f\sum_{k=1}^{i}a_{i-1,k}^{-1}\theta_k\right) \\ &\quad + \left(C_f\sum_{k=1}^{i}\delta a_{i-1,k}^{-1}\Delta\theta_k + \delta C_f\sum_{k=1}^{i}a_{i-1,k}^{-1}\Delta\theta_k\right)\end{aligned} \tag{8.67}$$

式中，ΔF_{i-1}^{C} 为推力标定误差，它是由系统参数标定误差而引入的推力计算误差，既包括系统性误差(与 θ_k 相关的第一项)又包括随机性误差(与 $\Delta\theta_k$ 相关的第二项)。

推力离散化反演计算方法中，推力绝对误差为

$$\hat{F}_{i-1} - f_{i-1} = \Delta F_{i-1}^{T} + \Delta F_{i-1}^{N} + \Delta F_{i-1}^{C} \tag{8.68}$$

推力相对误差为

$$\varepsilon_{i-1} = \frac{\hat{F}_{i-1} - f_{i-1}}{f_{i-1}} = \varepsilon_{i-1}^{T} + \varepsilon_{i-1}^{N} + \varepsilon_{i-1}^{C} \tag{8.69}$$

$$\varepsilon_{i-1}^{T} = \frac{\Delta F_{i-1}^{T}}{f_{i-1}},\ \varepsilon_{i-1}^{N} = \frac{\Delta F_{i-1}^{N}}{f_{i-1}},\ \varepsilon_{i-1}^{C} = \frac{\Delta F_{i-1}^{C}}{f_{i-1}} \tag{8.70}$$

如图 8.1 所示，推力测量误差来源如下。

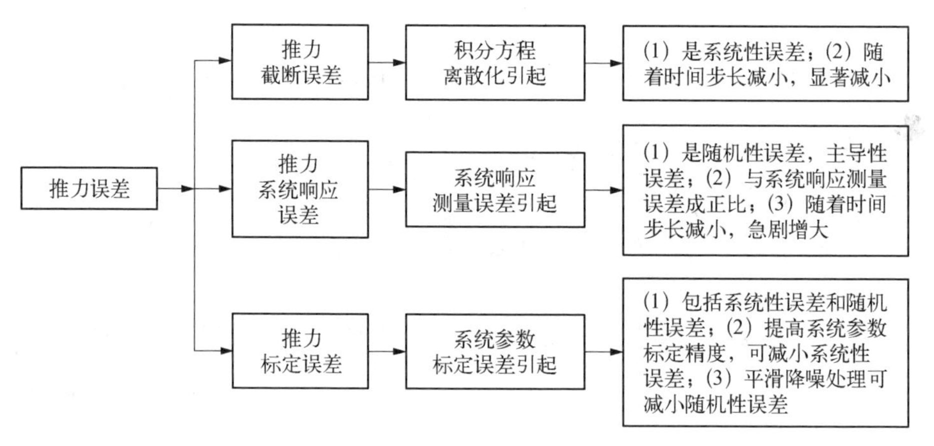

图 8.1　推力误差来源分析与抑制

(1) 推力测量误差包括推力截断误差、推力系统响应误差、推力标定误差。

(2) 推力截断误差是由于推力积分方程离散化时，用有限和代替积分，而造成的推力测量误差，是系统性误差，随着时间步长减小将显著减小。

(3) 推力系统响应误差是由系统响应测量误差而造成的推力测量误差,是零均值随机性误差,随着时间步长减小将急剧增大。

(4) 推力标定误差是由系统参数标定误差造成的推力测量误差,既包括系统性误差又包括随机性误差。

8.2.2 推力误差抑制

如图8.1所示,抑制推力测量误差的主要措施如下。

(1) 在满足推力截断误差忽略不计条件下,尽量增大采样时间步长。解决采样时间步长太大造成推力截断误差过大,或采样时间步长太小造成推力系统响应误差急剧增大的问题。

(2) 推力系统响应误差与系统响应测量误差成正比,因此,采用正交抛物线平滑降噪方法,对实际系统响应测量值进行平滑降噪处理,减小系统响应测量误差,进而达到减小推力系统响应误差的目的。

(3) 利用推力系统响应误差、推力标定误差的随机性误差等具有零均值附近随机波动的特点,再次采用正交抛物线平滑降噪方法,对推力计算值进行平滑降噪处理,进一步减小推力系统响应误差及推力标定误差的随机性误差。

(4) 采用高精度系统参数标定方法,减小系统参数的标定误差,进而减小推力标定误差。

8.3 推力离散化反演测量方法与误差分析方法

推力离散化反演测量方法与误差分析方法为:首先,根据推力离散化反演计算方法及误差来源分析与抑制方法,提出了推力离散化反演测量方法;其次,采用推力离散化反演测量方法,结合蒙特卡洛数字仿真方法,提出了推力测量误差的蒙特卡洛评估方法。

8.3.1 推力离散化反演测量方法

根据推力离散化反演计算方法及误差来源分析与抑制方法,提出推力离散化反演测量方法。具体如下。

1. 综合权衡推力截断误差和推力系统响应误差,选取优化的采样时间步长

(1) 通过减小采样时间步长,将推力截断误差减小为忽略不计程度。推力截断误差忽略不计程度是指将推力截断误差减小为推力预期总误差的十分之一甚至以下,例如,推力测量误差要求为5%,则推力截断误差要求为0.5%。

(2) 在满足推力截断误差条件下,采样时间步长应尽量大,以减小推力系统响应误差。

2. 对实际系统响应测量值进行平滑降噪处理，通过减小系统响应测量误差，降低推力系统响应误差

实际系统响应测量值为

$$\Theta(t_i)=\theta(t_i)+\Delta\theta(t_i) \tag{8.71}$$

式中，$t_i=ih\ (i=0,1,2,\cdots,n)$，$h>0$ 为采样时间步长，$\Theta_i=\Theta(t_i)$。$\Delta\theta(t_i)\sim N(0,\sigma^2)$ 为系统响应测量误差，服从零均值正态分布，系统响应的噪信比为

$$\mathrm{NSR}\approx 3\sigma/\Theta(t_{\max}) \tag{8.72}$$

式中，$\Theta(t_{\max})$ 为实际系统响应的最大值。

采用正交抛物线平滑降噪方法，对实际系统响应测量值 $(t_i,\Theta_i)(i=0,1,2,\cdots,n)$ 进行平滑降噪处理，具体步骤如下。

(1) 采用局部滑动数据窗拟合，反映拟合点局部系统响应取值特点。对于实际系统响应采样值 $(t_i,\Theta_i)(i=0,1,2,\cdots,n)$，以拟合点 t_i 为中心，取

$$(t_{i-p},\Theta_{i-p}),\cdots,(t_{i-1},\Theta_{i-1}),(t_i,\Theta_i),(t_{i+1},\Theta_{i+1}),\cdots,(t_{i+p},\Theta_{i+p}) \tag{8.73}$$

等 $2p+1$ 点进行局部滑动数据窗拟合，即第 i 点附近左右对称取奇数 $(2p+1)$ 个点。

(2) 采用正交抛物线(二次函数)拟合，一是利用抛物线对曲线拟合力强的特点；二是利用正交多项式拟合函数的系数计算精度高的特点(避免计算系数时出现病态方程)。正交二次多项式为

$$\begin{cases}p_0(t)=1\\ p_1(t)=(t-\alpha_1)\\ p_2(t)=(t-\alpha_2)p_1(t)-\beta_1\end{cases} \tag{8.74}$$

实际系统响应测量值 $(t_i,\Theta_i)(i=0,1,2,\cdots,n)$ 的正交抛物线拟合曲线为

$$\theta_f(t)=a_0p_0(t)+a_1p_1(t)+a_2p_2(t) \tag{8.75}$$

其中，

$$\gamma_k=\sum_{j=i-p}^{i+p}p_k^2(t_j)\quad(k=0,1,2) \tag{8.76}$$

$$\alpha_1=\frac{1}{\gamma_0}\sum_{j=i-p}^{i+p}t_jp_0^2(t_j) \tag{8.77}$$

$$\alpha_2 = \frac{1}{\gamma_1} \sum_{j=i-p}^{i+p} t_j p_1^2(t_j) \tag{8.78}$$

$$\beta_1 = \frac{\gamma_1}{\gamma_0} \tag{8.79}$$

$$a_k = \frac{1}{\gamma_k} \sum_{j=i-p}^{i+p} \Theta_j p_k^2(t_j) \quad (k = 0, 1, 2) \tag{8.80}$$

（3）计算次序依次为 $p_0(t) \to \gamma_0 \to \alpha_1 \to p_1(t) \to \gamma_1(\beta_1) \to \alpha_2 \to p_2(t) \to \gamma_2 \to a_k\ (k = 0, 1, 2)$。

（4）对实际系统响应测量值 $(t_i, \Theta_i)(i = 0, 1, 2, \cdots, n)$ 的每个点进行平滑降噪处理,得到系统响应测量值 $[t_i, \theta_f(t_i)](i = 0, 1, 2, \cdots, n)$。

3. 根据平滑降噪后系统响应测量值,采用推力离散化反演计算方法,计算推力

具体内容如下。

（1）根据系统参数 (k, ω_d, ζ) 的标定值 $(\hat{k}, \hat{\omega}_d, \hat{\zeta})$,计算系数 $\hat{C}_f = \hat{C}_f(\hat{k}, \hat{\omega}_d, \hat{\zeta}, \hat{L}_f)$ 和 $\hat{a}_{ik}^{-1} = \hat{a}_{ik}^{-1}(\hat{\omega}_d, \hat{\zeta}, h)$。

（2）实际系统响应测量值 $(t_i, \Theta_i)(i = 0, 1, 2, \cdots, n)$ 进行平滑降噪处理后,得到系统响应测量值 $[t_i, \theta_f(t_i)](i = 0, 1, 2, \cdots, n)$,利用推力离散化反演计算方法,计算推力的估计值为

$$\hat{F}_{i-1} = \hat{C}_f \sum_{k=1}^{i} \hat{a}_{i-1, k}^{-1} \theta_{fk} \quad (i = 1, 2, \cdots, n) \tag{8.81}$$

4. 再次采用正交抛物线平滑降噪方法,对推力计算值进行平滑降噪处理,减小推力系统响应误差

推力的计算值为 $(t_i, \hat{F}_i)(i = 0, 1, 2, \cdots, n-1)$,其正交抛物线拟合曲线为

$$\hat{F}'(t) = a_0 p_0(t) + a_1 p_1(t) + a_2 p_2(t) \tag{8.82}$$

平滑降噪处理后推力的计算值为 $(t_i, \hat{F}'_i)(i = 0, 1, 2, \cdots, n-1)$,具体平滑降噪方法与实际系统响应测量值 $(t_i, \Theta_i)(i = 0, 1, 2, \cdots, n)$ 平滑降噪方法相同。

5. 采用中位数扫描平均计算方法,对推力的计算值扫描平均处理,获得推力估计值曲线

具体内容如下。

（1）通过时间和推力的中位数扫描平均,获得推力曲线的平均位置为

$$t_{i+1/2} = (t_i + t_{i+1})/2, \ \hat{F}'_{i+1/2} = (\hat{F}'_i + \hat{F}'_{i+1})/2 \tag{8.83}$$

式中, $i = 0, 1, 2, \cdots, n-2$。

(2) 当 $t = t_i$ 且 $t_{i-1/2} < t_i < t_{i+1/2}(i = 1, 2, 3, \cdots, n-2)$ 时，按照线性插值方法，有

$$\frac{\bar{F}_i - \hat{F}'_{i-1/2}}{(h/2)} = \frac{\hat{F}'_{i+1/2} - \hat{F}'_{i-1/2}}{h} \tag{8.84}$$

可得

$$\bar{F}_i = \frac{\hat{F}'_{i+1/2} + \hat{F}'_{i-1/2}}{2} = \frac{\dfrac{\hat{F}'_i + \hat{F}'_{i+1}}{2} + \dfrac{\hat{F}'_{i-1} + \hat{F}'_i}{2}}{2} = \frac{\hat{F}'_{i-1} + 2\hat{F}'_i + \hat{F}'_{i+1}}{4} \tag{8.85}$$

(3) 当 $t = t_0$ 时，将 $(t_{1/2}, t_{1+1/2})$ 段线性外推，有

$$\frac{\hat{F}'_{1/2} - \bar{F}_0}{(h/2)} = \frac{\hat{F}'_{1+1/2} - \hat{F}'_{1/2}}{h} \tag{8.86}$$

可得

$$\bar{F}_0 = \frac{-\hat{F}'_{1+1/2} + 3\hat{F}'_{1/2}}{2} = \frac{-\dfrac{\hat{F}'_1 + \hat{F}'_2}{2} + 3\dfrac{\hat{F}'_0 + \hat{F}'_1}{2}}{2} = \frac{3\hat{F}'_0 + 2\hat{F}'_1 - \hat{F}'_2}{4} \tag{8.87}$$

(4) 当 $t = t_{n-1}$ 时，将 $(t_{n-2-1/2}, t_{n-2+1/2})$ 段线性外推，有

$$\frac{\bar{F}_{n-1} - \hat{F}'_{n-2+1/2}}{(h/2)} = \frac{\hat{F}'_{n-2+1/2} - \hat{F}'_{n-2-1/2}}{h} \tag{8.88}$$

可得

$$\bar{F}_{n-1} = \frac{3\hat{F}'_{n-2+1/2} - \hat{F}'_{n-2-1/2}}{2} = \frac{3\dfrac{\hat{F}'_{n-1} + \hat{F}'_{n-2}}{2} - \dfrac{\hat{F}'_{n-2} + \hat{F}'_{n-3}}{2}}{2} = \frac{-\hat{F}'_{n-3} + 2\hat{F}'_{n-2} + 3\hat{F}'_{n-1}}{4} \tag{8.89}$$

从而得到推力的估计值为

$$(t_i, \bar{F}_i) \quad (i = 0, 1, 2, \cdots, n-1) \tag{8.90}$$

8.3.2　推力测量误差的蒙特卡洛评估方法

所提出的推力离散化反演测量方法,根据推力测量误差来源分析,采用了一系列抑制推力截断误差、推力系统响应误差和推力标定误差的方法,抑制效果如何及最终推力测量误差达到怎样水平,还需要测量误差评估方法。

采用推力离散化反演测量方法,结合蒙特卡洛数字仿真方法,提出了推力测量误差的蒙特卡洛评估方法,如下所示。

(1) 已知系统参数(k, ζ, ω_d)的标定值$(\hat{k}, \hat{\zeta}, \hat{\omega}_d)$和置信区间为$(\hat{k}-\Delta k_d, \hat{k}+\Delta k_u)$、$(\hat{\zeta}-\Delta\zeta_d, \hat{\zeta}+\Delta\zeta_u)$和$(\hat{\omega}_d-\Delta\omega_{dd}, \hat{\omega}_d+\Delta\omega_{du})$,采用蒙特卡洛随机抽样方法,获得系统参数的抽样值为

$$k_i = \hat{k} - \Delta k_d + (\Delta k_d + \Delta k_u) r_{i1} \tag{8.91}$$

$$\zeta_i = \hat{\zeta} - \Delta\zeta_d + (\Delta\zeta_d + \Delta\zeta_u) r_{i2} \tag{8.92}$$

$$\omega_{di} = \hat{\omega}_d - \Delta\omega_{dd} + (\Delta\omega_{dd} + \Delta\omega_{du}) r_{i3} \tag{8.93}$$

并且计算得到

$$\omega_{ni} = \frac{\omega_{di}}{\sqrt{1-\zeta_i^2}},\ J_i = \frac{k_i}{\omega_{ni}^2} \tag{8.94}$$

式中,r_{i1}、r_{i2}和r_{i3}为(0, 1)区间均匀分布随机数,随机数种子取不同值,使得它们之间相互独立。$i=1, 2, \cdots, m$, m为蒙特卡洛抽样仿真次数。

(2) 给定推力随着时间变化趋势的推力函数形式$f(t)$,由扭摆振动微分方程

$$\ddot{\theta}_i + 2\zeta_i\omega_{ni}\dot{\theta}_i + \omega_{ni}^2\theta_i = \frac{L_f}{J_i}f(t) \tag{8.95}$$

计算系统响应

$$\theta_{ij} = \theta_i(t_j) \tag{8.96}$$

式中,$t_j = jh\ (j=0, 1, 2, \cdots, n)$, h为采样时间步长。

(3) 已知系统响应测量误差为$\Delta\theta(t) \sim N(0, \sigma^2)$,噪信比NSR ≈ $3\sigma/\theta_{ij,\max}(\theta_{ij,\max} = \max\{\theta_{ij}\})$, $\Delta\theta(t)$的蒙特卡洛抽样值为

$$\begin{aligned}\Delta\theta_i(t_j) &= \sigma\sqrt{-2\ln r_{ij1}}\cos 2\pi r_{ij2} \\ &\approx (\mathrm{NSR}\cdot\theta_{ij,\max}/3)\sqrt{-2\ln r_{ij1}}\cos 2\pi r_{ij2}\end{aligned} \tag{8.97}$$

式中,r_{ij1}和r_{ij2}为(0, 1)区间相互独立的均匀分布随机数,$i=1, 2, \cdots, m$。

（4）实际系统响应测量值为

$$\Theta_{ij} = \Theta_i(t_j) = \theta_i(t_j) + \Delta\theta_i(t_j) \tag{8.98}$$

（5）由实际系统响应测量值，采用推力离散化反演测量方法计算推力：

步骤 1，优化采样时间步长，对推力截断误差和推力系统响应误差进行综合权衡。

步骤 2，对实际系统响应测量值 Θ_{ij}，采用正交抛物线平滑降噪方法，进行平滑降噪处理，减小推力系统响应误差。

步骤 3，采用推力离散化反演计算方法，计算推力的估计值为

$$(t_j,\ \hat{F}_{ij})(i = 1,\ 2,\ \cdots,\ m;\ j = 0,\ 1,\ 2,\ \cdots,\ n - 1) \tag{8.99}$$

步骤 4，对推力的估计值为 $(t_j,\ \hat{F}_{ij})(i = 1,\ 2,\ \cdots,\ m;\ j = 0,\ 1,\ 2,\ \cdots,\ n - 1)$，再次采用正交抛物线平滑降噪方法，进行平滑降噪处理，减小推力系统响应误差，得到推力估计值为

$$(t_j,\ \hat{F}'_{ij})(i = 1,\ 2,\ \cdots,\ m;\ j = 0,\ 1,\ 2,\ \cdots,\ n - 1) \tag{8.100}$$

步骤 5，对推力估计值 $(t_j,\ \hat{F}'_{ij})(i = 1,\ 2,\ \cdots,\ m;\ j = 0,\ 1,\ 2,\ \cdots,\ n - 1)$，采用中位数扫描平均计算方法，进行扫描平均处理获得推力估计值曲线，得到推力估计值为

$$(t_j,\ \bar{F}_{ij})(i = 1,\ 2,\ \cdots,\ m;\ j = 0,\ 1,\ 2,\ \cdots,\ n - 1) \tag{8.101}$$

式中，m 为蒙特卡洛抽样仿真次数；n 为每次仿真中采样点数目。

（6）推力误差为（相对误差）

$$\varepsilon_{ij} = \frac{\bar{F}_{ij}}{f_j} - 1 \quad (i = 1,\ 2,\ \cdots,\ m;\ j = 0,\ 1,\ 2,\ \cdots,\ n - 1) \tag{8.102}$$

（7）重复（1）至（6），蒙特卡洛抽样仿真次数为 $i = 1,\ 2,\ \cdots,\ m$，对于每个给定时间点 $t_j = jh\ (j = 0,\ 1,\ 2,\ \cdots,\ n - 1)$，将推力测量误差的抽样值，由小到大排序为

$$\varepsilon'_{1j} \leqslant \varepsilon'_{2j} \leqslant \cdots \leqslant \varepsilon'_{mj} \tag{8.103}$$

给定置信度 γ 条件下，确定推力测量误差落入区间 $(\varepsilon'_{1j},\ \varepsilon'_{mj})$ 的概率为 β。具体确定方法如下：

步骤 1，对于给定时间点 $t_j = jh\ (j = 0,\ 1,\ 2,\ \cdots,\ n - 1)$，将推力误差 $\varepsilon_{ij}(i = 1,\ 2,\ \cdots,\ m;\ j = 0,\ 1,\ 2,\ \cdots,\ n - 1)$，由小到大排序为

$$\varepsilon'_{1j} \leqslant \varepsilon'_{2j} \leqslant \cdots \leqslant \varepsilon'_{mj} \tag{8.104}$$

推力测量误差 $\varepsilon_{ij}(i=1, 2, \cdots, m; j=0, 1, 2, \cdots, n-1)$ 包容在区间 $(\varepsilon'_{1j}, \varepsilon'_{mj})$ 的概率为 β,其容忍区间为

$$P\{F(\varepsilon'_{mj}) - F(\varepsilon'_{1j}) \geqslant \beta\} = \gamma \tag{8.105}$$

式中,$F(\cdot)$ 为测量误差的总体分布函数,即以概率 β 保证推力误差为 $(\varepsilon'_{1j}, \varepsilon'_{mj})$,该结论的置信度为 γ。

步骤 2,根据容忍区间的非参数统计计算方法,利用不完全 β 分布函数,式(8.72)改写为

$$\int_0^{\beta} \frac{\Gamma(m+1)}{\Gamma(m-1)\Gamma(2)} z^{m-2}(1-z)\mathrm{d}z = 1-\gamma \tag{8.106}$$

当置信度 $\gamma = 0.95$ 时,推力误差落入区间 $(\varepsilon'_{1j}, \varepsilon'_{mj})$ 的概率 β,随着蒙特卡洛仿真次数 m 的变化,如表 8.1 所示。显然,只要蒙特卡洛仿真次数 $m \geqslant 100$,则有 $\beta \geqslant 0.953$。

表 8.1　给定置信度 $\gamma = 0.95$ 时蒙特卡洛仿真次数与落入概率

蒙特卡洛仿真次数 m	落入区间 $(\varepsilon'_{1j}, \varepsilon'_{mj})$ 的概率 β
93	0.950
100	0.953
200	0.977
300	0.984
400	0.988
473	0.990
500	0.991

8.3.3　应用举例

图 8.2 给出了推力离散化反演测量方法与误差分析方法的实施流程。

实例:采用扭摆测量系统搭载某型微推力器测量其推力,根据以往经验,该微推力器推力为 1~2 mN,微推力器安装在扭摆横梁上,力臂为 $L_f = 0.3$ m。

采用系统参数恒力标定方法,已知扭摆测量系统的系统参数估计值为

$$\hat{k} = 2.5\ (\mathrm{N \cdot m})/\mathrm{rad},\ \hat{\omega}_d = 1\ \mathrm{rad/s},\ \hat{\zeta} = 0.2 \tag{8.107}$$

并且系统参数标定误差小于 1%。

微推力器搭载在扭摆测量系统上,扭摆测量系统安装在隔振平台上,由于隔振平台显著降低环境噪声干扰的影响,系统响应测量误差的标准差 $\sigma \leqslant 3\ \mu\mathrm{rad}$。

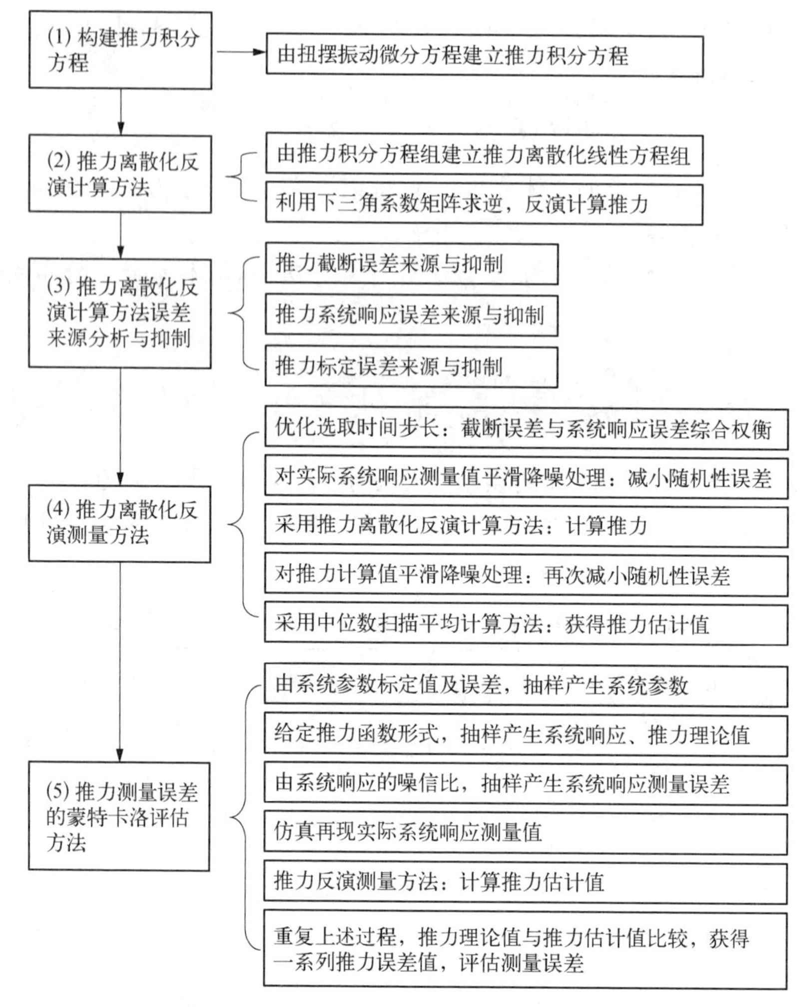

图 8.2　推力离散化反演测量方法与误差分析方法的实施流程

图 8.3 为待测推力作用下实际系统响应测量值与平滑降噪处理结果。平滑降噪后系统响应最大值为 $\theta_{\max} \approx 183\ \mu\text{rad}$，系统响应的噪信比为

$$\text{NSR} = \frac{3\sigma}{\theta_{\max}} = \frac{9}{183} \approx 5\% \tag{8.108}$$

通过调节采样时间步长进行综合权衡，当时间步长 $h = 1.256\,637 \times 10^{-1}$ s 时，推力截断误差和推力系统响应误差得到较好权衡。

在系统参数标定误差为 $p = 1\%$、噪信比 NSR = 5%、采样时间步长 $h = 1.256\,637 \times 10^{-1}$ s 条件下，利用图 8.3 所示的实际系统响应测量值，采用所提出的推力离散化反演测量方法，计算推力估计值，如图 8.4 所示。根据图 8.4 可知，6 s

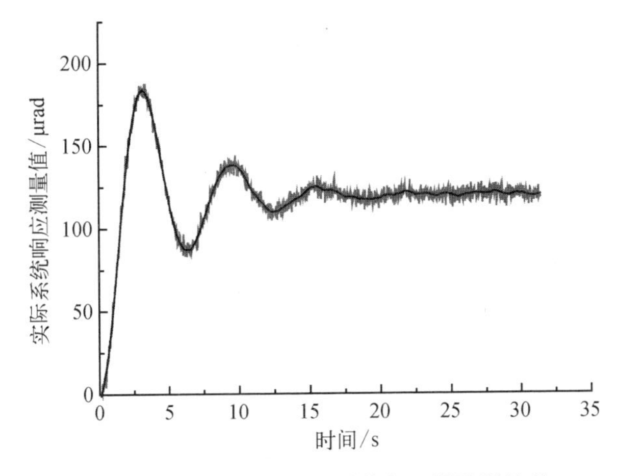

图 8.3　实际系统响应测量值与平滑降噪处理

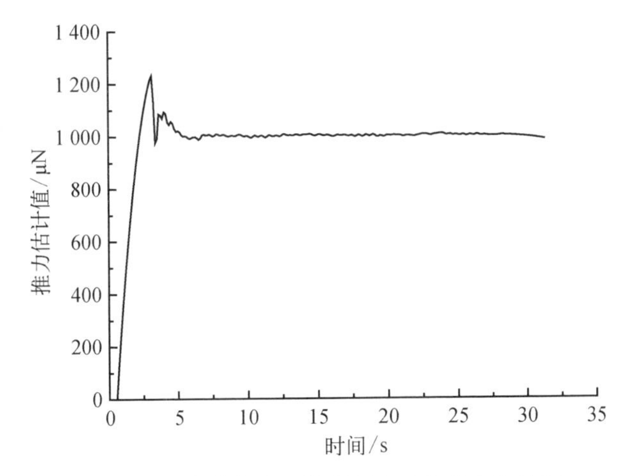

图 8.4　推力离散化反演测量方法的推力估计值

以后，推力稳定在 1 000 μN 附近。

推力测量误差的变化如图 8.5 所示。6 s 以后推力估计值误差为-3%~3%，并且以置信度 $\gamma = 0.95$，保证该结论成立的概率为 $\beta \geqslant 0.953$。6 s 以前推力估计值波动是系统响应测量误差、梯形积分公式起步计算等带来的。

上文的分析和讨论，是针对水平型推力的（推力随着时间变化不大情况），下面分析和讨论递减型推力情况。

设递减型推力函数为 $f(t) = 1\,000 + 500e^{-0.3t}$（单位为 μN），以该推力为理论值和噪信比 NSR = 5% 产生系统响应测量值，利用该推力理论值和噪信比 NSR = 5% 所产生系统响应测量值，在系统参数标定误差为 p = 1%、采样时间步长 h = $1.256\,637 \times 10^{-1}$ s 条件下，采用推力离散化反演测量方法，得到推力估计值，如图 8.6 所示，其中光滑递减曲线为推力理论值，波动递减曲线为推力估计值，显然，6 s

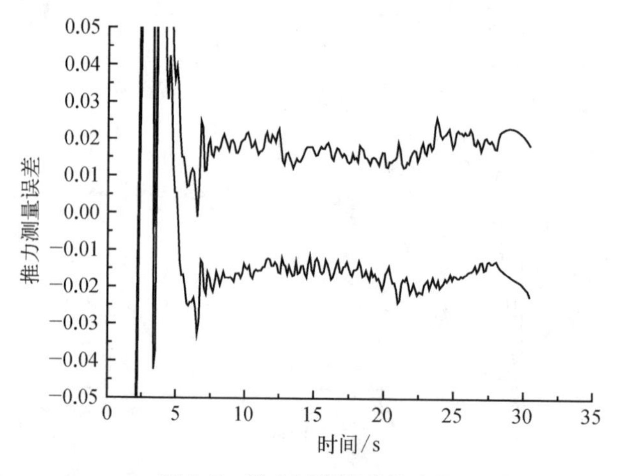

图 8.5　推力测量误差的变化

以后推力估计值与推力理论值吻合。并且,6 s 以后推力估计值误差为-3%~3%,以置信度 $\gamma = 0.95$, 保证该结论成立的概率为 $\beta \geqslant 0.953$。6 s 以前推力估计值波动是系统响应测量误差、梯形积分公式起步计算等带来的。

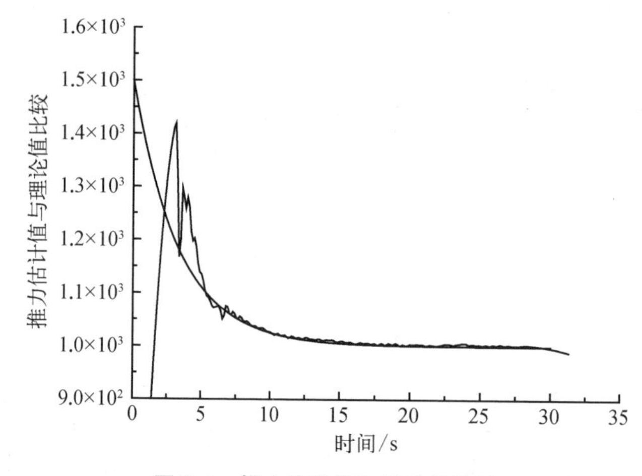

图 8.6　推力估计值与理论值比较

在综合权衡推力截断误差与推力系统响应误差条件下,推力类型、系统响应噪信比和系统参数标定误差等对推力测量误差的影响如表 8.2 所示。首先,随着噪信比增大,推力测量误差增大;其次,随着系统参数标定误差增大,推力测量误差增大;最后,水平型推力和递减型推力是常见推力类型,推力类型对推力测量误差的影响不大。例如,当系统响应噪信比小于 10%和系统参数标定误差小于 2%条件下,采用所提出的推力离散化反演测量方法与误差分析方法,推力测量误差在 5%以内。

表 8.2　推力类型、系统响应噪信比和系统参数标定误差的影响

推力类型	噪信比 NSR	标定误差 p = 1%	标定误差 p = 2%
水平型推力	2. 5%	−2%~2%	−2. 5%~2. 5%
	5%	−3%~3%	−4%~4%
	10%	−4%~4%	−5%~5%
递减型推力	2. 5%	−2%~2%	−2. 5%~2. 5%
	5%	−3%~3%	−4%~4%
	10%	−4%~4%	−5%~5%

第 9 章
高平稳推力测量与寻优估计方法

高平稳微推力器用于卫星高精度姿轨控情况，高平稳微推力器要求推力输出很平稳且起伏波动幅度很小，一般采用平均推力和零均值推力噪声之和来描述，对推力测量和评估方法提出了新要求。例如，空间引力波探测中对微牛级精密微推力器，在 5~50 μN 推力范围内，要求推力噪声小于 0.1 μN/(Hz)$^{1/2}$，推力分辨力小于或等于 0.1 μN。

针对高平稳推力输出平稳且起伏波动很小的特点，首先，本章提出了推力的平稳随机过程描述与测量平均推力方法，通过将推力表示为平均推力与零均值平稳推力噪声之和，利用线性拟合，实现平均推力的测量；其次，提出了推力噪声作用下系统响应的方差分析方法，根据系统响应测量值计算系统响应方差，再由系统响应方差给出推力噪声方差的预估计值；最后，提出了推力蒙特卡洛模拟与系统响应对比寻优估计推力方法，通过一系列不同平均推力、不同推力噪声方差的模拟推力作用下系统响应计算值，与待测推力作用下系统响应测量值，逐一对比获得待测推力的优化估计值，从而解决了高平稳微推力器的推力测量和评估难题。

9.1 平稳随机过程

在推力测量中，高平稳推力随着时间变化，可采用平稳随机过程描述；扭摆测量系统的系统响应测量误差也可采用平稳随机过程描述，为了便于后面的分析和讨论，简要归纳和提炼了相关的平稳随机过程知识。

9.1.1 随机过程的数字特征

随机过程 $\{X(t), t \in T\}$ 的取值特性，可采用均值函数、自相关函数等表示。在每个给定时刻 $t \in T$, $X(t)$ 为随机变量，其均值函数为

$$\mu_X(t) = E[X(t)] \tag{9.1}$$

式中，$E[\cdot]$表示给定时刻的集合平均(统计平均)。

对于任意两个时刻 $t_1 \in T$ 和 $t_2 \in T$，自相关函数为

$$R_{XX}(t_1, t_2) = E[X(t_1)X(t_2)] \tag{9.2}$$

自协方差函数为

$$\begin{aligned} C_{XX}(t_1, t_2) &= \text{cov}[X(t_1), X(t_2)] \\ &= E\{[X(t_1) - \mu_X(t_1)][X(t_2) - \mu_X(t_2)]\} \\ &= R_{XX}(t_1, t_2) - \mu_X(t_1)\mu_X(t_2) \end{aligned} \tag{9.3}$$

当 $t_1 = t_2 = t$ 时，有

$$\begin{aligned} C_X(t, t) &= R_X(t, t) - \mu_X(t)\mu_X(t) \\ &= E[X^2(t)] - [\mu_X(t)]^2 = \text{var}[X(t)] \end{aligned} \tag{9.4}$$

式中，var[・]表示给定时刻的方差。

9.1.2　平稳随机过程和遍历性过程

随机过程 $\{X(t), t \in T\}$，对于任意两个时刻 $t \in T$ 和 $t + \tau \in T$，有

$$E[X(t)] = \mu_X(\text{常数}),\ E[X(t)X(t+\tau)] = R_X(\tau) \tag{9.5}$$

则称该随机过程为宽平稳过程或广义平稳过程。

对于平稳随机过程 $\{X(t), t \in T\}$，如果

$$\langle X(t) \rangle = E[X(t)] = \mu_X(\text{常数}) \tag{9.6}$$

依概率 1 成立(时间平均等于集合平均)，则称随机过程的均值具有遍历性。$\langle \cdot \rangle$ 表示待考察量随着时间变化时关于时间的平均。

平稳随机过程 $\{X(t), t \in T\}$，如果

$$\langle X(t)X(t+\tau) \rangle = E[X(t)X(t+\tau)] = R_X(\tau) \tag{9.7}$$

依概率 1 成立(时间平均等于集合平均)，则称随机过程的自相关函数具有遍历性。

如果平稳随机过程的均值和自相关函数都具有遍历性，该过程就是遍历性过程，此时，根据平稳随机过程的时间平均可以计算均值和自相关函数等。

9.1.3　均值和自相关函数的估计

平稳随机过程 $\{X(t), t \in T\}$，在时间区间[0, T]内，采样时间步长为 Δt，采样点时间为 $t_j = j\Delta t\ (j = 1, 2, \cdots, N)$，采样值为 $x_j = X(t_j)\ (j = 1, 2, \cdots, N)$。

均值的无偏估计值为

$$\hat{\mu}_X = \frac{1}{N}\sum_{j=1}^{N} x_j \tag{9.8}$$

为了防止溢出提高计算精度，采用递推计算方法，令初值 $\hat{\mu}_{X,0} = 0$，递推计算公式为

$$\hat{\mu}_{X,j} = \hat{\mu}_{X,j-1} + \frac{1}{j}(x_j - \hat{\mu}_{X,j-1}) \quad (j = 1, 2, \cdots, N) \tag{9.9}$$

设 $\tau_r = r\Delta t$ ($r = 0, 1, 2, \cdots, m$; $m < N$)，自相关函数的无偏估计值为

$$\hat{R}_X(\tau_r) = \frac{1}{N-r}\sum_{j=1}^{N-r} x_j x_{j+r} \tag{9.10}$$

9.1.4 功率谱密度的估计

1. 自相关函数与功率谱密度

平稳随机过程 $\{X(t), t \in T\}$，其自相关函数为 $R_X(\tau)$，则傅里叶变换为

$$F[R_X(\tau)] = S_X(\omega) = \int_{-\infty}^{\infty} R_X(\tau)\mathrm{e}^{-i\omega\tau}\mathrm{d}\tau \tag{9.11}$$

称为功率谱密度，功率谱密度 $S_X(\omega)$ 的反傅里叶变换为自相关函数 $R_X(\tau)$，为

$$R_X(\tau) = F^{-1}[S_X(\omega)] = \frac{1}{2\pi}\int_{-\infty}^{\infty} S_X(\omega)\mathrm{e}^{i\tau\omega}\mathrm{d}\omega \tag{9.12}$$

式中，$i = \sqrt{-1}$。

根据 $\delta(\tau)$ 函数的性质，对于 $\tau = 0$ 处连续的函数 $f(\tau)$，有

$$\int_{-\infty}^{\infty} \delta(\tau) f(\tau)\mathrm{d}\tau = f(0) \tag{9.13}$$

可写出以下傅里叶变换：

$$\int_{-\infty}^{\infty} \delta(\tau)\mathrm{e}^{-i\omega\tau}\mathrm{d}\tau = 1, \quad \frac{1}{2\pi}\int_{-\infty}^{\infty} 1 \cdot \mathrm{e}^{i\tau\omega}\mathrm{d}\omega = \delta(\tau) \tag{9.14}$$

$$\frac{1}{2\pi}\int_{-\infty}^{\infty} \delta(\omega)\mathrm{e}^{i\tau\omega}\mathrm{d}\omega = \frac{1}{2\pi}, \quad \int_{-\infty}^{\infty} \frac{1}{2\pi} \cdot \mathrm{e}^{-i\tau\omega}\mathrm{d}\tau = \delta(\omega) \tag{9.15}$$

例如，平稳随机过程 $X(t)$ 为白噪声，功率谱密度为 $S_X(\omega) = S_0$（常数），其自相关函数为

$$R_X(\tau) = \frac{1}{2\pi}\int_{-\infty}^{\infty} S_0 \mathrm{e}^{i\tau\omega}\mathrm{d}\omega = S_0 \frac{1}{2\pi}\int_{-\infty}^{\infty} \mathrm{e}^{i\tau\omega}\mathrm{d}\omega = S_0\delta(\tau) \tag{9.16}$$

此时,如果平稳随机过程 $X(t)$ 的均值为 μ_X,方差为

$$\mathrm{var}[X(t)] = R_X(0) - (\mu_X)^2 = S_0 - (\mu_X)^2 \tag{9.17}$$

又如,平稳随机过程 $X(t)$ 的自相关函数为 $R_X(\tau) = R_0$(常数),其功率谱密度函数为

$$S_X(\omega) = \int_{-\infty}^{\infty} R_0 \mathrm{e}^{-i\tau\omega} \mathrm{d}\tau = 2\pi R_0 \int_{-\infty}^{\infty} \frac{1}{2\pi} \cdot \mathrm{e}^{-i\tau\omega} \mathrm{d}\tau = 2\pi R_0 \delta(\omega) \tag{9.18}$$

此时,如果平稳随机过程 $X(t)$ 的均值为 μ_X,方差为

$$\mathrm{var}[X(t)] = R_X(0) - (\mu_X)^2 = R_0 - (\mu_X)^2 \tag{9.19}$$

2. 功率谱密度的估计

由于 $R_X(\tau)$ 和 $S_X(\omega)$ 都是偶函数,可写作

$$S_X(\omega) = 2\int_0^{\infty} R_X(\tau)\cos(\omega\tau)\mathrm{d}\tau \tag{9.20}$$

$$R_X(\tau) = \frac{1}{\pi}\int_0^{\infty} S_X(\omega)\cos(\tau\omega)\mathrm{d}\omega \tag{9.21}$$

已知自相关函数估计值 $\hat{R}_X(\tau_r)$ 和 $\tau_r = r\Delta t$ ($r = 0, 1, 2, \cdots, m$; $m < N$),采用数值积分的复化梯形离散化方法,功率谱密度的估计值为

$$\hat{S}_X(\omega) = \Delta t[\hat{R}_X(0) + 2\sum_{r=1}^{m-1} \hat{R}_X(r\Delta t)\cos(\omega r\Delta t) + \hat{R}_X(m\Delta t)\cos(\omega m\Delta t)] \tag{9.22}$$

式中,$0 \leqslant \omega \leqslant \omega_c$。

根据采样定理可知,采样时间步长为 Δt 条件下,采样值(t_j, x_j) ($j=1, 2, \cdots, N$)所能反映的角频率范围为(频带宽度)

$$0 \leqslant \omega \leqslant \omega_{\max},\ \omega_{\max} = \frac{\pi}{\Delta t} \tag{9.23}$$

可取 $\omega_c = \pi/\Delta t$。

平稳随机过程的自相关函数的基本性质如下。

(1) 平稳随机过程的自相关函数满足

$$R_X(0) = E[X^2(t)] \geqslant |R_X(\tau)| \tag{9.24}$$

(2) 如果平稳随机过程含有一个周期分量,则其自相关函数也含有一个同周期的周期分量。

9.1.5 线性系统与平稳随机过程

对于定常的线性系统,系统输入 $x(t)$ 与系统响应 $y(t)$ 之间关系,采用线性微分方程表示为

$$
\begin{aligned}
& a_n \frac{\mathrm{d}^n y(t)}{\mathrm{d}t^n} + a_{n-1} \frac{\mathrm{d}^{n-1} y(t)}{\mathrm{d}t^{n-1}} + \cdots + a_1 \frac{\mathrm{d}y(t)}{\mathrm{d}t} + a_0 y(t) \\
= & b_m \frac{\mathrm{d}^m x(t)}{\mathrm{d}t^m} + b_{m-1} \frac{\mathrm{d}^{m-1} x(t)}{\mathrm{d}t^{m-1}} + \cdots + b_1 \frac{\mathrm{d}x(t)}{\mathrm{d}t} + b_0 x(t)
\end{aligned}
\tag{9.25}
$$

式中, $a_i(i = 0,\ 1,\ \cdots,\ n)$ 和 $b_i(i = 0,\ 1,\ \cdots,\ m)$ 为常数,并且 $n > m$。

设系统输入 $x(t)$ 的拉普拉斯变换为 $X(s) = L[x(t)]$, 系统响应 $y(t)$ 的拉普拉斯变换为 $Y(s) = L[y(t)]$, 当初始条件全部为零条件下,两边取拉普拉斯变换,可得

$$
\begin{aligned}
& (a_n s^n + a_{n-1} s^{n-1} + \cdots + a_1 s + a_0) Y(s) \\
= & (b_m s^m + b_{m-1} s^{m-1} + \cdots + b_1 s + b_0) X(s)
\end{aligned}
\tag{9.26}
$$

传递函数:在初始条件为零条件下,系统输出量和输入量的拉普拉斯变换之比。线性系统的传递函数为

$$
H(s) = \frac{Y(s)}{X(s)} = \frac{b_m s^m + b_{m-1} s^{m-1} + \cdots + b_1 s + b_0}{a_n s^n + a_{n-1} s^{n-1} + \cdots + a_1 s + a_0}
\tag{9.27}
$$

由于

$$
Y(s) = H(s) X(s)
\tag{9.28}
$$

设系统输入为单位脉冲函数 $x(t) = \delta(t)$ 时,系统输出为单位脉冲响应函数 $h(t)$,此时有 $X(s) = L[\delta(t)] = 1$ 和 $Y(s) = H(s) = L[h(t)]$, 因此有

$$
H(s) = L[h(t)],\ h(t) = L^{-1}[H(s)]
\tag{9.29}
$$

如果已知系统传递函数,就可求得系统的单位脉冲响应。

定常线性系统的系统输入为平稳随机过程 $X(t)$,则系统输出也是平稳随机过程 $Y(t)$,如果线性系统的单位脉冲响应为 $h(t)$,有

$$
E[Y(t)] = E[X(t)] \int_0^{\infty} h(\lambda) \mathrm{d}\lambda
\tag{9.30}
$$

对于定常线性系统,系统输入为零均值平稳随机过程时系统输出也是零均值平稳随机过程,系统输入的功率谱密度为 $S_X(\omega)$,系统输出的功率谱密度 $S_Y(\omega)$ 为

$$
S_Y(\omega) = H(-i\omega) H(i\omega) S_X(\omega)
\tag{9.31}
$$

并且,系统输出的自相关函数为

$$R_Y(\tau)=\frac{1}{2\pi}\int_{-\infty}^{\infty}S_Y(\omega)\mathrm{e}^{i\tau\omega}\mathrm{d}\omega=\frac{1}{2\pi}\int_{-\infty}^{\infty}H(-i\omega)H(i\omega)S_X(\omega)\mathrm{e}^{i\tau\omega}\mathrm{d}\omega \quad (9.32)$$

9.1.6 计算分析

扭摆测量系统安装在隔振平台上,地面传递的位移激励使得扭摆测量系统在平衡位置附近随机波动,随机波动的扭转角随着时间的变化如图 9.1 所示。由于环境噪声干扰,扭转角在-8~8 μrad 范围内随机波动。

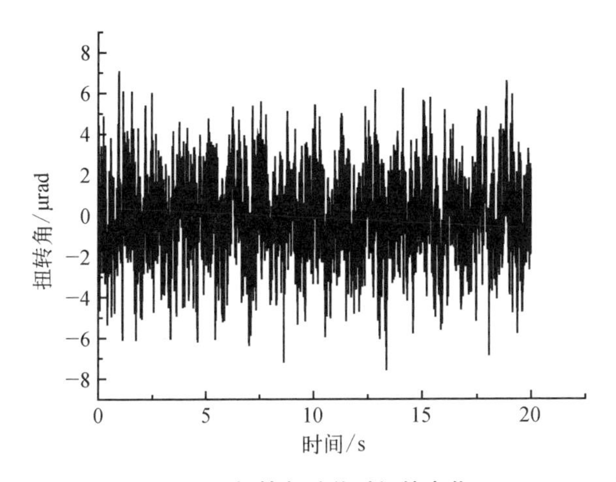

图 9.1 扭转角随着时间的变化

根据图 9.1 所示的扭转角采样数据,估计扭转角的自相关函数,扭转角的自相关函数随着时间的变化如图 9.2 所示。从图 9.2 可看出,首先,自相关函数在零时刻附近有跳跃,说明扭转角采样数据包含白噪声分量;其次,自相关函数包含长周

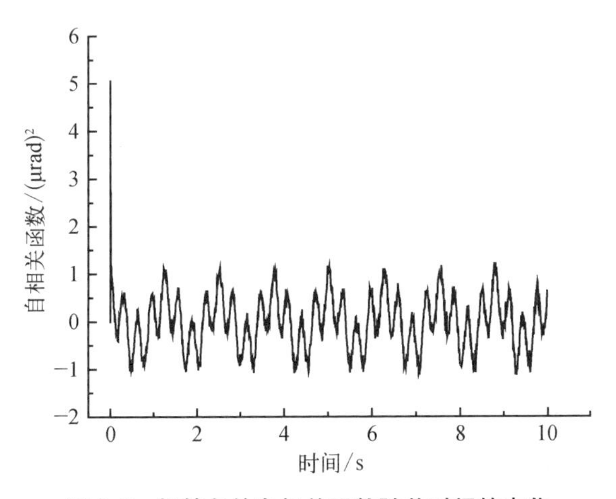

图 9.2 扭转角的自相关函数随着时间的变化

期分量和短周期分量,说明扭转角采样数据也包含相同的长周期分量和短周期分量,这些特点只有通过自相关函数分析才能得到。

根据图 9. 1 所示的扭转角采样数据,估计扭转角的功率谱密度,扭转角的功率谱密度随着角频率的变化如图 9. 3 所示。从图 9. 3 可看出,首先,功率谱密度分别在角频率 5 rad/s 和 20 rad/s 处存在跳跃,说明扭转角采样数据包含角频率为 5 rad/s 和 20 rad/s 的周期分量;其次,功率谱密度存在基底噪声背景,说明扭转角采样数据包含白噪声分量,这些特点也只有通过功率谱密度分析才能得到。

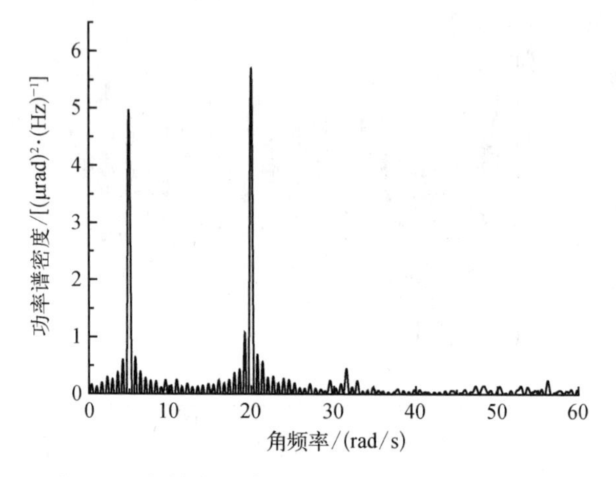

图 9. 3 扭转角的功率谱密度随着角频率的变化

对于扭摆测量系统,所采用隔振平台不同、降噪措施不同,初始扭转角随机波动特点也不同。图 9. 4 为另一个扭摆测量系统的功率谱密度分析结果,在角频率 187. 2 rad/s 处有跳跃,说明扭转角以角频率 187. 2 rad/s 受迫振动,而该扭摆测量系统的振动频率为 0. 7 rad/s。

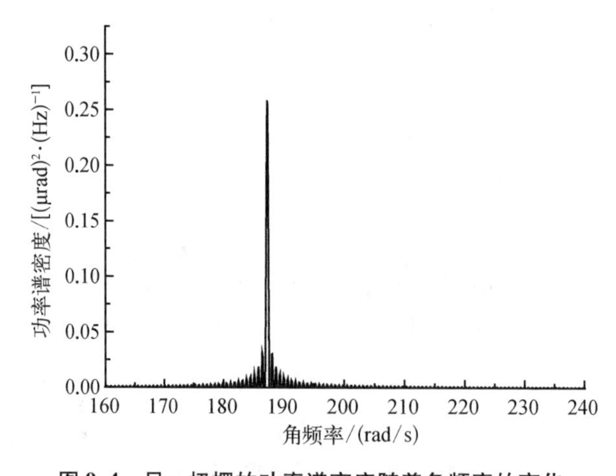

图 9. 4 另一扭摆的功率谱密度随着角频率的变化

自相关函数的单位为“(被测量的单位)^2”,功率谱密度的单位为“(被测量的单位)^2·s”,由于功率谱密度随着角频率的变化反映了功率密度按照角频率或频率的分布特点,功率谱密度的单位为“(被测量的单位)^2/Hz”。

9.2 推力的平稳随机过程描述与测量平均推力

推力的平稳随机过程描述与测量平均推力方法为：首先,采用平稳随机过程表示高平稳推力随着时间变化,将高平稳推力表示为平均推力与零均值平稳推力噪声之和;其次,采用辛普森数值积分离散化方法,将推力积分方程组离散化为推力线性方程组,求解推力测量值;最后,采用推力测量值线性拟合方法,寻找推力测量值的平均位置直线,给出平均推力测量值。

9.2.1 推力的平稳随机过程描述

高平稳微推力器的推力表示为$f(t)=f_a+\Delta f(t)$,f_a为平均推力,$\Delta f(t)$为推力噪声(推力的起伏波动部分),推力噪声采用零均值平稳随机过程描述。

推力噪声可看作为零均值白噪声,功率谱密度为$S_{\Delta f}(\omega)=\sigma^2$[单位为$(\mu N)^2$/Hz,或$(mN)^2$/Hz,或$(N)^2$/Hz],其自相关函数为$R_{\Delta f}(\tau)=\sigma^2\delta(t)$[单位为$(\mu N)^2$,或$(mN)^2$,或$(N)^2$],也就是推力噪声在任意两个不同时刻独立同分布,推力噪声的标准差为σ(单位为μN,或mN,或N)。

为了表示方便,与待测推力$f(t)=f_a+\Delta f(t)$相对应,测量得到的推力表示为$F(t)=F_a+\Delta F(t)$,F_a为平均推力f_a的测量评估值,$\Delta F(t)$为推力噪声$\Delta f(t)$的测量评估值。

9.2.2 推力积分方程辛普森离散化反演测量推力

如第8章所述,推力积分方程辛普森离散化反演测量推力的方法为：首先,由扭摆振动微分方程构建推力积分方程,建立系统响应与推力之间积分方程关系式;其次,采用辛普森数值积分方法,将推力积分方程组离散化为推力线性方程组,通过下三角推力线性方程组求解,实现由系统响应测量值反演计算推力的目的。

1. 由扭摆振动微分方程构建推力积分方程

扭摆振动微分方程为

$$\ddot{\theta}(t)+2\zeta\omega_n\dot{\theta}(t)+\omega_n^2\theta(t)=\frac{L_f}{J}f(t) \tag{9.33}$$

式中,$f(t)$为推力;$\theta(t)$为系统响应(振动的扭转角);ζ为阻尼比;ω_n为固有振动频率;J为转动惯量;L_f为力臂。由此构建推力积分方程为

$$\theta(t)=\frac{L_f}{J\omega_d}\int_0^t f(\tau)\,e^{-\zeta\omega_n(t-\tau)}\sin\omega_d(t-\tau)\,d\tau \tag{9.34}$$

从而建立了推力与系统响应的积分方程关系式。

2. 推力积分方程辛普森离散化为推力线性方程组并求解推力

以梯形公式起步,交替使用3点辛普森和4点辛普森公式,将推力积分方程组辛普森离散化为推力线性方程组,通过下三角推力线性方程组求解计算推力。

在无测量噪声干扰的理想情况下,推力$f(t)$作用下,扭摆的系统响应为$\theta(t)$,由于环境噪声干扰(环境位移激励、环境外力激励、推力加载冲击等干扰)及位移传感器噪声干扰,实际系统响应测量值为$\Theta(t)=\theta(t)+\Delta\theta(t)$,$\Delta\theta(t)$为系统响应测量误差(由于各种噪声干扰引起)。

已知系统响应测量值为$[t_i,\ \Theta(t_i)]$ $(i=0,1,2,\cdots,n)$,采样时间步长为h,$h_i=ih$,当$t_0=0$时$\Theta(t_0)=0$,令$\Theta_i=\Theta(t_i)$。当$t_i=ih$时,推力积分方程为

$$C_f\Theta_i=\int_0^{ih}F(\tau)\,e^{-\zeta\omega_n(ih-\tau)}\sin\omega_d(ih-\tau)\,d\tau \quad (i=1,2,\cdots,n) \tag{9.35}$$

式中,$C_f=J\omega_d/L_f$,被积分函数$F(\tau)$表示测量得到的推力,与待测推力$f(t)$有区别。

将时间区间$[t_0=0,\ t_i=ih]$ $(i=1,2,\cdots)$划分为i等分,节点为$\tau_j=jh$ $(j=0,1,2,\cdots,i)$,令$F_j=F(\tau_j)$,推力积分方程辛普森离散化为推力线性方程组过程,具体为:

步骤1:当$i=1$时,采用梯形公式起步计算,为

$$C_f\Theta_1=\int_0^{h}F(\tau)\,e^{-\zeta\omega_n(h-\tau)}\sin\omega_d(h-\tau)\,d\tau=\frac{h}{2}e^{-\zeta\omega_n h}\sin\omega_d hF_0 \tag{9.36}$$

可得

$$a_{10}F_0=C_f\Theta_1,\quad a_{10}=\frac{h}{2}e^{-\zeta\omega_n h}\sin\omega_d h \tag{9.37}$$

步骤2:当$i=2$时,采用3点辛普森公式计算,为

$$\begin{aligned}C_f\Theta_2&=\int_0^{2h}F(\tau)\,e^{-\zeta\omega_n(2h-\tau)}\sin\omega_d(2h-\tau)\,d\tau\\&=\frac{h}{3}e^{-\zeta\omega_n(2h)}\sin\omega_d(2h)F_0+\frac{4h}{3}e^{-\zeta\omega_n(h)}\sin\omega_d(h)F_1\end{aligned} \tag{9.38}$$

可得

$$a_{20}F_0+a_{21}F_1=C_f\Theta_2 \tag{9.39}$$

$$a_{20}=\frac{h}{3}e^{-\zeta\omega_n(2h)}\sin\omega_d(2h),\ a_{21}=\frac{4h}{3}e^{-\zeta\omega_n(h)}\sin\omega_d(h) \tag{9.40}$$

步骤3：当 $i=3$ 时，采用4点辛普森公式计算，为

$$\begin{aligned}C_f\Theta_3&=\int_0^{3h}F(\tau)e^{-\zeta\omega_n(3h-\tau)}\sin\omega_d(3h-\tau)d\tau\\&=\frac{3h}{8}e^{-\zeta\omega_n(3h)}\sin\omega_d(3h)F_0+\frac{9h}{8}e^{-\zeta\omega_n(2h)}\sin\omega_d(2h)F_1+\frac{9h}{8}e^{-\zeta\omega_n(h)}\sin\omega_d(h)F_2\end{aligned} \tag{9.41}$$

可得

$$a_{30}F_0+a_{31}F_1+a_{32}F_2=C_f\Theta_3 \tag{9.42}$$

$$a_{30}=\frac{3h}{8}e^{-\zeta\omega_n(3h)}\sin\omega_d(3h) \tag{9.43}$$

$$a_{31}=\frac{9h}{8}e^{-\zeta\omega_n(2h)}\sin\omega_d(2h) \tag{9.44}$$

$$a_{32}=\frac{9h}{8}e^{-\zeta\omega_n(h)}\sin\omega_d(h) \tag{9.45}$$

步骤4：当 $i=2k\ (k=2,3,\cdots)$ 时，采用3点辛普森公式计算，为

$$\begin{aligned}C_f\Theta_i&=\int_0^{ih}F(\tau)e^{-\zeta\omega_n(ih-\tau)}\sin\omega_d(ih-\tau)d\tau\\&=\frac{h}{3}e^{-\zeta\omega_n(ih)}\sin\omega_d(ih)F_0+\frac{4h}{3}\sum_{j=1}^{k-1}e^{-\zeta\omega_n[i-(2j-1)]h}\sin\omega_d[i-(2j-1)]hF_{2j-1}\\&\quad+\frac{2h}{3}\sum_{j=1}^{k-1}e^{-\zeta\omega_n(i-2j)h}\sin\omega_d(i-2j)hF_{2j}+\frac{4h}{3}e^{-\zeta\omega_nh}\sin\omega_dhF_{2k-1}\end{aligned} \tag{9.46}$$

可得

$$a_{i0}F_0+\sum_{l=1}^{2k-1}a_{il}F_l=C_f\Theta_i \tag{9.47}$$

$$a_{i0}=\frac{h}{3}e^{-\zeta\omega_n(ih)}\sin\omega_d(ih) \tag{9.48}$$

$$a_{il}=\frac{4h}{3}e^{-\zeta\omega_n(i-l)h}\sin\omega_d(i-l)hF_l\quad(l=1,3,\cdots,2k-1) \tag{9.49}$$

$$a_{il}=\frac{2h}{3}e^{-\zeta\omega_n(i-l)h}\sin\omega_d(i-l)hF_l\quad(l=2,4,\cdots,2k-2)\tag{9.50}$$

步骤5：当 $i=2k+1\ (k=2,3,\cdots)$ 时，在 $i=2k+1$ 个点中，前面的 $i=0,1,\cdots,2k-3,2k-2$ 个点采用3点辛普森公式计算，最后的 $i=2k-2,2k-1,2k,2k+1$ 等4个点采用4点辛普森公式计算，为

$$\begin{aligned}C_f\Theta_i&=\int_0^{ih}F(\tau)e^{-\zeta\omega_n(ih-\tau)}\sin\omega_d(ih-\tau)d\tau\\&=\frac{h}{3}e^{-\zeta\omega_n(ih)}\sin\omega_d(ih)F_0+\frac{4h}{3}\sum_{j=1}^{k-1}e^{-\zeta\omega_n[i-(2j-1)]h}\sin\omega_d[i-(2j-1)]hF_{2j-1}\\&\quad+\frac{2h}{3}\sum_{j=2}^{k-2}e^{-\zeta\omega_n(i-2j)h}\sin\omega_d(i-2j)hF_{2j}+\frac{h}{3}e^{-\zeta\omega_n[i-2(k-1)]h}\sin\omega_d[i-2(k-1)]hF_{2(k-1)}\\&\quad+\frac{3h}{8}e^{-\zeta\omega_n[i-(2k-2)]h}\sin\omega_d[i-(2k-2)]hF_{2k-2}\\&\quad+\frac{9h}{8}e^{-\zeta\omega_n[i-(2k-1)]h}\sin\omega_d[i-(2k-1)]hF_{2k-1}\\&\quad+\frac{9h}{8}e^{-\zeta\omega_n(i-2k)h}\sin\omega_d(i-2k)hF_{2k}\end{aligned}\tag{9.51}$$

可得

$$a_{i0}F_0+\sum_{l=1}^{2k}a_{il}F_l=C_f\Theta_i\tag{9.52}$$

$$a_{i0}=\frac{h}{3}e^{-\zeta\omega_n(ih)}\sin\omega_d(ih)\tag{9.53}$$

$$a_{il}=\frac{4h}{3}e^{-\zeta\omega_n(i-l)h}\sin\omega_d(i-l)h\quad(l=1,3,\cdots,2k-3)\tag{9.54}$$

$$a_{il}=\frac{2h}{3}e^{-\zeta\omega_n(i-l)h}\sin\omega_d(i-l)h\quad(l=2,4,\cdots,2k-4)\tag{9.55}$$

$$a_{il}=\frac{17h}{24}e^{-\zeta\omega_n(i-l)h}\sin\omega_d(i-l)h\quad l=2k-2\tag{9.56}$$

$$a_{il}=\frac{9h}{8}e^{-\zeta\omega_n(i-l)h}\sin\omega_d(i-l)h\quad l=2k-1,2k\tag{9.57}$$

推力积分方程组辛普森离散化为推力线性方程组,需要交替使用 3 点和 4 点辛普森公式,复化辛普森公式的截断误差与步长 h^4 成正比。推力线性方程组表示为矩阵形式,为

$$\begin{bmatrix} a_{10} & \cdots & 0 & 0 \\ a_{20} & a_{21} & \cdots & 0 \\ \vdots & \vdots & \ddots & \vdots \\ a_{n,0} & a_{n,1} & \cdots & a_{n,n-1} \end{bmatrix} \begin{bmatrix} F_0 \\ F_1 \\ \vdots \\ F_{n-1} \end{bmatrix} = \begin{bmatrix} C_f \Theta_1 \\ C_f \Theta_2 \\ \vdots \\ C_f \Theta_n \end{bmatrix} \tag{9.58}$$

求解下三角推力线性方程组,推力测量值,为

$$F_{i-1} = C_f \sum_{k=1}^{i} a_{i-1,k}^{-1} \Theta_k \quad (i = 1, 2, \cdots, n) \tag{9.59}$$

或

$$F_i = C_f \sum_{k=1}^{i+1} a_{ik}^{-1} \Theta_k \quad (i = 0, 1, 2, \cdots, n-1) \tag{9.60}$$

式中,矩阵$[a_{ik}^{-1}]$为下三角矩阵$[a_{ij}]$的逆阵,也是下三角矩阵,可采用下三角矩阵快速求逆方法计算。

9.2.3　推力测量值线性拟合测量平均推力

推力测量值线性拟合测量平均推力的方法为:针对很小的系统响应测量误差将造成推力计算值很大波动的难点,利用平均推力不受系统响应测量误差干扰的特点,线性拟合寻找推力测量值的平均位置直线,给出平均推力测量值。

由于实际系统响应为 $\Theta_k = \theta_k + \Delta\theta_k$,包含系统响应测量误差 $\Delta\theta_k$,将造成推力测量值波动,为

$$F_i = C_f \sum_{k=1}^{i+1} a_{ik}^{-1} \Theta_k = C_f \sum_{k=1}^{i+1} a_{ik}^{-1} \theta_k + C_f \sum_{k=1}^{i+1} a_{ik}^{-1} \Delta\theta_k \quad (i = 0, 1, 2, \cdots, n-1) \tag{9.61}$$

当时间步长 $h \to 0$ 时 $a_{ik}^{-1} \to \infty$,所以很小的系统响应测量误差 $\Delta\theta_k$,将造成很大的推力计算值的波动。

利用系统响应测量误差的零均值特点 $E(\Delta\theta_k) = 0$,方程两边取均值,可得平均推力为

$$F_{ai} = E(F_i) = C_f \sum_{k=1}^{i+1} a_{ik}^{-1} E(\theta_k) + C_f \sum_{k=1}^{i+1} a_{ik}^{-1} E(\Delta\theta_k) = C_f \sum_{k=1}^{i+1} a_{ik}^{-1} \theta_k \tag{9.62}$$

$$(i = 0, 1, 2, \cdots, n-1)$$

式中,$E(\cdot)$为求均值运算。显然,平均推力不受系统响应测量误差的影响。

已知推力计算值为$(t_i, F_i)(i=0, 1, 2, \cdots, n-1)$,采用线性拟合方法求解平均推力,设推力测量值满足

$$F_i = \alpha + \beta t_i + \varepsilon_i, \ (i=0, 1, 2, \cdots, n-1) \tag{9.63}$$

式中,α 和 β 为待定系数;ε_i 为独立等方差的正态随机变量 $\varepsilon_i \sim N(0, \sigma_{F_a}^2)$。

根据最小二乘方法令残差的平方和最小,即

$$J = \sum_{i=0}^{n-1} \varepsilon_i^2 = \sum_{i=0}^{n-1} (F_i - \alpha - \beta t_i)^2 \to \min \tag{9.64}$$

可得系数 α 和 β 的估计值 $\hat{\alpha}$ 和 $\hat{\beta}$ 分别为

$$\begin{cases} \hat{\beta} = \dfrac{\overline{tF} - \bar{t} \cdot \bar{F}}{\overline{t^2} - \bar{t} \cdot \bar{t}} \\ \hat{\alpha} = \bar{F} - \bar{t} \cdot \hat{\beta} \end{cases} \tag{9.65}$$

式中,符号“ ˉ ”表示样本均值,分别为

$$\bar{t} = \frac{1}{n}\sum_{i=0}^{n-1} t_i, \ \bar{F} = \frac{1}{n}\sum_{i=0}^{n-1} F_i \tag{9.66}$$

$$\overline{tF} = \frac{1}{n}\sum_{i=0}^{n-1} t_i F_i, \ \overline{t^2} = \frac{1}{n}\sum_{i=0}^{n-1} t_i^2 \tag{9.67}$$

从而得到平均推力与时间线性关系,即平均推力的估计值为

$$F_a = \hat{\alpha} + \hat{\beta} t \tag{9.68}$$

9.3　推力噪声作用下系统响应的方差分析

推力噪声作用下系统响应的方差分析方法为:首先,通过推力作用下系统响应分析,明确了推力作用下系统响应由两部分组成,一部分是在平均推力作用下系统响应(确定性部分),一部分是在推力噪声作用下系统响应(平稳随机性部分);其次,通过推力噪声作用下系统响应功率谱密度、自相关函数、方差分析,建立了推力噪声方差与系统响应方差之间定量关系;最后,根据系统响应测量值计算系统响应方差,再由系统响应方差给出了推力噪声方差的预估计值,为推力噪声方差优化估计提供了基准值。

9.3.1 平均推力作用下系统响应分析

平均推力作用下系统响应为开始起伏波动、后期进入水平稳态的确定曲线。

在高平稳微推力器的推力 $f(t)=f_a+\Delta f(t)$ 作用下，扭摆测量系统的系统响应为

$$\ddot{\theta}(t)+2\zeta\omega_n\dot{\theta}(t)+\omega_n^2\theta(t)=\frac{L_f}{J}[f_a+\Delta f(t)] \tag{9.69}$$

即系统响应包括两部分：一是平均推力作用下系统响应；二是推力噪声作用下系统响应。

根据扭摆振动微分方程

$$\ddot{\theta}(t)+2\zeta\omega_n\dot{\theta}(t)+\omega_n^2\theta(t)=\frac{L_f}{J}f_a \tag{9.70}$$

可得平均推力作用下系统响应为

$$\begin{aligned}\theta_{f_a}(t)&=\frac{L_f}{J\omega_d}\int_0^t f_a \mathrm{e}^{-\zeta\omega_n(t-\tau)}\sin\omega_d(t-\tau)\mathrm{d}\tau\\&=\frac{f_aL_f}{J\omega_n^2}-\frac{f_aL_f}{J\omega_d\omega_n}\mathrm{e}^{-\zeta\omega_n t}\sin(\omega_d t+\alpha)\end{aligned} \tag{9.71}$$

$$\alpha=\arctan\frac{\omega_d}{\zeta\omega_n}=\arctan\frac{\sqrt{1-\zeta^2}}{\zeta} \tag{9.72}$$

由于阻尼比 $\zeta>0$，当时间足够长时，稳态系统响应为

$$\theta_{f_a}(\infty)=\lim_{t\to\infty}\theta_{f_a}(t)=\frac{f_aL_f}{J\omega_n^2}=\frac{f_aL_f}{k} \tag{9.73}$$

9.3.2 推力噪声作用下系统响应功率谱密度、自相关函数、方差特性分析

首先，在零均值平稳随机过程的推力噪声作用下，扭摆系统响应也是零均值的平稳随机过程；其次，建立了推力噪声的功率谱密度、自相关函数、方差等，与系统响应的功率谱密度、自相关函数、方差等的定量关系。

根据扭摆振动微分方程

$$\ddot{\theta}(t)+2\zeta\omega_n\dot{\theta}(t)+\omega_n^2\theta(t)=\frac{L_f}{J}\Delta f(t) \tag{9.74}$$

可得推力噪声作用下系统响应功率谱密度、自相关函数、方差特性。

推力噪声 $\Delta f(t)$ 的系统响应满足

$$\ddot{\theta}_{\Delta f}(t) + 2\zeta\omega_n\dot{\theta}_{\Delta f}(t) + \omega_n^2\theta_{\Delta f}(t) = \frac{L_f}{J}\Delta f(t) \tag{9.75}$$

设推力噪声 $\Delta f(t)$ 的拉普拉斯变换为 $F(s) = L[\Delta f(t)]$，系统响应 $\theta_{\Delta f}(t)$ 的拉普拉斯变换 $\Theta(s) = L[\theta_{\Delta f}(t)]$，由扭摆振动方程可得传递函数为

$$H(s) = \frac{L_f}{J\omega_d} \cdot \frac{\omega_d}{(s + \zeta\omega_n)^2 + \omega_d^2} \tag{9.76}$$

两边取拉普拉斯反变换，可得系统单位脉冲响应函数，为

$$h(t) = \frac{L_f}{J\omega_d}\mathrm{e}^{-\zeta\omega_n t}\sin(\omega_d t) \tag{9.77}$$

并且有

$$\begin{aligned} H(i\omega)H(-i\omega) &= \left(\frac{L_f}{J}\right)^2 \frac{1}{(i\omega + \zeta\omega_n)^2 + \omega_d^2} \cdot \frac{1}{(-i\omega + \zeta\omega_n)^2 + \omega_d^2} \\ &= \left(\frac{L_f}{J}\right)^2 \frac{1}{[(\omega + \zeta\omega_n i)^2 - \omega_d^2][(\omega - \zeta\omega_n i)^2 - \omega_d^2]} \end{aligned} \tag{9.78}$$

令 $(\omega + \zeta\omega_n i)^2 - \omega_d^2 = 0$，可得

$$\omega_{1,2} = \pm\omega_d - \zeta\omega_n i \tag{9.79}$$

令 $(\omega - \zeta\omega_n i)^2 - \omega_d^2 = 0$，可得

$$\omega_{3,4} = \pm\omega_d + \zeta\omega_n i \tag{9.80}$$

由于 $\Delta f(t)$ 为零均值白噪声，功率谱密度为 $S_{\Delta f}(\omega) = \sigma^2$（常数），则自相关函数为 $R_{\Delta f}(\tau) = \sigma^2\delta(\tau)$，此时系统响应也是零均值平稳过程 $\theta_{\Delta f}(t)$，系统响应的功率谱密度为

$$S_{\Delta\theta}(\omega) = H(-i\omega)H(i\omega)S_{\Delta f}(\omega) \tag{9.81}$$

系统响应的自相关函数为

$$R_{\Delta\theta}(\tau) = \frac{1}{2\pi}\int_{-\infty}^{\infty} S_{\Delta\theta}(\omega)\mathrm{e}^{i\tau\omega}d\omega = \frac{\sigma^2}{2\pi}\int_{-\infty}^{\infty} H(-i\omega)H(i\omega)\mathrm{e}^{i\tau\omega}d\omega \tag{9.82}$$

由于被积分函数是有理函数，分母阶数高于分子，在实轴上没有极点，采用留数定理表示为

$$R_{\Delta\theta}(\tau)=\frac{\sigma^2}{2\pi}\int_{-\infty}^{\infty}H(-\mathrm{i}\omega)H(\mathrm{i}\omega)\mathrm{e}^{\mathrm{i}\tau\omega}\mathrm{d}\omega =\frac{\sigma^2}{2\pi}2\pi\mathrm{i}\sum_{k=1}^{4}\mathrm{Res}[H(-\mathrm{i}\omega)H(\mathrm{i}\omega)\mathrm{e}^{\mathrm{i}\tau\omega},\ \omega_k] \tag{9.83}$$

式中，$\tau>0$ 情况取上半复平面的极点，即 $\omega_{3,4}=\pm\omega_d+\zeta\omega_n\mathrm{i}$，可得

$$R_{\Delta\theta}(\tau)=\sigma^2\mathrm{i}\sum_{k=3}^{4}\mathrm{Res}[H(-\mathrm{i}\omega)H(\mathrm{i}\omega)\mathrm{e}^{\mathrm{i}\tau\omega},\ \omega_k] \tag{9.84}$$

其中，

$$\sum_{k=3}^{4}\mathrm{Res}[H(-\mathrm{i}\omega)H(\mathrm{i}\omega)\mathrm{e}^{\mathrm{i}\tau\omega},\ \omega_k] =\sum_{k=3}^{4}\mathrm{Res}\left\{\left(\frac{L_f}{J}\right)^2\frac{\mathrm{e}^{\mathrm{i}\tau\omega}}{[(\omega+\zeta\omega_n\mathrm{i})^2-\omega_d^2][(\omega-\zeta\omega_n\mathrm{i})^2-\omega_d^2]},\ \omega_k\right\} \tag{9.85}$$

由于 $\omega_{3,4}=\pm\omega_d+\zeta\omega_n\mathrm{i}$ 时，分母为零但分母导数不为零，可简化为

$$\sum_{k=3}^{4}\mathrm{Res}[H(-\mathrm{i}\omega)H(\mathrm{i}\omega)\mathrm{e}^{\mathrm{i}\tau\omega},\ \omega_k]=\sum_{k=3}^{4}\left(\frac{L_f}{J}\right)^2\frac{\mathrm{e}^{\mathrm{i}\tau\omega_k}}{2(\omega_k-\zeta\omega_n\mathrm{i})[(\omega_k+\zeta\omega_n\mathrm{i})^2-\omega_d^2]} \tag{9.86}$$

并且有

$$\left(\frac{L_f}{J}\right)^2\frac{\mathrm{e}^{\mathrm{i}\tau\omega_3}}{2(\omega_3-\zeta\omega_n\mathrm{i})[(\omega_3+\zeta\omega_n\mathrm{i})^2-\omega_d^2]}=\left(\frac{L_f}{J}\right)^2\frac{\mathrm{e}^{\mathrm{i}\omega_d\tau}\mathrm{e}^{-\zeta\omega_n\tau}}{2\omega_d[-4(\zeta\omega_n)^2+4\zeta\omega_n\omega_d\mathrm{i}]} \tag{9.87}$$

$$\left(\frac{L_f}{J}\right)^2\frac{\mathrm{e}^{\mathrm{i}\tau\omega_4}}{2(\omega_4-\zeta\omega_n\mathrm{i})[(\omega_4+\zeta\omega_n\mathrm{i})^2-\omega_d^2]}=\left(\frac{L_f}{J}\right)^2\frac{\mathrm{e}^{-\mathrm{i}\omega_d\tau}\mathrm{e}^{-\zeta\omega_n\tau}}{-2\omega_d[-4(\zeta\omega_n)^2-4\zeta\omega_n\omega_d\mathrm{i}]} \tag{9.88}$$

为了简化方便，令

$$z=(\zeta\omega_n)^2+\zeta\omega_n\omega_d\mathrm{i},\ \bar{z}=(\zeta\omega_n)^2-\zeta\omega_n\omega_d\mathrm{i} \tag{9.89}$$

可得

$$(\zeta\omega_n)^2=\frac{1}{2}(z+\bar{z}),\ \zeta\omega_n\omega_d=\frac{1}{2\mathrm{i}}(z-\bar{z}),\ z\bar{z}=(\zeta\omega_n)^4+(\zeta\omega_n\omega_d)^2=\zeta^2\omega_n^4 \tag{9.90}$$

代入可得

$$\left(\frac{L_f}{J}\right)^2 \frac{e^{i\omega_d\tau}e^{-\zeta\omega_n\tau}}{2\omega_d[-4(\zeta\omega_n)^2+4\zeta\omega_n\omega_d i]}=\left(\frac{L_f}{J}\right)^2\frac{z[\cos(\omega_d\tau)+i\sin(\omega_d\tau)]e^{-\zeta\omega_n\tau}}{-8\omega_d\bar{z}z} \tag{9.91}$$

$$\left(\frac{L_f}{J}\right)^2 \frac{e^{-i\omega_d\tau}e^{-\zeta\omega_n\tau}}{-2\omega_d[-4(\zeta\omega_n)^2-4\zeta\omega_n\omega_d i]}=\left(\frac{L_f}{J}\right)^2\frac{\bar{z}[\cos(\omega_d\tau)-i\sin(\omega_d\tau)]e^{-\zeta\omega_n\tau}}{8\omega_d\bar{z}z} \tag{9.92}$$

因此,进一步简化为

$$\begin{aligned}&\sum_{k=3}^{4}\mathrm{Res}[H(-i\omega)H(i\omega)e^{i\tau\omega},\ \omega_k]\\ =&-i\left(\frac{L_f}{J}\right)^2\frac{1}{4\zeta\omega_n^3}\cos(\omega_d\tau)e^{-\zeta\omega_n\tau}-i\frac{1}{4\sqrt{1-\zeta^2}\omega_n^3}\sin(\omega_d\tau)\left(\frac{L_f}{J}\right)^2e^{-\zeta\omega_n\tau}\end{aligned} \tag{9.93}$$

可得系统响应的自相关函数为

$$\begin{aligned}R_{\Delta\theta}(\tau)&=\sigma^2 i\sum_{k=3}^{4}\mathrm{Res}[H(-i\omega)H(i\omega)e^{i\tau\omega},\ \omega_k]\\ &=\left(\frac{L_f}{J}\right)^2\frac{1}{4\zeta\omega_n^3}\cos(\omega_d\tau)e^{-\zeta\omega_n\tau}\sigma^2+\left(\frac{L_f}{J}\right)^2\frac{1}{4\sqrt{1-\zeta^2}\omega_n^3}\sin(\omega_d\tau)e^{-\zeta\omega_n\tau}\sigma^2\\ &=\left[\frac{1}{4\zeta}\cos(\omega_d\tau)+\frac{1}{4\sqrt{1-\zeta^2}}\sin(\omega_d\tau)\right]e^{-\zeta\omega_n\tau}\sigma^2\left(\frac{L_f}{J}\right)^2\frac{1}{\omega_n^3}\end{aligned} \tag{9.94}$$

式中,固有振动频率 $\omega_n=\sqrt{k/J}$,自相关函数 $R_{\Delta\theta(\tau)}$ 是偶函数,上述公式是 $\tau>0$ 情况下得到的。

当 $\tau\to 0$ 时,系统响应的自相关函数为

$$R_{\Delta\theta}(0)=\frac{1}{4\zeta}\sigma^2\left(\frac{L_f}{J}\right)^2\frac{1}{\omega_n^3}=\frac{1}{4\zeta}\sigma^2\left(\frac{L_f\sqrt{\omega_n}}{k}\right)^2 \tag{9.95}$$

式中,$k=J\omega_n^2$。

推力噪声 $\Delta f(t)$ 的方差为 σ^2,其系统响应方差为 $\sigma^2_{\theta_{\Delta f(t)}}$,则有

$$\sigma_{\theta_{\Delta f}(t)}^{2} = \frac{1}{4\zeta}\left(\frac{L_f\sqrt{\omega_n}}{k}\right)^{2}\sigma^{2} \tag{9.96}$$

9.3.3　推力噪声方差的预估计

利用推力作用下系统响应方差在稳态和非稳态过程都不变的特性,根据所建立的推力噪声方差与系统响应方差的定量关系,由系统响应方差给出了推力噪声方差的预估计值,为推力噪声方差的优化估计提供了基础。

在高平稳微推力器的推力 $f(t) = f_a + \Delta f(t)$ 作用下,系统响应测量值为 $[t_i, \Theta(t_i)](i = 0, 1, 2, \cdots, n)$,系统响应进入稳态后,系统响应测量值为 $[t_i, \Theta(t_i)](i = m, m+1, \cdots, n)$ $(m < n)$,此时,推力噪声作用下系统响应方差的估计值为

$$\sigma_{\theta_{\Delta f}(t)}^{2} = \frac{1}{n-m}\sum_{i=m}^{n}\left[\Theta(t_i) - \bar{\Theta}(\infty)\right]^{2} \tag{9.97}$$

$$\bar{\Theta}(\infty) = \frac{1}{n-m+1}\sum_{i=m}^{n}\Theta(t_i) \tag{9.98}$$

从而得到推力噪声方差的预估计值为

$$\sigma^{2} = 4\zeta\left(\frac{k}{L_f\sqrt{\omega_n}}\right)^{2}\sigma_{\theta_{\Delta f}(t)}^{2} \tag{9.99}$$

9.4　推力蒙特卡洛模拟与系统响应对比寻优估计推力

推力蒙特卡洛模拟与系统响应对比寻优估计推力方法为:首先,采用推力蒙特卡洛模拟方法,以平均推力估计值、推力噪声方差预估计值为基准,通过增大或减小平均推力、推力噪声方差进行上下搜索,获得一系列不同平均推力、不同方差的推力平稳随机过程;其次,采用模拟推力作用下系统响应辛普森计算方法,获得一系列不同平均推力、不同推力噪声方差作用下系统响应计算值;最后,采用系统响应对比寻优评估推力的方法,将所获得的一系列不同平均推力、不同推力噪声方差的模拟推力作用下系统响应计算值,与待测推力作用下系统响应测量值,逐一对比,当模拟推力作用下系统响应刚好落入待测推力作用下系统响应测量值时(或刚好落入其上下包络线内),便得到待测推力的优化估计值。

9.4.1　推力蒙特卡洛模拟方法

以平均推力估计值、推力噪声方差的预估计值为基准,通过平均推力、推力噪

声方差的增大或减小搜索方法,结合蒙特卡洛模拟抽样方法,获得一系列不同平均推力、不同推力噪声方差的推力平稳随机过程。

推力蒙特卡洛模拟方法如下。

步骤1: 采用所述的推力测量值线性拟合测量平均推力方法,平均推力估计值为 $F_{aj}=\hat{\alpha}+\hat{\beta}\tau_j$, 对于高平稳微推力器的平均推力,可令

$$F_{aj}\approx\hat{\alpha} \tag{9.100}$$

步骤2: 设推力噪声 $\Delta F(\tau)$ 服从零均值、方差为 σ^2 的正态分布,抽样值为

$$\Delta F_j=\sigma\sqrt{-2\ln r_{j1}}\cos(2\pi r_{j2}) \tag{9.101}$$

式中,r_{j1} 和 $r_{j2}(j=0,1,2,\cdots)$ 为 $(0,1)$ 区间均匀分布随机数。

步骤3: 推力蒙特卡洛模拟抽样值为

$$F(\tau_j)\approx\hat{\alpha}+\Delta F_j \tag{9.102}$$

步骤4: 平均推力、推力噪声方差搜索方法为: 一是平均推力增大搜索时 $\hat{\alpha}=\hat{\alpha}+\Delta\alpha\ (\Delta\alpha>0)$, 平均推力减小搜索时 $\hat{\alpha}=\hat{\alpha}-\Delta\alpha\ (\Delta\alpha>0)$; 二是推力噪声方差增大搜索时有 $\sigma=\sigma+\Delta\sigma\ (\Delta\sigma>0)$, 推力噪声方差减小搜索时有 $\sigma=\sigma-\Delta\sigma\ (\Delta\sigma>0)$; 三是重复步骤1和步骤3,可得到一系列不同平均推力、不同推力噪声方差的模拟推力抽样值。

9.4.2 模拟推力作用下系统响应辛普森计算方法

设时间采样步长为 h, $t_i=ih\ (i=0,1,2,\cdots)$, 根据推力积分方程,可得

$$\theta(t_i)=\frac{L_f}{J\omega_d}\int_0^{t_i}F(\tau)e^{-\zeta\omega_n(t_i-\tau)}\sin\omega_d(t_i-\tau)d\tau \tag{9.103}$$

当 $i=0$ 时 $\theta(t_0)=\theta(0)=0$, 将 $[t_0=0,\ t_i=ih]$ 划分为 i 等分,令

$$g(t_i,\tau_j)=F(\tau_j)e^{-\zeta\omega_n(t_i-\tau_j)}\sin\omega_d(t_i-\tau_j),\quad \tau_j=jh\ (j=0,1,2,\cdots,i) \tag{9.104}$$

$$g(t_i,\tau_i)=F(\tau_i)e^{-\zeta\omega_n(t_i-\tau_i)}\sin\omega_d(t_i-\tau_i)=0$$

式中, $F(\tau_j)\approx\hat{\alpha}+\Delta F_j$, 对应的系统响应 $[t_i,\theta(t_i)]\ (i=1,2,\cdots)$ 计算方法为

步骤1: 当子区间数目 $i=1$ 时,采用梯形公式起步计算为

$$C_f\theta(t_1)=\frac{h}{2}[g(h,0)+g(h,h)]=\frac{h}{2}g(h,0) \tag{9.105}$$

步骤 2：当子区间数目 $i=2$ 时，采用 3 点辛普森公式计算为

$$C_f\theta(t_2)=\frac{h}{3}[g(2h,\ 0)+4g(2h,\ h)] \tag{9.106}$$

步骤 3：当子区间数目 $i=3$ 时，采用 4 点辛普森公式计算为

$$C_f\theta(t_3)=\frac{3h}{8}[g(3h,\ 0)+3g(3h,\ h)+3g(3h,\ 2h)] \tag{9.107}$$

步骤 4：当子区间数目 $i=2k\ (k=2,\ 3,\ 4,\ \cdots)$ 时，采用 3 点辛普森公式计算。

用 $2k+1$ 个节点 $t_i=ih\ (i=0,\ 1,\ 2,\ \cdots,\ 2k)$，将积分区间 $[t_0=0,\ t_{2k}]$ 划分为 $2k$ 等分，每个子区间上反复使用 3 点辛普森积分公式，可得复化辛普森公式为

$$C_f\theta(t_{2k})=\frac{h}{3}\left\{g(2kh,\ 0)+4\sum_{j=1}^{k}g[2kh,\ (2j-1)h]+2\sum_{j=1}^{k-1}g(2kh,\ 2jh)\right\} \tag{9.108}$$

步骤 5：当子区间数目 $i=2k+1\ (k=2,\ 3,\ 4,\ \cdots)$ 时，交替采用 3 点和 4 点辛普森公式计算。

用 $2k+2$ 个节点 $t_i=ih\ (i=0,\ 1,\ 2,\ \cdots,\ 2k+1)$，将积分区间 $[t_0=0,\ t_{2k+1}]$ 划分为 $2k+1$ 等分，在前面的 $2k-2\ (k=2,\ 3,\ 4,\ \cdots)$ 个子区间反复使用 3 点辛普森积分公式，在后面 $2k-2$、$2k-1$、$2k$、$2k+1$ 等 4 个点使用 4 点辛普森积分公式，可得复化辛普森公式为

$$\begin{aligned}C_f\theta(t_{2k+1})=&\frac{h}{3}\left\{g[(2k+1)h,\ 0]+4\sum_{j=1}^{k-1}g[(2k+1)h,\ (2j-1)h]\right.\\&\left.+2\sum_{i=1}^{k-2}g[(2k+1)h,\ 2jh]\right\}\\&+\frac{17h}{24}g[(2k+1)h,\ (2k-2)h]+\frac{9h}{8}g[(2k+1)h,\ (2k-1)h]\\&+\frac{9h}{8}g[(2k+1)h,\ 2kh]\end{aligned} \tag{9.109}$$

9.4.3　系统响应对比寻优估计推力

系统响应对比寻优估计推力方法如下。

步骤 1：在高平稳微推力器的待测推力 $f(t)=f_a+\Delta f(t)$ 作用下，获得系统响应测量值为 $[t_i,\ \Theta(t_i)]\ (i=0,\ 1,\ 2,\ \cdots,\ n)$。

步骤 2：采用所述的推力蒙特卡洛模拟方法，获得不同平均推力、不同推力噪声方差的模拟推力抽样值 $F(\tau_j) \approx \hat{\alpha} + \Delta F_j$。

步骤 3：采用所述的模拟推力作用下系统响应辛普森计算方法，获得一系列不同平均推力、不同推力噪声方差的模拟推力作用下系统响应 $[t_i, \theta(t_i)](i = 1, 2, \cdots)$。

步骤 4：将一系列模拟推力作用下系统响应$[t_i, \theta(t_i)]$，与待测推力作用下系统响应测量值$[t_i, \Theta(t_i)]$，逐一对比，当$[t_i, \theta(t_i)]$曲线刚好覆盖$[t_i, \Theta(t_i)]$曲线时（或刚好落入其上下包络线内），便搜索到优化的平均推力和推力噪声方差。

9.4.4 应用举例

图 9.5 给出了高平稳推力测量与寻优估计方法的实施流程。

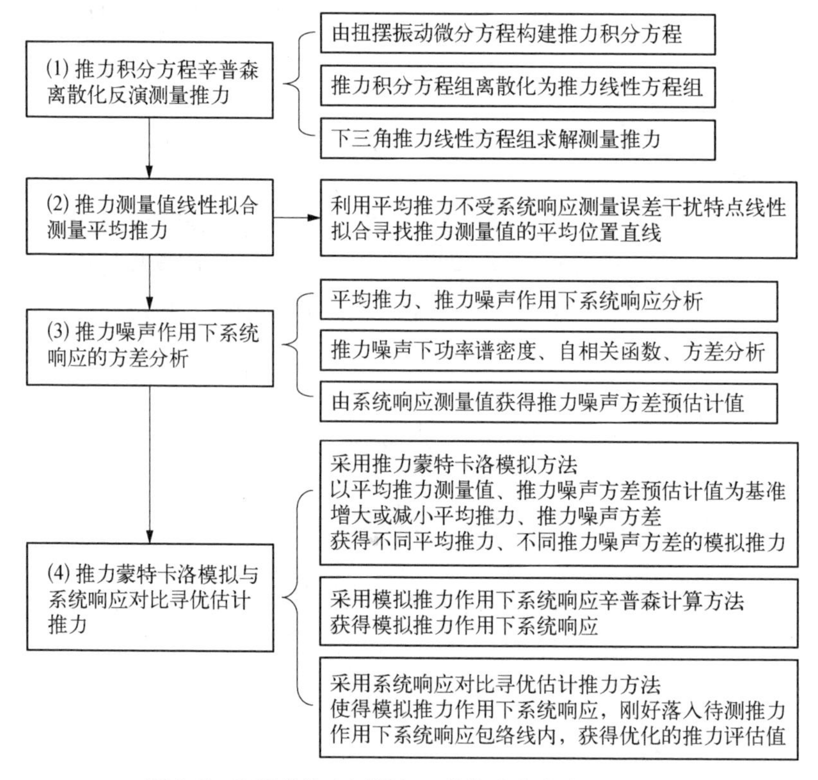

图 9.5 高平稳推力测量与寻优估计方法的实施流程

实例：采用扭摆测量系统搭载某型高平稳电推力器，测评其推力，根据以往经验该推力器推力小于 50 μN，要求推力分辨力≤0.1 μN、推力噪声<0.1 μN/$(\mathrm{Hz})^{1/2}$，如图 9.6 所示，为待测推力作用下系统响应的变化。

所采用扭摆测量系统的系统参数估计值，扭转刚度系数、振动频率、阻尼比分别为

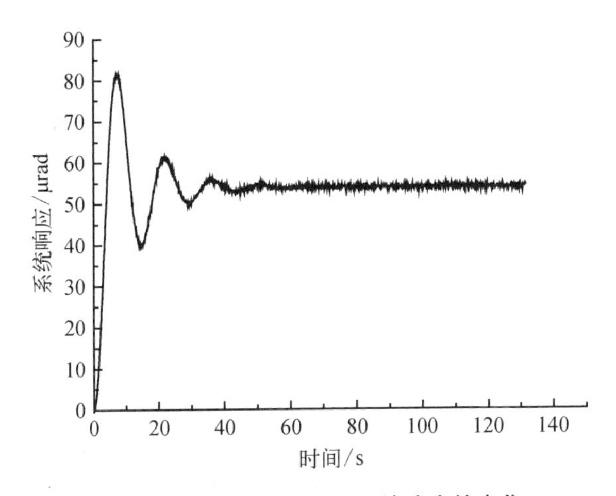

图9.6 待测推力作用下系统响应的变化

$$k = 0.232\ (\mathrm{N \cdot m})/\mathrm{rad},\ \omega_d = 0.43\ \mathrm{rad/s},\ \zeta = 0.21$$

采用变极距式电容传感器测量位移，位移分辨力为30 nm；力臂为 $L_f = 0.5$ m；测量臂为 $L_s = 0.5$ m。

高平稳电推力器的推力表示为 $f(t) = f_a + \Delta f(t)$，f_a 为平均推力，$\Delta f(t)$ 为推力噪声（推力的起伏波动部分），推力噪声采用零均值平稳随机过程描述。

与待测推力 $f(t) = f_a + \Delta f(t)$ 相对应，测量得到的推力为 $F(t) = F_a + \Delta F(t)$，F_a 为平均推力 f_a 的测量评估值，$\Delta F(t)$ 为推力噪声 $\Delta f(t)$ 的测量评估值。

1. 推力积分方程辛普森离散化反演测量推力

待测推力作用下系统响应的变化如图9.6所示，系统响应最大值为81.5 μrad，稳态系统响应为53.9 μrad。待测推力作用下系统响应及上下包络线（局部放大）如图9.7所示，是图9.6的局部放大图，约60 s后系统响应进入稳态，

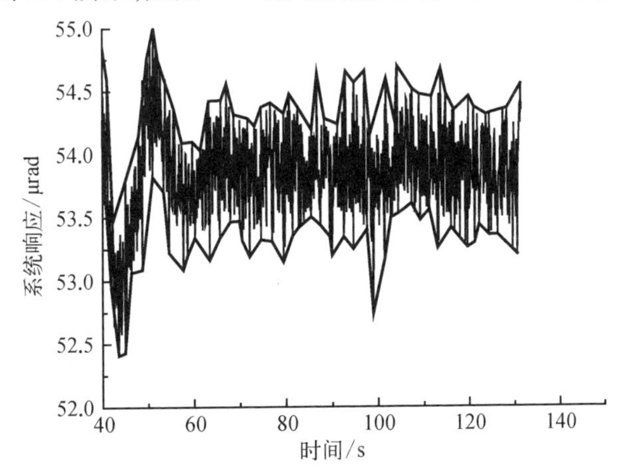

图9.7 待测推力作用下系统响应及上下包络线（局部放大）

并且在系统响应测量误差干扰下，稳态系统响应的变化范围为 53. 25～54. 75 μrad。

根据图 9. 6 所示的待测推力作用下系统响应，采用所述推力积分方程辛普森离散化反演测量推力的方法，计算推力，推力计算值如图 9. 8 所示。从图 9. 8 可看出，由于系统响应测量误差的干扰，推力计算值波动范围很大，为-400～400 μN。说明很小的系统响应测量误差将造成很大的推力计算值的波动。

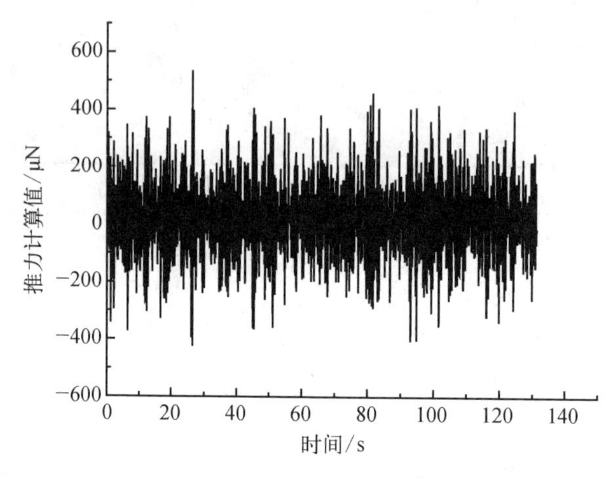

图 9. 8　推力计算值

2. 推力测量值线性拟合测量平均推力

根据图 9. 8 所示的推力计算值，采用所述的推力测量值线性拟合测量平均推力的方法，可得平均推力估计值为

$$F_a = \hat{\alpha} + \hat{\beta} t = 2.510\,732 \times 10 - 9.182\,700 \times 10^{-3} t \quad (\text{单位为 μN}) \tag{9.110}$$

显然，平均推力随着时间变化很小，可取平均推力估计值为

$$F_a \approx 25.107\,32\ \mu\text{N} \tag{9.111}$$

3. 推力噪声作用下系统响应的方差分析

根据图 9. 6 和图 9. 7 可知，60 s 后系统响应进入稳态，利用稳态系统响应测量值，计算稳态系统响应的均值和标准差为

$$\bar{\Theta}(\infty) = 5.388\,660 \times 10\ \mu\text{rad},\ \sigma_{\theta_{\Delta f}(t)} = 2.989\,602 \times 10^{-1}\ \mu\text{rad} \tag{9.112}$$

并进一步计算推力噪声标准差的预估计值：

$$\sigma = 1.917\,078 \times 10^{-1}\ \mu\text{N} \tag{9.113}$$

4. 推力蒙特卡洛模拟与系统响应对比寻优评估推力

采用所述的推力测量值线性拟合测量平均推力的方法，可取平均推力估计值为

$$F_a \approx 25.10732\ \mu\text{N} \tag{9.114}$$

采用所述的推力噪声作用下系统响应的方差分析方法,计算推力噪声标准差的预估计值为

$$\sigma = 1.917078 \times 10^{-1}\ \mu\text{N} \tag{9.115}$$

平均推力搜索步长为 $\Delta\alpha = 0.01$, 推力噪声标准差搜索步长为 $\Delta\sigma = 0.01$, 当平均推力为 $F_a = 25.05\ \mu\text{N}$ 和推力噪声标准差为 $\sigma = 0.09\ \mu\text{N}$ 时,该模拟推力作用下系统响应刚好落入待测推力作用下系统响应测量值的上下包络线内,系统响应对比寻优评估推力如图 9.9 所示。因此,该推力器的推力表示为

$$F(t) = 25.05 + \Delta F \qquad (\text{单位为}\ \mu\text{N}) \tag{9.116}$$

式中,$\Delta F \sim N[0,\ (0.09)^2]$ 为正态分布随机变量,推力噪声标准差为 0.09 μN,满足推力噪声小于 0.1 μN 要求。

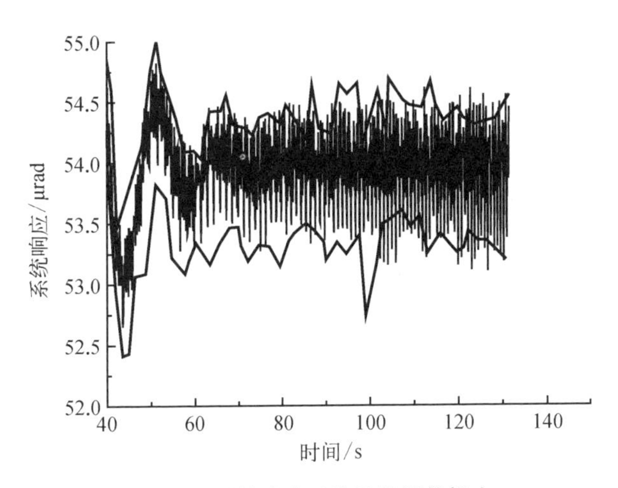

图 9.9 系统响应对比寻优评估推力

采用变极距式电容传感器测量扭摆测量系统位移,位移分辨力为 30 nm,力臂为 $L_f = 0.5$ m,测量臂为 $L_s = 0.5$ m,扭转刚度系数为 $k = 0.232$ (N·m)/rad,稳态扭转角为

$$\theta_{f_a}(\infty) = \frac{f_a L_f}{k} = \frac{\Delta h}{L_s} \tag{9.117}$$

式中,Δh 为位移测量值。令位移分辨力为

$$\Delta h = \frac{f_a L_f L_s}{k} > 30\ \text{nm} \tag{9.118}$$

可得推力分辨力为

$$f_a > \frac{30 \times 10^{-9} \times 0.232}{0.5 \times 0.5} = 0.027\ 84\ \mu\text{N} \tag{9.119}$$

因此,推力分辨力为0. 027 84 μN,满足小于或等于0. 1 μN 要求。

参考文献

洪延姬,金星,叶继飞,等. 2017. 微推力和微冲量测量与误差分析方法[M]. 北京:科学出版社.

洪延姬,金星,周伟静,等. 2014. 微推力和微冲量测量方法[M]. 北京:国防工业出版社.

李得天,张伟文,张天平,等. 2017. 空间电推进地面综合测试评价技术研究[J]. 真空与低温,23(5):266-273.

刘明侯,孙建威,陈义良,等. 2003. 微推进器推力测试技术[J]. 力学与实践,(3):9-14.

刘万龙,朱昊伟,孙树江,等. 2015. 国内微推力测试技术发展现状[J]. 火箭推进,41(5):7-11.

刘旭辉,杨飞虎,魏延明,等. 2017. 基于扭摆台架的动态推力测试方法研究[J]. 推进技术,38(4):925-931.

马隆飞,贺建武,薛森文,等. 2018. 双丝扭秤微推力测量系统[J]. 推进技术,039(4):948-954.

欧阳华兵,徐温干. 2007. 基于动态补偿技术的姿控发动机瞬态推力测量[J]. 兵工学报,28(5):608-612.

施陈波,汤海滨,张莘艾,等. 2011. mN级推力架静态特性及推力测量不确定度分析[J]. 固体火箭技术,(3):398-402.

汤海滨,刘畅,向民,等. 2007. 微推力全弹性测量装置[J]. 推进技术,28(6):703-706.

杨超,贺建武,康琦,等. 2019. 亚微牛级推力测量系统设计及实验研究[J]. 中国光学,12(3):526-534.

杨涓,刘宪闯,王与权,等. 2016. 微波推力器独立系统的三丝扭摆推力测量[J]. 推进技术,37(2):362-371.

Acosta-Zamora A, Flores J R, Choudhuri A. 2013. Torsional thrust balance measurement system development for testing reaction control thrusters [J]. Measurement, 46(9):3414-3428.

Asakawa J, Nishii K, Nakagawa Y, et al. 2020. Direct measurement of 1-mN-class thrust and 100-s-class specific impulse for a CubeSat propulsion system [J]. Review of Scientific Instruments, 91(3): 035116.

Biagioni L, Falorni R. 2003. A simple and accurate thrust balance for electric propulsion systems [C]. Hunts ville: 39th AIAA/ASME/SAE/ASEE Joint Propulsion Conference and Exhibit.

Boccaletto L, D'Agostino L. 2000. Design and testing of a micro-Newton thrust stand for FEEP [C]. Las Vegas: 36th AIAA/ASME/SAE/ASEE Joint Propulsion Conference and Exhibit.

Cassady L D, Kodys A D, Choueiri E Y. 2002. A thrust stand for high-power steady-state plasma thrusters[J]. AIAA Journal.

Chakraborty S, Courtney D G, Shea H. 2015. A 10 nN resolution thrust-stand for micro-propulsion devices. [J]. Review of Scientific Instruments, 86(11): 279 - 285.

Cheah K H, Low K S. 2016. Torsional thrust stand for characterization of microthrusters [J]. Innovation in Aerospace Engineering and Technology, 152(1): 012019.

Ciaralli S, Coletti M, Gabriel S B. 2013. An impulsive thrust balance for applications of micro-pulsed plasma thrusters [J]. Measurement Science & Technology, 24(11): 5003.

Cofer A G, Heister S D, Alexeenko A. 2013. Improved design and characterization of MicroNewton torsional balance thrust stand[C]. San Jose: 49th AIAA/ASME/SAE/ASEE Joint Propulsion Conference.

Demiyanenko Y, Dmitrenko A, Pershin V, et al. 2004. Investigation of the performance of a thrust balance device for a centrifugal pump rotor[C]. Fort Lauderdale: 40th AIAA/ASME/SAE/ASEE Joint Propulsion Conference and Exhibit.

Fabris A L, Knoll A, Potterton T, et al. 2016. An interlaboratory comparison of thrust measurements for a 200 W quad confinement thruster[C]. Rome: International Conference on Space Propulsion.

Frollani D, Coletti M, Gabriel S B. 2014. A thrust balance for low power hollow cathode thrusters[J]. Measurement Science & Technology, 25(6): 065902.

Frollani D, Coletti M, Gabriel S. 2014. Development of a direct thrust balance for low power hollow cathode thruster[C]. Cleveland: 50th AIAA/ASME/SAE/ASEE Joint Propulsion Conference.

Grubišić A N, Gabriel S B. 2010. Development of an indirect counterbalanced pendulum optical-lever thrust balance for micro- to millinewton thrust measurement [J].

Measurement Science & Technology, 21(10): 105101.

Hathaway G. 2015. Sub-micro-Newton resolution thrust balance [J]. Review of Scientific Instruments, 86(10): 105116.

Hey F G, Altmann C, Berger M, et al. 2015. Development of a highly sensitive micro-Newton thrust balance: Current status and latest results [C]. Kobe: Joint Conference of 30th ISTS, 34th IEPC and 6th NSAT.

Hey F G, Keller A, Braxmaier C, et al. 2015. Development of a highly precise micronewton thrust balance[J]. Plasma Science IEEE Transactions on, 43(1): 234 - 239.

Horisawa H, Sumida S, Yonamine H, et al. 2013. Thrust generation through low-power laser-metal interaction for space propulsion applications[J]. Vacuum, 88: 75 - 78.

Hughes B, Perez Luna J. 2012. The NPL/ESA micro-Newton thrust balance[C]. 12th European Conference on Spacecraft Structures, Materials and Environmental Testing.

Iwami K, Akazawa T, Ohtsuka T, et al. 2011. NanoNewton thrust measurement of photon pressure propulsion using semiconductor laser[J]. Proceedings of SPIE — The International Society for Optical Engineering, 8164(3): 54 - 61.

Jarrige J, Thobois P, Blanchard C, et al. 2014. Thrust measurements of the Gaia mission flight-model cold gas thrusters [J]. Journal of Propulsion & Power, 30(4): 934 - 943.

Jiang K L, Seong C K, Chie H L, et al. 2019. A voice coil based electromagnetic system for calibration of a sub-micronewton torsional thrust stand[J]. Measurement, 131: 597 - 604.

Kakami A, Kashihara K, Takeshida S, et al. 2016. A new thrust measurement method for evaluating higher frequency variation by applying acceleration measurement to null-balance method[J]. Transactions of the Japan Society for Aeronautical and Space Sciences, Aerospace Technology Japan, 14(ists30): Pb123 - Pb130.

Kean H C, Kay-Soon L, Senior M, et al. 2015. Development of an electrostatic calibration system for a torsional microNewton thrust stand[J]. IEEE Transactions on Instrumentation & Measurement, 64(12): 3467 - 3475.

Knoll A, Lamprou D, Lappas V, et al. 2015. Thrust balance characterization of a 200 W quad confinement thruster for high thrust regimes [J]. Plasma Science IEEE Transactions on, 43(1): 185 - 189.

Conde L, Lahoz M D, Grabulosa J, et al. 2020. Thrust stand based on a single point load cell for impulse measurements from plasma thrusters[J]. Review of Scientific

Instruments, 91: (023308)1 - 6.

Lam J K, Koay S C, Cheah K H. 2017. Electromagnetic calibration system for sub-micronewton torsional thrust stand[J]. IOP Conference Series Materials Science and Engineering, 270: 012011.

Lu J, Zheng L, Wang Z, et al. 2014. Thrust measurement method verification and analytical studies on a liquid-fueled pulse detonation engine[J]. Chinese Journal of Aeronautics, (3): 497 - 504.

Lun J, Law C. 2014. Direct thrust measurement stand with improved operation and force calibration technique for performance testing of pulsed micro-thrusters [J]. Measurement ence & Technology, 25(9): 095009.

Marhold K, Tajmar M. 2005. MicroNewton thrust balance for indium FEEP thrusters [C]. Tucson: 41st AIAA/ASME/SAE/ASEE Joint Propulsion Conference & Exhibit.

Mier-Hicks F. 2015. Thrust measurements of ion electrospray thrusters using a CubeSat compatible magnetically levitated thrust balance[C]. Kobe: Joint Conference of 30th ISTS, 34th IEPC and 6th NSAT.

Moeller T, Polzin K A. 2013. Thrust stand for vertically oriented electric propulsion performance evaluation. [J]. Review of Scientific Instruments, 81(11): 115108.

Montag C, Herdrich G, Schönherr T. 2016. From development to measurements: A high sensitive vertical thrust balance for pulsed plasma thrusters[C]. Rome: International Conference on Space Propulsion.

Neumann A, Sinske J, Harmann H P. 2013. The 250 mN thrust balance for the DLR goettingen EP test facility [C]. Washington D. C.: International Electric Propulsion Conference.

Patel A. 2017. Magnetically levitating low-friction test stand for the measurement of micro-thruster performance characteristics [C]. Grapevine: AIAA Aerospace Sciences Meeting.

Polk J E, Pancotti A, Haag T, et al. 2017. Recommended practice for thrust measurement in electric propulsion testing[J]. Journal of Propulsion and Power, 1 - 17.

Polzin K A, Markusic T E, Stanojev B J, et al. 2006. Thrust stand for electric propulsion performance evaluation[J]. Review of Scientific Instruments, 77(10): 105108.

Robinson N. 2011. Development of a torsional thrust balance for the performance of 5-N class thrusters[J]. International Journal of Testing, 32: 159 - 166.

Rocca S. 2011. ONERA microNewton thrust balance: Analytical modelling and parametric analysis[J]. Aerospace Science & Technology,15(2): 148 - 154.

Rohaizat M W A B, Lim M, Xu L, et al. 2018. Development and calibration of a variable range stand for testing space micropropulsion thrusters [J]. IEEE Transactions on Plasma Science,42(2): 289 - 295.

Ryota N, Xu K G. 2018. Development of a metronome thrust stand for miniature electric propulsion[C]. Cincinnati: AIAA Propulsion and Energy Forum, Joint Propulsion Conference.

Saito T, Koizumi H, Kuninaka H. 2008. Performance evaluation of powdered propellant pulsed plasma truster [C]. Hartford: 44th AIAA/ASME/SAE/ASEE Joint propulsion Conference and Exhibit.

Sangwoon, JEON, Seul, et al. 2015. Thrust Measurement of a Cold Gas Thruster for KSLV-I under Vacuum Conditions [J]. Transactions of the Japan Society for Aeronautical & Space Sciences, 58(2): 108 - 109.

Seifert B, Reissner A, Buldrini N, et al. 2013. Development and verification of a μN thrust balance for high voltage electric propulsion systems[C]. Washington D. C.: 33rd International Electric Propulsion Conference.

Shirasaki A, Tahara H. 2007. Operational characteristics and plasma measurements in cylindrical Hall thrusters[J]. Journal of Applied Physics, 101(7): 073307. 1 - 073307. 7.

Soni J, Roy S. 2013. Design and characterization of a nano-Newton resolution thrust stand[J]. Review of Scientific Instruments, 84(9): 095103.

Spells C, Craig A, Ketsdever A. 2019. Development of a transient thrust stand with sub-millisecond resolution[J]. Review of entific Instruments, 90(9): 095105.

Subha C. 2015. An Electrostatic Ion-guide and a High-resolution Thrust-stand for Characterization of Micro-propulsion Devices[D]. Lausanne: EPFL.

Sumida S, Horisawa H, Funaki I. 2009. Experimental investigation of μN-class laser ablation thruster[J]. Transactions of the Japan Society for Aeronautical & Space Sciences Space Technology Japan, 7(26): 159 - 162.

Trezzolani F, Magarotto M, Manente M, et al. 2018. Development of a counterbalanced pendulum thrust stand for electric propulsion[J]. Measurement,122: 494 - 501.

Trezzolani F, Romero I P, Bosi F, et al. 2014. Design of a thrust balance for RF plasma thruster characterization[C]. Benevento: Metrology for Aerospace. IEEE.

Ugur K, Murat C. 2017. Development of a mili-Newton level thrust stand for thrust measurements of electric propulsion systems [C]. Istanbul: 8th International

Conference on Recent Advances in Space Technologies.

Valdez J A, Tinney C E. 2016. A new thrust stand for testing multi-stream and heat simulated supersonic nozzles [C]. San Diego: 54th AIAA Aerospace Sciences Meeting.

Verbin A J. 2017. Detailed design of a pulsed plasma thrust stand [D]. Phoenix: Arizona State University.

Wang B, Yang W, Tang H, et al. 2018. Target thrust measurement for applied-field magneto plasma dynamic thruster [J]. Measurement Science & Technology, 29(7): 075302.

Wei H E, Tong Z R, Hong-Bin L I. 2010. Investigation of thrust balance for the single module scramjet[J]. Journal of Aerospace Power, 25(10): 2285-2289.

Wenjiang Yang, Yu Ji, Mao Ye, et al. 2019. A micro force measurement system based on the high temperature superconducting magnetic levitation [J]. Measurement Science and Technology, 30(12): 125020.

White H, March P, Lawrence J, et al. 2017. Measurement of impulsive thrust from a closed radio-frequency cavity in vacuum [J]. Journal of propulsion and power, 33(4): 830-841.

Wong A R, Toftul A, Polzin K A, et al. 2012. Non-contact thrust stand calibration method for repetitively pulsed electric thrusters[J]. Review of Scientific Instruments, 83(2): 1-7.

Wright W P, Ferrer P. 2016. A magnetic coupling thrust stand for microthrust measurements[J]. Measurement Science & Technology, 27(1): 015901.

Yanan W, Chongjian Ge, Le Cheng, et al. A torsional thrust balance with asymmetrical configuration for microthruster performance evaluation [J]. Review of Scientific Instruments, 2019, 90: (076111)1-3.

Yang Y X, Tu L C, Yang S Q, et al. 2012. A torsion balance for impulse and thrust measurements of micro-Newton thrusters [J]. Review of Scientific Instruments, 83(1): 015105.

Yoshikawa T, Tsukizaki R, Kuninaka H. 2018. Calibration methods for the simultaneous measurement of the impulse, mass loss, and average thrust of a pulsed plasma thruster[J]. Review of Scientific Instruments, 89(9): 095103.

Zhu H, Du F, Zhao S, et al. 2016. Design of a new type thrust measuring system for micro-turbojet engine[C]. International Conference on Artificial Intelligence and Industrial Engineering, Beijing.